科学出版社"十三五"普通高等教育本科规划教材
哈尔滨工业大学数学教学丛书
复变函数与积分变换系列教材

复变函数与积分变换简明教程

包革军 邢宇明 宋威 凌怡 编

科学出版社
北京

内 容 简 介

　　本书是国家工科数学教学基地之一的哈尔滨工业大学数学学院根据教育部数学基础课程教学指导分委员会最新修订的《工科类本科数学基础课程教学基本要求(修订稿)》的精神和原则,结合多年的教学实践和研究而编写的系列教材之一. 全书共 7 章,包括复数、解析函数、复变函数的积分、级数、留数及其应用、傅里叶变换、拉普拉斯变换. 每章后精心设计了适量的习题,并在书末附有参考答案.

　　本书可作为高等工科院校各专业本科生的少学时复变函数与积分变换课程教材,也可供有关工程技术人员参考.

图书在版编目(CIP)数据

复变函数与积分变换简明教程/包革军等编. —北京:科学出版社,2021.1
(哈尔滨工业大学数学教学丛书)
复变函数与积分变换系列教材·科学出版社"十三五"普通高等教育本科规划教材
ISBN 978-7-03-064742-9

Ⅰ. ①复… Ⅱ. ①包… Ⅲ. ①复变函数-高等学校-教材 ②积分变换-高等学校-教材 Ⅳ. ①O174.5 ②O177.6

中国版本图书馆 CIP 数据核字 (2020) 第 050555 号

责任编辑:张中兴　梁　清/责任校对:杨聪敏
责任印制:赵　博/封面设计:蓝正设计

科学出版社 出版
北京东黄城根北街 16 号
邮政编码: 100717
http://www.sciencep.com
天津市新科印刷有限公司印刷
科学出版社发行　各地新华书店经销
*
2021 年 1 月第　一　版　开本: 720×1000 B5
2024 年 7 月第六次印刷　印张: 14 1/4
字数: 287 000
定价: 39.00 元
(如有印装质量问题,我社负责调换)

前　言

　　培养基础扎实、勇于创新、适合我国发展战略需求的人才，是当前理工科大学教育的根本任务. 在理工科大学的教育体系中，数学课程是通识性课程，在培养学生抽象思维能力、逻辑推理能力、空间想象能力和科学计算能力等诸方面起着特别重要的作用.

　　工程数学中复变函数与积分变换是理工科院校学生继工科数学分析课程之后的又一门数学基础课. 通过本课程的学习，不仅能学到复变函数与积分变换中的基本理论及工程技术中的一些常用数学方法，同时还可以巩固和复习工科数学分析的基础知识，为学习有关的后续课程和进一步扩大数学知识而奠定必要的数学基础，为此我们按照教育部关于课程改革的精神，结合多年从事同名课程的教学实践，并参照教育部数学基础课程教学指导分委员会最新修订的《工科类本科数学基础课程教学基本要求 (修订稿)》编写了这本《复变函数与积分变换简明教程》. 该教材可供高等工科院校的电类及与电类有关的各专业使用，也可供其他专业少学时复变函数与积分变换课程选用，此外，可作为工程技术人员自学复变函数与积分变换的参考书.

　　在编写过程中我们力求突出以下三个特点：

　　(1) 将复变函数与积分变换的内容有机地结合在一起，既保证了教学质量的提高，又适当压缩教学时数. 完成本书的全部教学内容需要 40 学时. 其中复变函数部分 (前五章) 可讲授 30 学时，积分变换部分 (后两章) 可讲授 10 学时.

　　(2) 重视对学生能力的培养，注意提高学生的基本素质. 对基本概念的引入尽可能联系实际，突出其物理意义；基本理论的推导深入浅出，循序渐进，适合工科专业的特点；基本方法的阐述富于启发性，使学生能举一反三、融会贯通，以期达到培养学生创新能力的目的.

　　(3) 为提高本书的趣味性和可读性，力求语言通俗易懂、简洁流畅. 从有利于学生掌握所学的内容，提高分析问题、解决问题的能力出发，在每章中配有较多的例题，供学生参考. 教师讲授时作适当取舍，不必全讲. 并在章末精心设计了适量的习题，书末附有习题答案.

　　本书在编写过程中得到了哈尔滨工业大学数学学院及科学出版社的大力支持. 在此, 一并表示感谢!

　　由于编者的水平有限, 书中的缺点和疏漏在所难免, 恳请广大读者批评指正.

编 者

2020 年 12 月于哈尔滨工业大学

目　　录

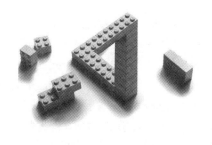

第 1 章
复　　数

本章先介绍复数系统的代数和几何结构, 在此基础上引进自变量和因变量均为复变量的函数——复变函数, 进一步给出复变函数的极限、连续性等概念. 为后面几章深入研究复变函数性质做必要的准备.

1.1　复数的发展史及四则运算

1. 复数的发展历程

从复数最初被人们发现, 到复变函数基本理论的建立, 大约经历了近 300 年的历程. 期间不乏困惑、怀疑, 甚至于敌意.

意大利数学家卡尔达诺 (G. Cardano, 1501—1576) 在 1545 年出版的《大术》一书被公认为是第一本引入复数概念的数学专著. 然而创新者本人在这本著作中就给复数戴上了一顶 "既不可捉摸, 又没有用处" 的帽子, 预示着出生后的复数将是命运多舛. 1572 年, 意大利另一位数学家邦贝利 (R. Bombelli, 1526—1572) 出版的《代数学》一书, 第一次定义出复数的代数运算等, 但又否定说 "所有这些似乎是以诡辩而不是真理为基础的". 那时复数被称为 "不可能数" 或 "虚数". 不幸的是后者一直沿用至今. 所有这些困惑和麻烦皆指向 "什么是复数" 这一带有根本性的问题.

直到 18 世纪末、19 世纪初, 挪威的测量学家韦塞尔 (C. Wessel, 1745—1818)、瑞士人阿尔冈 (J. R. Argand, 1768—1822) 和德国数学家高斯 (C. F. Gauss, 1777—1855) 先后互相独立地给出复数的几何表示, 即在直角坐标系下, 横轴上取点 x, 纵轴上取点 y, 且分别做垂直于该坐标轴的直线, 它们的交点表示复数 $x + \mathrm{i}y$. 像这样表示复数全体的平面称为 "复平面". 特别地, 高斯还把复数看作是从原点出发的向量, 并利用复数与平面向量的一一对应的关系, 进一步给出复数的加法和乘法的几何表示. 至此复数被揭去神秘的面纱, 有了立足之地. 人们开始承认复数是实实在在的数, 不再是虚无缥缈的虚幻之数. 复数及复变函数理论的发展开始进入快车道. 1814—1851 年间经过法国数学家柯西 (A. L. Cauchy, 1789—1857)、德国数学家黎曼 (G. F. B. Riemann, 1826—1866) 和魏尔斯特拉斯 (K. T. W. Weierstrass, 1815—1897) 等人的巨大努力, 复变函数形成了非常系统、完整的基本理论. 今天, 复变函数理论仍在发展, 同时也渗透到代数学、数论、微分方程、概率统计等数学分支, 在电学、弹性力学、理论物理、天体力学等领域得到了广泛的应用, 已成为从事自然科学、工程技术的人才必须具备的数学知识.

2. 复数及其四则运算

设 x, y 为两实数, 称形如

$$z = x + \mathrm{i}y \quad (\text{或 } x + y\mathrm{i})$$

的数为复数, 这里 i 为虚单位, 具有性质 $\mathrm{i}^2 = -1$. x 与 y 分别叫做 z 的实部与虚部, 常记作 $x = \mathrm{Re}\,z, y = \mathrm{Im}\,z$. 虚部为零的复数为实数, 简记为 $x + \mathrm{i}0 = x$. 因此, 全体实数是复数的一部分. 特别记 $0 + \mathrm{i}0 = 0$, 即当且仅当 z 的实部和虚部同时为零时复数 z 为零. 实部为零且虚部不为零的复数称为纯虚数. 如果两复数的实部和虚部分别相等, 则称两复数相等.

设两个复数 $z_1 = x_1 + \mathrm{i}y_1, z_2 = x_2 + \mathrm{i}y_2$, 定义

$$z_1 + z_2 = (x_1 + \mathrm{i}y_1) + (x_2 + \mathrm{i}y_2) = (x_1 + x_2) + \mathrm{i}(y_1 + y_2) \tag{1.1.1}$$

$$z_1 - z_2 = (x_1 + \mathrm{i}y_1) - (x_2 + \mathrm{i}y_2) = (x_1 - x_2) + \mathrm{i}(y_1 - y_2) \tag{1.1.2}$$

$$z_1 \cdot z_2 = (x_1 + \mathrm{i}y_1)(x_2 + \mathrm{i}y_2) = (x_1 x_2 - y_1 y_2) + \mathrm{i}(x_1 y_2 + y_1 x_2) \tag{1.1.3}$$

如果 $z_2 \neq 0$, 则

$$\frac{z_1}{z_2} = \frac{x_1 + \mathrm{i}y_1}{x_2 + \mathrm{i}y_2} = \frac{(x_1 + \mathrm{i}y_1)(x_2 - \mathrm{i}y_2)}{(x_2 + \mathrm{i}y_2)(x_2 - \mathrm{i}y_2)}$$

$$= \frac{x_1 x_2 + y_1 y_2}{x_2^2 + y_2^2} + \mathrm{i}\frac{x_2 y_1 - x_1 y_2}{x_2^2 + y_2^2} \tag{1.1.4}$$

1.2　复数的几何表示和开方

1. 复数的几何表示

任意给定一个复数 $z = x + \mathrm{i}y$, 都与一对有序实数 (x, y) 相对应. 而任意一对有序实数 (x, y) 都与平面直角坐标系中的点 $P(x, y)$ 对应, 这样能够建立平面上的全体点与全体复数间的一一对应关系. 于是可用平面直角坐标系中的点来表示复数, 见图 1.2.1.

表示复数 z 的直角坐标平面称为复平面或 z 平面, 复平面也常用 $\mathbb{C}$ 来表示. 因复平面上 x 轴上的点对应实数, y 轴上非零的点对应纯虚数, 故称 x 轴为实轴, y 轴为虚轴. 由于复数与复平面上的点的全体是一一对应的, 以后把 "点 z" 和 "复数 z" 作为同义词而不加区别.

复平面上, 如图 1.2.1 所示, 从原点 O 到点 $P(x, y)$ 作向量 $\overrightarrow{OP}$. 我们看到复平面上由原点出发的向量的全体与复数的全体 $\mathbb{C}$ 之间也构成一一对应关系 (复数 0 对应着零向量), 因此也可以用向量 $\overrightarrow{OP}$ 来表示复数 $z = x + \mathrm{i}y$.

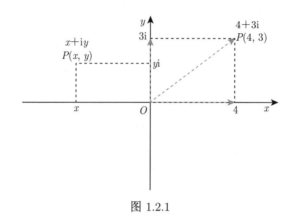

图 1.2.1

对于两个复数的加法现在可以给出确定的几何意义: 两个复数的加法由通常的向量加法的平行四边形法则给出. 比如 4+3i 可以看作向量 4 与向量 3i 之和, 参见图 1.2.1. 因此, 三角形法则也是成立的!

向量 $\overrightarrow{OP}$ 的长度 r 称为复数 z 的**模**或**绝对值**, 记作 $|z|$, 即 $|z| = r$. 实轴正向转到与向量 $\overrightarrow{OP}$ 方向一致时, 所成的角度 θ 称为复数的**辐角**, 记作 $\mathrm{Arg}z$, 即 $\mathrm{Arg}z = \theta$.

复数 0 的模为零, 即 $|0| = 0$, 其辐角是不确定的. 任何不为零的复数 z 的辐角 $\mathrm{Arg}z$ 均有无穷多个值, 彼此相差 2π 的整数倍. 通常把满足 $-\pi < \theta_0 \leqslant \pi$ 的辐角值 θ_0 称为 $\mathrm{Arg}z$ 的**主值**, 记作 $\arg z$, 于是

$$\mathrm{Arg}z = \arg z + 2k\pi, \quad k = 0, \pm 1, \pm 2, \cdots$$

并且可以用复数 z 的实部与虚部来表示辐角主值 $\arg z$

$$\arg z = \begin{cases} \arctan \dfrac{y}{x}, & x > 0 \\[2mm] \arctan \dfrac{y}{x} + \pi, & x < 0, y > 0 \\[2mm] \arctan \dfrac{y}{x} - \pi, & x < 0, y < 0 \end{cases}$$

由直角坐标与极坐标的关系, 我们立即得到不为零的复数的实部、虚部与该复数的模、辐角之间的关系

$$\begin{cases} r = |z| = \sqrt{x^2 + y^2} \\ \tan\theta = \tan(\mathrm{Arg}z) = \dfrac{y}{x} \end{cases} \tag{1.2.1}$$

以及

$$\begin{cases} x = r\cos\theta \\ y = r\sin\theta \end{cases} \tag{1.2.2}$$

于是复数 z 又可表示为

$$z = x + \mathrm{i}y = r(\cos\theta + \mathrm{i}\sin\theta) \tag{1.2.3}$$

式 (1.2.3) 通常称为复数 z 的**三角表示式**.

2. 欧拉公式和指数表示

欧拉在 1740 年左右发现了一个伟大的公式

$$\mathrm{e}^{\mathrm{i}\theta} = \cos\theta + \mathrm{i}\sin\theta$$

为了纪念欧拉, 这个公式被称为欧拉 (Euler) 公式.

我们给出一个启发式的证明. 欧拉公式是欧拉最伟大的成就之一, 它把三角函数与复数指数函数相关联, 空泛地陈述这个公式, 不利于我们深刻理解这个公式的实际意义!

利用

$$\mathrm{e}^x = 1 + x + \frac{x^2}{2!} + \frac{x^3}{3!} + \cdots$$

将 x 替换为 $\mathrm{i}\theta$, 则有

$$\mathrm{e}^{\mathrm{i}\theta} = 1 + \mathrm{i}\theta + \frac{(\mathrm{i}\theta)^2}{2!} + \frac{(\mathrm{i}\theta)^3}{3!} + \cdots \tag{1.2.4}$$

利用复数的向量表示和加法的三角形法则, 我们可得到如图 1.2.2 的一条复平面上的 "螺旋折线". 我们以 $\mathrm{e}^{\frac{3\pi\mathrm{i}}{4}}$ 为例, 记为 $\mathrm{Exp}(3\pi\mathrm{i}/4)$. 黑色的向量表示 $\cos\dfrac{3\pi}{4} + \mathrm{i}\sin\dfrac{3\pi}{4}$. 灰色实线的首尾相接的向量表示式 (1.2.4) 右侧各个复数按三角形法则做和, 其终点恰为其和在复平面上所对应的点. 我们计算了前六项, 可以看到收敛得很快, 与黑色实线向量的终点已经很接近了!

同学们请尝试将式 (1.2.4) 中的前 n 项求和, 看一看实部和虚部的具体表达式, 就会找到上述几何过程收敛的原因.

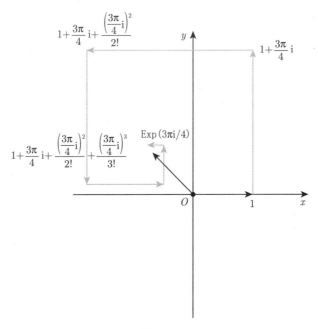

图 1.2.2

如果再利用欧拉公式, 我们又可以得到

$$z = re^{i\theta} \tag{1.2.5}$$

这种形式称为复数的**指数表示式**.

例 1.2.1 求下列各复数的模及辐角.

(1) -2;　　(2) $-i$;　　(3) $2 + i$.

解 由 z-平面上的对应点的位置, 可以看出

(1) $|-2| = 2$, $\arg(-2) = \pi$, $\text{Arg}(-2) = \pi + 2k\pi$, $k = 0, \pm1, \pm2, \cdots$.

(2) $|-i| = 1$, $\arg(-i) = -\dfrac{\pi}{2}$, $\text{Arg}(-i) = -\dfrac{\pi}{2} + 2k\pi$, $k = 0, \pm1, \pm2, \cdots$.

(3) $|2 + i| = \sqrt{2^2 + 1^2} = \sqrt{5}$, $\arg(2 + i) = \arctan\dfrac{y}{x} = \arctan\dfrac{1}{2}$, $\text{Arg}(2 + i) = \arctan\dfrac{1}{2} + 2k\pi$, $k = 0, \pm1, \pm2, \cdots$.

例 1.2.2 将复数 $z = -1 - \sqrt{3}i$ 分别化为三角表示式和指数表示式.

解 因为 $x = -1$, $y = -\sqrt{3}$, 所以

$$r = \sqrt{(-1)^2 + (-\sqrt{3})^2} = 2$$

又 z 在第三象限内, 于是

$$\arg z = \arctan \frac{-\sqrt{3}}{-1} - \pi = -\frac{2\pi}{3}$$

所以

$$z = 2\left[\cos\left(-\frac{2\pi}{3}\right) + \mathrm{i}\sin\left(-\frac{2\pi}{3}\right)\right]$$

由正、余弦函数的周期性, 也可表示为

$$z = 2\left[\cos\left(-\frac{2\pi}{3} + 2k\pi\right) + \mathrm{i}\sin\left(-\frac{2\pi}{3} + 2k\pi\right)\right]$$

相应的指数表示式为

$$z = 2\mathrm{e}^{(-\frac{2\pi}{3} + 2k\pi)\mathrm{i}}, \quad k = 0, \pm 1, \pm 2, \cdots$$

3. 共轭复数

实部相等、虚部互为相反数的两个复数称为共轭复数. 如果其中一个复数记作 z, 则其共轭复数记作 $\bar{z}$. 于是

$$x - \mathrm{i}y = \overline{x + \mathrm{i}y}$$

由定义, 显然 $\bar{\bar{z}} = z$. 特别地, 实数的共轭复数是该实数本身; 反之, 如果复数 z 与它的共轭复数 $\bar{z}$ 相等, 则这个复数便是一个实数.

由定义不难验证, 两复数的和、差、积、商的共轭复数分别等于这两复数的共轭复数的和、差、积、商, 即

$$\overline{z_1 \pm z_2} = \overline{z_1} \pm \overline{z_2} \tag{1.2.6}$$

$$\overline{z_1 \cdot z_2} = \overline{z_1} \cdot \overline{z_2} \tag{1.2.7}$$

$$\overline{\left(\frac{z_1}{z_2}\right)} = \frac{\overline{z_1}}{\overline{z_2}} \quad (z_2 \neq 0) \tag{1.2.8}$$

我们还可以用共轭复数来表示复数的实部与虚部以及模, 如

$$2\mathrm{Re}z = z + \bar{z}$$
$$2\mathrm{i}\mathrm{Im}z = z - \bar{z}$$
$$z\bar{z} = x^2 + y^2 = |z|^2$$
$$|\bar{z}| = |z|$$

利用共轭复数的性质, 我们能够比较容易地证明两个重要的不等式

$$|z_1 + z_2| \leqslant |z_1| + |z_2| \tag{1.2.9}$$

$$|z_1 - z_2| \geqslant ||z_1| - |z_2|| \qquad (1.2.10)$$

事实上, 由共轭复数的性质, 我们有

$$|z_1 + z_2|^2 = (z_1 + z_2)(\overline{z_1 + z_2}) = z_1\overline{z_1} + z_2\overline{z_1} + z_1\overline{z_2} + z_2\overline{z_2}$$

$$= |z_1|^2 + \overline{z_1\overline{z_2}} + z_1\overline{z_2} + |z_2|^2 = |z_1|^2 + 2\mathrm{Re}(z_1\overline{z_2}) + |z_2|^2$$

$$\leqslant |z_1|^2 + 2|z_1||z_2| + |z_2|^2 = (|z_1| + |z_2|)^2$$

由此可得不等式 (1.2.9). 如将上式中 z_2 换成 $-z_2$, 则有

$$|z_1 - z_2|^2 = |z_1|^2 - 2\mathrm{Re}(z_1\overline{z_2}) + |z_2|^2$$

$$\geqslant |z_1|^2 - 2|z_1||z_2| + |z_2|^2 = (|z_1| - |z_2|)^2$$

即得不等式 (1.2.10).

例 1.2.3 A, C 为实数, $A \neq 0, \beta$ 为复数且 $|\beta|^2 > AC$, 证明 z 平面上的圆周可以写成

$$Az\overline{z} + \beta\overline{z} + \overline{\beta}z + C = 0$$

证 在平面解析几何中, 已知任意一圆的方程可写作

$$A(x^2 + y^2) + Bx + Dy + C = 0 \qquad (1.2.11)$$

这里 A, B, C, D 为实数, 且 $A \neq 0, B^2 + D^2 - 4AC > 0$. 我们知道

$$x^2 + y^2 = z\overline{z}, \quad x = \frac{1}{2}(z + \overline{z}), \quad y = \frac{1}{2\mathrm{i}}(z - \overline{z})$$

以此代入方程 (1.2.11), 有

$$Az\overline{z} + \frac{B}{2}(z + \overline{z}) + \frac{D}{2\mathrm{i}}(z - \overline{z}) + C = 0$$

也就是

$$Az\overline{z} + \frac{1}{2}(B - D\mathrm{i})z + \frac{1}{2}(B + D\mathrm{i})\overline{z} + C = 0 \qquad (1.2.12)$$

令

$$\beta = \frac{1}{2}(B + D\mathrm{i})$$

将上式代入式 (1.2.12) 即得证.

有时利用复数的代数运算来证明平面几何问题也很方便.

例 1.2.4 证明等式 $|z_1 + z_2|^2 + |z_1 - z_2|^2 = 2(|z_1|^2 + |z_2|^2)$, 并对此等式作出几何解释.

证

$$|z_1 + z_2|^2 = (z_1 + z_2)(\overline{z_1} + \overline{z_2}) = |z_1|^2 + |z_2|^2 + (z_1\overline{z_2} + \overline{z_1}z_2)$$

$$|z_1 - z_2|^2 = (z_1 - z_2)(\overline{z_1} - \overline{z_2}) = |z_1|^2 + |z_2|^2 - (z_1\overline{z_2} + \overline{z_1}z_2)$$

将此二式相加便得

$$|z_1 + z_2|^2 + |z_1 - z_2|^2 = 2(|z_1|^2 + |z_2|^2)$$

这等式的几何意义是: 平行四边形的对角线的平方和等于四条边的平方和.

4. 乘除、乘方与开方

把复数表示成三角表示式, 再进行乘除或乘方、开方, 比直接用代数式运算有时要方便得多. 下面我们首先来讨论乘法.

设

$$z_1 = r_1(\cos\theta_1 + \mathrm{i}\sin\theta_1), \quad z_2 = r_2(\cos\theta_2 + \mathrm{i}\sin\theta_2) \tag{1.2.13}$$

则

$$
\begin{aligned}
z_1 z_2 &= [r_1(\cos\theta_1 + \mathrm{i}\sin\theta_1)][r_2(\cos\theta_2 + \mathrm{i}\sin\theta_2)] \\
&= r_1 r_2[(\cos\theta_1\cos\theta_2 - \sin\theta_1\sin\theta_2) + \mathrm{i}(\sin\theta_1\cos\theta_2 + \cos\theta_1\sin\theta_2)] \\
&= r_1 r_2[\cos(\theta_1 + \theta_2) + \mathrm{i}\sin(\theta_1 + \theta_2)]
\end{aligned}
\tag{1.2.14}
$$

由此可知, 把两复数相乘, 只要把它们的模相乘、辐角相加即可. 参见图 1.2.3, 我们计算

$$z_1 = 1 + \mathrm{i}, \quad z_2 = \mathrm{i}, \quad z_1 z_2 = -1 + \mathrm{i}$$

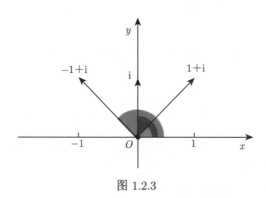

图 1.2.3

其次讨论除法. 设式 (1.2.13) 中的 $z_2 \neq 0$, 则 $r_2 > 0$. 由除法的定义得

$$\frac{z_1}{z_2} = \frac{r_1(\cos\theta_1 + \mathrm{i}\sin\theta_1)}{r_2(\cos\theta_2 + \mathrm{i}\sin\theta_2)} = \frac{r_1}{r_2}(\cos\theta_1 + \mathrm{i}\sin\theta_1)(\cos\theta_2 - \mathrm{i}\sin\theta_2)$$

$$=\frac{r_1}{r_2}[\cos(\theta_1-\theta_2)+\mathrm{i}\sin(\theta_1-\theta_2)] \tag{1.2.15}$$

表示一复数, 其模为 r_1/r_2, 其辐角为 $\theta_1-\theta_2$. 由此可知, 把两复数相除, 只把它们的模相除、辐角相减即可. 参见图 1.2.4, 我们计算

$$z_1=1+\mathrm{i}, \quad z_2=\mathrm{i}, \quad \frac{z_1}{z_2}=1-\mathrm{i}$$

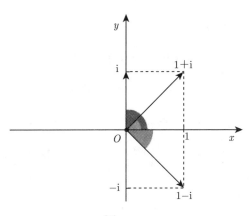

图 1.2.4

例 1.2.5 化简 $\dfrac{(1-\sqrt{3}\mathrm{i})(\cos\theta+\mathrm{i}\sin\theta)}{(1-\mathrm{i})(\cos\theta-\mathrm{i}\sin\theta)}$.

解 因为

$$1-\sqrt{3}\mathrm{i}=2\left(\frac{1}{2}-\frac{\sqrt{3}}{2}\mathrm{i}\right)=2\left[\cos\left(-\frac{\pi}{3}\right)+\mathrm{i}\sin\left(-\frac{\pi}{3}\right)\right]$$

$$1-\mathrm{i}=\sqrt{2}\left(\frac{\sqrt{2}}{2}-\frac{\sqrt{2}}{2}\mathrm{i}\right)=\sqrt{2}\left[\cos\left(-\frac{\pi}{4}\right)+\mathrm{i}\sin\left(-\frac{\pi}{4}\right)\right]$$

$$\cos\theta-\mathrm{i}\sin\theta=\cos(-\theta)+\mathrm{i}\sin(-\theta)$$

所以

$$\frac{(1-\sqrt{3}\mathrm{i})(\cos\theta+\mathrm{i}\sin\theta)}{(1-\mathrm{i})(\cos\theta-\mathrm{i}\sin\theta)}$$

$$=\frac{2\left[\cos\left(-\frac{\pi}{3}\right)+\mathrm{i}\sin\left(-\frac{\pi}{3}\right)\right](\cos\theta+\mathrm{i}\sin\theta)}{\sqrt{2}\left[\cos\left(-\frac{\pi}{4}\right)+\mathrm{i}\sin\left(-\frac{\pi}{4}\right)\right][\cos(-\theta)+\mathrm{i}\sin(-\theta)]}$$

$$=\sqrt{2}\left[\cos\left(-\frac{\pi}{3}+\frac{\pi}{4}\right)+\mathrm{i}\sin\left(-\frac{\pi}{3}+\frac{\pi}{4}\right)\right](\cos 2\theta+\mathrm{i}\sin 2\theta)$$

$$=\sqrt{2}\left[\cos\left(2\theta-\frac{\pi}{12}\right)+\mathrm{i}\sin\left(2\theta-\frac{\pi}{12}\right)\right]$$

令

$$z_1=r_1(\cos\theta_1+\mathrm{i}\sin\theta_1)$$
$$z_2=r_2(\cos\theta_2+\mathrm{i}\sin\theta_2)$$
$$\cdots\cdots$$
$$z_n=r_n(\cos\theta_n+\mathrm{i}\sin\theta_n)$$

重复地应用式 (1.2.14) 可得

$$z_1z_2\cdots z_n=r_1r_2\cdots r_n[\cos(\theta_1+\theta_2+\cdots+\theta_n)+\mathrm{i}\sin(\theta_1+\theta_2+\cdots+\theta_n)]\quad(1.2.16)$$

如果 $z_1=z_2=\cdots=z_n=z=r(\cos\theta+\mathrm{i}\sin\theta)$, 则上式可化为

$$z^n=[r(\cos\theta+\mathrm{i}\sin\theta)]^n=r^n(\cos n\theta+\mathrm{i}\sin n\theta)\quad(1.2.17)$$

由此可知, 求复数的 n 次方 (n 为正整数) 只要求它的模的 n 次方、辐角的 n 倍即可. 特别地, 当 $r=1$ 时, 式 (1.2.17) 就是有名的棣莫弗 (De Moivre) 公式

$$(\cos\theta+\mathrm{i}\sin\theta)^n=\cos n\theta+\mathrm{i}\sin n\theta=\mathrm{e}^{\mathrm{i}n\theta}\quad(1.2.18)$$

上面我们已经证明: 当 n 为正整数时, 式 (1.2.18) 成立. 当 $n=0$ 时, 式 (1.2.18) 的左右两端都是 1, 显然式 (1.2.18) 成立. 还可以证明: 当 n 为负整数时, 式 (1.2.18) 也成立. 事实上, 令 $n=-m,m$ 为正整数, 则根据负指数幂的定义

$$z^{-m}=\frac{1}{z^m},\quad m\in\mathbb{Z}_+$$

以及式 (1.2.18) 对正整数成立, 即得

$$(\cos\theta+\mathrm{i}\sin\theta)^n=(\cos\theta+\mathrm{i}\sin\theta)^{-m}=\frac{1}{(\cos\theta+\mathrm{i}\sin\theta)^m}=\frac{\cos 0+\mathrm{i}\sin 0}{\cos m\theta+\mathrm{i}\sin m\theta}$$
$$=\cos(-m\theta)+\mathrm{i}\sin(-m\theta)=\cos n\theta+\mathrm{i}\sin n\theta$$

这就证明当 n 为负整数时, 式 (1.2.18) 也成立. 综上所述, 即知对所有整数来说, 式 (1.2.18) 恒成立.

例 1.2.6　设 n 为正整数, 试证明

$$\left(\frac{-1+\sqrt{3}\mathrm{i}}{2}\right)^{3n+1}+\left(\frac{-1-\sqrt{3}\mathrm{i}}{2}\right)^{3n+1}=-1$$

证　因为

$$\frac{-1+\sqrt{3}\mathrm{i}}{2}=\cos\frac{2\pi}{3}+\mathrm{i}\sin\frac{2\pi}{3}$$

$$\frac{-1 - \sqrt{3}\mathrm{i}}{2} = \cos\frac{4\pi}{3} + \mathrm{i}\sin\frac{4\pi}{3}$$

于是

$$\left(\frac{-1 + \sqrt{3}\mathrm{i}}{2}\right)^{3n+1} + \left(\frac{-1 - \sqrt{3}\mathrm{i}}{2}\right)^{3n+1}$$

$$= \left(\frac{-1 + \sqrt{3}\mathrm{i}}{2}\right)^{3n}\left(\frac{-1 + \sqrt{3}\mathrm{i}}{2}\right) + \left(\frac{-1 - \sqrt{3}\mathrm{i}}{2}\right)^{3n}\left(\frac{-1 - \sqrt{3}\mathrm{i}}{2}\right)$$

$$= (\cos 2n\pi + \mathrm{i}\sin 2n\pi)\left(\frac{-1 + \sqrt{3}\mathrm{i}}{2}\right) + (\cos 4n\pi + \mathrm{i}\sin 4n\pi)\left(\frac{-1 - \sqrt{3}\mathrm{i}}{2}\right)$$

$$= \frac{-1 + \sqrt{3}\mathrm{i}}{2} + \frac{-1 - \sqrt{3}\mathrm{i}}{2} = -1$$

若对于复数 z, 存在复数 w 满足等式: $w^n = z$(n 是大于 1 的整数), 则称 w 为 z 的 n 次方根, 记作 $\sqrt[n]{z}$, 即 $w = \sqrt[n]{z}$. 求方根的运算叫做**开方**.

为从已知的 z 求 w, 我们把 z 及 w 均用三角表示式写出. 设

$$z = r(\cos\theta + \mathrm{i}\sin\theta), \quad w = \rho(\cos\varphi + \mathrm{i}\sin\varphi)$$

则由 $w^n = z$ 及乘方运算, 有

$$\rho^n(\cos n\varphi + \mathrm{i}\sin n\varphi) = r(\cos\theta + \mathrm{i}\sin\theta)$$

考虑到辐角的多值性, 得到

$$\rho^n = r, \quad n\varphi = \theta + 2k\pi \quad (k = 0, \pm 1, \pm 2, \cdots)$$

由此, $|w| = \rho = r^{\frac{1}{n}}$, $r^{\frac{1}{n}}$ 是 r 的 n 次算术根, 则

$$\mathrm{Arg}w = \varphi = \frac{\theta + 2k\pi}{n} \quad (k = 0, \pm 1, \pm 2, \cdots)$$

$$w = \sqrt[n]{z} = r^{\frac{1}{n}}\left[\cos\left(\frac{\theta + 2k\pi}{n}\right) + \mathrm{i}\sin\left(\frac{\theta + 2k\pi}{n}\right)\right]$$

这就是所求的 z 的 n 次方根. 从这个表达式可以看出

(1) 当 $k = 0, 1, 2, \cdots, n-1$ 时, 得到 n 个相异的值

$$w_0 = r^{\frac{1}{n}}\left(\cos\frac{\theta}{n} + \mathrm{i}\sin\frac{\theta}{n}\right)$$

$$w_1 = r^{\frac{1}{n}}\left[\cos\left(\frac{\theta + 2\pi}{n}\right) + \mathrm{i}\sin\left(\frac{\theta + 2\pi}{n}\right)\right]$$

$$\cdots\cdots$$

$$w_{n-1} = r^{\frac{1}{n}}\left[\cos\left(\frac{\theta + 2(n-1)\pi}{n}\right) + \mathrm{i}\sin\left(\frac{\theta + 2(n-1)\pi}{n}\right)\right]$$

当 k 取其他整数值时, 将重复出现上述 n 个值. 因此, 一个复数 z 的 n 次方根有且仅有 n 个相异值, 即

$$\sqrt[n]{z} = r^{\frac{1}{n}} \left[\cos\left(\frac{\theta + 2k\pi}{n}\right) + i\sin\left(\frac{\theta + 2k\pi}{n}\right) \right], \quad k = 1, 2, \cdots, n-1 \qquad (1.2.19)$$

由此可见, 在复数范围内, 任何非零复数的 n 次方根都有 n 个不同的值, 即 $\sqrt[n]{r}$.

(2) 上述 n 个方根的相异值 $w_k(k = 0, 1, 2, \cdots, n-1)$ 具有相同的模的 $r^{\frac{1}{n}}$, 而每两相邻值的辐角的差为 $2\pi/n$, 故在几何上, $\sqrt[n]{z}$ 的 n 个值分布在以原点为中心、$r^{\frac{1}{n}}$ 为半径的圆某个内接正 n 边形的 n 个顶点上.

例 1.2.7 求 $\sqrt[4]{1+i}$.

解 因为 $1 + i = \sqrt{2}\left(\cos\frac{\pi}{4} + i\sin\frac{\pi}{4}\right)$, 所以

$$\sqrt[4]{1+i} = \sqrt[8]{2}\left[\cos\frac{\frac{\pi}{4} + 2k\pi}{4} + i\sin\frac{\frac{\pi}{4} + 2k\pi}{4}\right] \quad (k = 0, 1, 2, 3)$$

即

$$w_0 = \sqrt[8]{2}\left(\cos\frac{\pi}{16} + i\sin\frac{\pi}{16}\right)$$

$$w_1 = \sqrt[8]{2}\left(\cos\frac{9}{16}\pi + i\sin\frac{9}{16}\pi\right)$$

$$w_2 = \sqrt[8]{2}\left(\cos\frac{17}{16}\pi + i\sin\frac{17}{16}\pi\right)$$

$$w_3 = \sqrt[8]{2}\left(\cos\frac{25}{16}\pi + i\sin\frac{25}{16}\pi\right)$$

这四个根是内接于中心在原点, 半径为 $\sqrt[8]{2}$ 的圆的正方形的四个顶点上 (图 1.2.5), 并且

$$w_1 = iw_0, \quad w_2 = -w_0, \quad w_3 = -iw_0$$

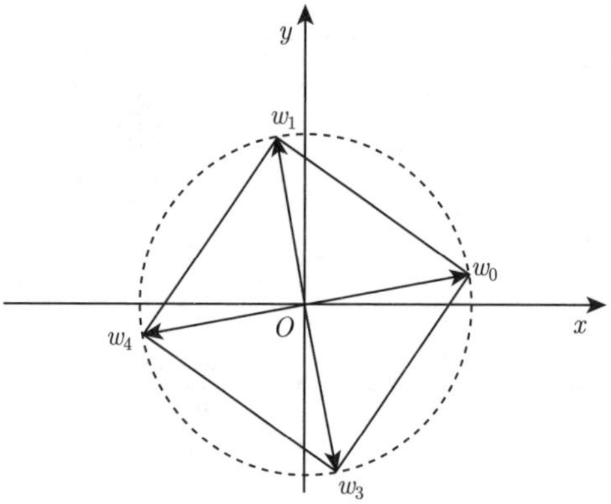

图 1.2.5

5. 复球面与无穷远点

我们建立了复数与复平面上的点的一一对应关系. 下面再建立复数与球面上的点的一一对应关系, 以便引进复平面上的无穷远点的概念.

将 xOy 平面看作复平面, 取一个球面将其南极 S 与复平面上原点相切 (图 1.2.6). 设 P 为球面上的任一点, 从球面北极 N 作射线 NP, 必交于复平面的一点 Q, 它在复平面上表示一个模为有限的复数. 反过来, 从球极 N 出发, 且过复平面上任一模为有限的点 Q 的射线, 也必交于球面上的一个点, 记为 P. 于是复平面上的点与球面的点 (除 N 点外) 建立了一一对应关系.

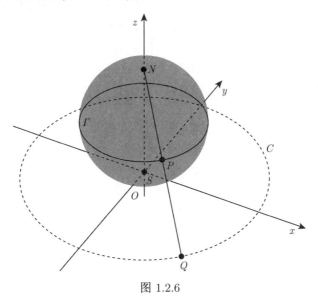

图 1.2.6

考虑复平面上一个以原点为中心的圆周 C, 在球面上对应的也是一个圆周 Γ. 当圆周 C 的半径越大时, 圆周 Γ 就越趋于北极 N. 因此, 北极 N 可以看成是与复平面上的一个模为无穷大的假想点相对应, 这个唯一的假想点称为复平面上的**无穷远点**, 并记作 ∞. 复平面上加点 ∞ 后, 称为**扩充复平面**, 与它对应的就是整个球面, 称为**复球面**, 并且扩充复平面上的点与复球面上的点构成一一对应. 简单来说, 扩充复平面的一个几何模型就是复球面. 对于模为有限的复数, 我们称为**有限复数**, 除去 ∞ 的复平面称为**有限复平面**.

有限复平面常记为 $\mathbb{C}$, 扩充复平面记为 $\overline{\mathbb{C}}$, 有 $\overline{\mathbb{C}} = \mathbb{C} \cup \{\infty\}$, 对于所有有限复数 $a \in \mathbb{C}$, 规定 $a \pm \infty = \infty \pm a = \infty$, 且当 $a \neq 0$ 时, 规定 $\infty \cdot a = a \cdot \infty = \infty, \dfrac{a}{0} = \infty, \dfrac{a}{\infty} = 0$ 以及 $|\infty| = +\infty$, 且 ∞ 的实部、虚部及辐角都无意义. 显然, 复平面上每一条直线都通过 ∞ 点.

1.3　复平面上的点集

1. 基本概念

由不等式 $|z - z_0| < \delta(\delta > 0)$ 所确定的复平面点集 (简称点集), 就是以 z_0 为圆心、δ 为半径的圆的内部, 称为点 z_0 的 **δ-邻域**, 常记作 $N(z_0, \delta)$. 如果 z_0 不属于其自身的 δ-邻域, 则称该邻域为 z_0 的去心 δ-邻域, 常记作 $\overset{\circ}{N}(z_0, \delta)$, 可用不等式 $0 < |z - z_0| < \delta$ 表示.

在扩充复平面上, 无穷远点的邻域应理解为以原点为心的某圆周的外部, 即 ∞ 的 δ-邻域 $N(\infty, \delta)$ 是指满足条件 $|z| > 1/\delta$ 的点集.

若点集 D 的点 z_0 有一邻域全含于 D 内, 则称 z_0 为 D 的**内点**; 若点集 D 的点皆为**内点**, 则称 D 为**开集**; 若在点 z_0 的任意邻域内, 同时有属于点集 D 和不属于点集 D 的点, 则称 z_0 为 D 的**边界点**; 点集 D 的全部边界点所组成的点集称为 D 的**边界**, 常记作 ∂D.

若有正数 M, 对于点集 D 内的点 z, 皆满足条件 $|z| \leqslant M$, 即若 D 全含于一圆之内, 则称 D 为**有界集**, 否则称 D 为**无界集**.

若点 z_0 的任意邻域内总有点集 D 中的无穷多点, 则 z_0 称为 D 的**极限点**或**聚点**; 若 D 的所有极限点都属于 D, 则称 D 为**闭集**.

2. 区域和曲线

为引进复变函数, 我们需要介绍区域的概念.

定义 1.3.1　如果复平面上非空点集 D 具有下面的两个性质:

(1) 属于 D 的点都是 D 的内点;

(2) D 内任意两点都可用一条具有有限折的折线把它们连接起来, 且这条折线上所有的点均属于 D(此性质称为 D 的连通性); 则称点集 D 为区域 (图 1.3.1). 区域加上它的全部边界点所构成的点集, 称为**闭区域**, 记为 $\overline{D} = D \cup \partial D$.

应用关于复数 z 的不等式来表示 z 平面上的区域, 有时是很方便的.

例 1.3.1　z 平面上以原点为圆心、R 为半径的圆 (即圆形区域)

$$|z| < R$$

以及 z 平面上以原点为圆心、R 为半径的闭圆 (即圆形闭区域)

$$|z| \leqslant R$$

它们都以圆周 $|z| = R$ 为边界, 且都是有界的.

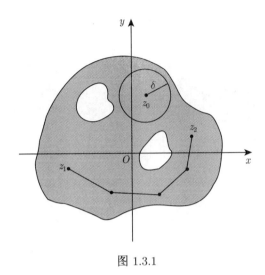

图 1.3.1

例 1.3.2 如图 1.3.2 所示, 阴影部分为单位圆周的外部含在上半 z 平面的部分, 表示为

$$\begin{cases} |z| > 1 \\ \mathrm{Im}z > 0 \end{cases}$$

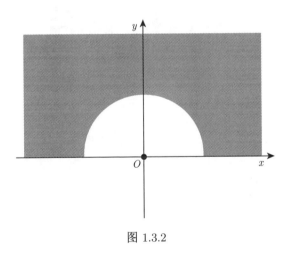

图 1.3.2

例 1.3.3 如图 1.3.3 所示, 阴影部分为带形区域, 表示为

$$y_1 < \mathrm{Im}z < y_2$$

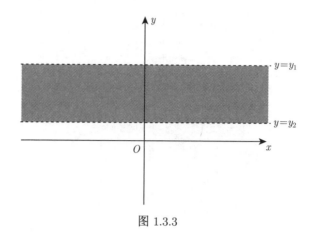

图 1.3.3

例 1.3.4　如图 1.3.4 所示, 阴影部分为同心圆环 (即圆环形区域), 表示为

$$r < |z - z_0| < R$$

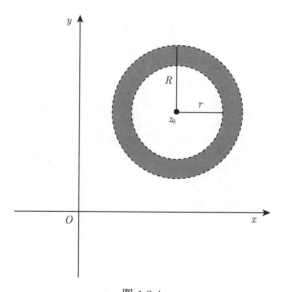

图 1.3.4

一般区域的边界可能十分复杂, 在上面所举例子中, 圆盘的边界是圆周. 为了研究比较一般的区域, 先讲述曲线的概念. 如果曲线

$$\Gamma : z = z(t) = x(t) + \mathrm{i}y(t) \quad (\alpha \leqslant t \leqslant \beta)$$

的实部 $x(t)$ 与虚部 $y(t)$ 均为 t 的连续函数, 那么称曲线 Γ 为**连续曲线**. 对于连续

曲线

$$\Gamma : z = z(t)$$

当 $t_1 \neq t_2 (\alpha < t_1, t_2 < \beta)$ 时, $z(t_1) \neq z(t_2)$, 即曲线没有重点 (不自交), 则称 Γ 为**简单曲线**; 当 $z(\alpha) = z(\beta)$ 时, 则称 Γ 为**简单闭曲线**. 线段、圆弧和抛物线弧段等都是简单曲线; 圆周和椭圆周等都是简单闭曲线.

如果连续曲线

$$\Gamma : z = z(t) \quad (\alpha \leqslant t \leqslant \beta)$$

在区间 $\alpha \leqslant t \leqslant \beta$ 上存在连续的导数 $x'(t)$ 及 $y'(t)$, 且二者不同时为零, 则在曲线 Γ 上每点均有切线且切线方向是连续变化的. 我们称这种曲线为**光滑曲线**. 由有限段光滑曲线连接而成的连续曲线称为**逐段光滑曲线**(或**按段光滑曲线**), 但这种曲线在连接点处可能不存在切线. 特别地, 折线是逐段光滑曲线.

若尔当 (Jordan) 定理　　任何简单闭曲线一定把扩充复平面分成两个没有公共点的区域, 一个是有界的, 称为该曲线的**内部**; 另一个是无界的, 称为该曲线的**外部**. 这两个区域都以已给的简单闭曲线 (也称若尔当曲线) 作为边界.

本定理的证明要用到拓扑学的知识, 已超出本课程范围, 故不予证明.

下面将区域分类.

定义 1.3.2　　在复平面上, 如果区域 D 内任意一条简单闭曲线的内部都含于区域 D 内, 则称 D 为**单连通区域**; 否则就称 D 为**多连通区域**.

例 1.3.5　　指出下列不等式中点 z 在怎样的点集内变动? 这些点集是不是单连通区域? 是否有界?

(1) $\mathrm{Re}\,z > \dfrac{1}{2}$;　　(2) $|z + \mathrm{i}| \leqslant |2 + \mathrm{i}|$;　　(3) $|z| < 1, \mathrm{Re}\,z \leqslant \dfrac{1}{2}$.

解　　(1) 满足条件的一切点所组成的点集, 是以直线 $\mathrm{Re}\,z = \dfrac{1}{2}$ 为边界的右半平面, 但不包括直线 $\mathrm{Re}\,z = \dfrac{1}{2}$, 它是无界的单连通区域.

(2) 不等式 $|z + \mathrm{i}| \leqslant |2 + \mathrm{i}|$ 等价于 $|z + \mathrm{i}| \leqslant \sqrt{5}$. 因此满足条件的一切点 z 所组成的点集, 是以点 $-\mathrm{i}$ 为圆心、$\sqrt{5}$ 为半径的闭圆盘, 它不是区域, 而是一个有界的闭区域.

(3) 满足不等式 $|z| < 1, \mathrm{Re}\,z \leqslant \dfrac{1}{2}$ 的一切点 z 所组成的点集, 是以原点为圆心、1 为半径的圆盘和以直线 $\mathrm{Re}\,z = \dfrac{1}{2}$ 为右边界的闭区域 (包括 $\mathrm{Re}\,z = \dfrac{1}{2}$) 的公共部分, 又因位于圆盘内的直线 $\mathrm{Re}\,z = \dfrac{1}{2}$ 上的点不是内点, 故它不是区域 (图 1.3.5), 但有界.

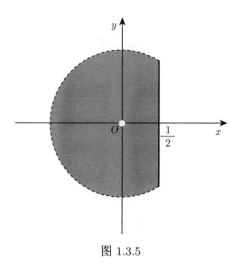

图 1.3.5

习　题　1

1. 求下列复数的实部与虚部、共轭复数、模与辐角.

(1) $\dfrac{1}{4+2\mathrm{i}}$;　　　　　　　　(2) $\dfrac{\mathrm{i}}{-2-2\mathrm{i}}$;

(3) $\left(\dfrac{3+4\mathrm{i}}{1-2\mathrm{i}}\right)^2$;　　　　　(4) $\dfrac{\mathrm{i}}{(\mathrm{i}-1)(\mathrm{i}-2)}$.

2. 如果等式 $\dfrac{x+1+\mathrm{i}(y-3)}{5+3\mathrm{i}}=1+\mathrm{i}$ 成立, 求实数 x,y 的值.

3. 求复数 $w=\dfrac{1+z}{1-z}$(复数 $z\neq 1$) 的实部、虚部和模.

4. (1) 若 $|a|<1,|b|<1$, 试证: $\left|\dfrac{a-b}{1-a\bar{b}}\right|<1$;

(2) 若 $|a|=1$ 或者 $|b|=1$ 有一个成立时, 则 $\left|\dfrac{a-b}{1-a\bar{b}}\right|=1$.

5. 将下列复数化成三角表示式和指数表示式.

(1) i;　　　　　　　　　(2) -1;

(3) $1+\mathrm{i}\sqrt{3}$;　　　　　(4) $1-\cos\varphi+\mathrm{i}\sin\varphi\ (0\leqslant\varphi\leqslant\pi)$;

(5) $\dfrac{2\mathrm{i}}{-1+\mathrm{i}}$;　　　　　(6) $\dfrac{(\cos 5\varphi+\mathrm{i}\sin 5\varphi)^2}{(\cos 3\varphi-\mathrm{i}\sin 3\varphi)^3}$.

6. 当 $|z|\leqslant 1$ 时, 求 $|z^n+a|$ 的最大值, 其中 n 为正整数, a 为复数.

7. 一个复数乘以 $-\mathrm{i}$, 它的模与辐角有何改变?

8. 如果多项式 $P(z)=a_0+a_1 z+a_2 z^2+\cdots+a_n z^n$ 的系数是实数, 证明: $P(\bar{z})=\overline{P(z)}$.

9. 已知两点 z_1 与 z_2(或已知三点 z_1,z_2,z_3), 问下列各点位于何处?

(1) $z = \dfrac{1}{2}(z_1 + z_2)$;

(2) $z = \lambda z_1 + (1 - \lambda) z_2$ (其中 λ 为实数);

(3) $z = \dfrac{1}{3}(z_1 + z_2 + z_3)$.

10. 试证: 复数 z_1, z_2, z_3, z_4 在同一圆周上或同一直线上的条件是

$$\operatorname{Im}\left(\frac{z_1 - z_4}{z_1 - z_2} \cdot \frac{z_3 - z_2}{z_3 - z_4}\right) = 0$$

11. 如果复数 z_1, z_2, z_3 满足等式

$$\frac{z_2 - z_1}{z_3 - z_1} = \frac{z_1 - z_2}{z_2 - z_3}$$

证明: $|z_2 - z_1| = |z_3 - z_1| = |z_2 - z_3|$, 并说明上述等式的几何意义.

12. 设 z_1, z_2, z_3 三点适合条件: $z_1 + z_2 + z_3 = 0, |z_1| = |z_2| = |z_3| = 1$. 证明 z_1, z_2, z_3 是内接于单位圆 $|z| = 1$ 的一个正三角形的顶点.

13. 设 $z = x + \mathrm{i}y$, 试证

$$\frac{|x| + |y|}{\sqrt{2}} \leqslant |z| \leqslant |x| + |y|$$

14. 求下列各式的值.

(1) $(\sqrt{3} - \mathrm{i})^5$;　　　　(2) $(1 + \mathrm{i})^6$;

(3) $\sqrt[6]{-1}$;　　　　(4) $(1 - \mathrm{i})^{\frac{1}{3}}$.

15. 指出下列各题中点 z 的存在范围, 并作图.

(1) $|z - 1| > 4$;　　　　(2) $|z + 2\mathrm{i}| = 1$;

(3) $\operatorname{Re} z^2 \leqslant 1$;　　　　(4) $2 \leqslant |z| \leqslant 3$;

(5) $|z + \mathrm{i}| = 5$;　　　　(6) $|z - 2| - |z + 2| > 1$;

(7) $\left|\dfrac{1}{z}\right| < 3$;　　　　(8) $\left|\dfrac{z - 3}{z - 2}\right| \geqslant 1$;

(9) $|\arg z| < \dfrac{\pi}{3}$;　　　　(10) $\arg(z - \mathrm{i}) = \dfrac{\pi}{4}$.

16. 描出下列不等式所确定的区域, 并指明是有界的还是无界的, 闭的还是开的, 单连通的还是多连通的.

(1) $\operatorname{Im}(z) \leqslant 2$;　　　　(2) $|z - 5| < 6$;

(3) $\operatorname{Re}(z + 2) \leqslant -1$;　　　　(4) $1 < |z - 3\mathrm{i}| < 2$;

(5) $|z - 1| < |z + 3|$;　　　　(6) $0 < \arg z < \pi$;

(7) $|z - 1| < 4|z + 1|$;　　　　(8) $\dfrac{1}{2} \leqslant \left|z - \dfrac{1}{2}\right| \leqslant \dfrac{3}{2}$;

(9) $|z| + \text{Re}z < 1$; (10) $z\bar{z} + (6+\text{i})z + (6-\text{i})\bar{z} \leqslant -1$.

17. 证明: z 平面上的直线方程可以写成

$$a\bar{z} + \bar{a}z = c \quad (a \text{ 是非零复常数}, c \text{ 是实常数})$$

18. 设 a, b, c 为常数, 且 c 为实数, 证明下式

$$(a\bar{z} + \bar{a}z) = 2(b\bar{z} + \bar{b}z) + c$$

为平面上的抛物线方程.

第2章
解析函数

本章中我们将研究以复数为自变量的函数, 即复变函数. 目的是平行于微积分的数学结构, 为复变函数建立起相应的微分和积分运算. 由于自变量与因变量均为复数, 复变函数的微分和积分要变得复杂许多, 但这也会给我们带来极大的益处, 我们会发现一些物理问题将可以用复变函数得到圆满的陈述和解决, 一些微积分中很难解决的问题将得到巧妙的解决.

2.1 复变函数

设 S 是一个复数集合. 定义在 S 上的函数 f 是一个法则, 它把 S 中的每一个复数 z 对应为一个或多个确定的复数 w. 复数 w 被称为 f 在 z 的值, 记为 $f(z)$. 集合 S 称为函数 f 的定义域.

必须指出的是, 要使一个函数是有意义的, 则它的定义域和法则必须明确. 当未给出一个函数的定义域时, 我们认为其定义域就是使该函数有意义的 "最大" 复数集合.

如果 f 是单值的, 令 $z = x + \mathrm{i}y, w = u + \mathrm{i}v, u + \mathrm{i}v = f(x + \mathrm{i}y)$, 这说明实数 u, v 的值取决于实变量 x, y, 因此我们把它们表达成一对以 x, y 为自变量的实值函数

$$f(z) = u(x, y) + \mathrm{i}v(x, y)$$

例 2.1.1 将函数 $f(z) = z^3$ 写成 $f(z) = u(x, y) + \mathrm{i}v(x, y)$ 的形式.

解 令 $z = x + \mathrm{i}y$, 则

$$
\begin{aligned}
w = f(z) &= (x + \mathrm{i}y)^3 \\
&= ((x^2 - y^2) + \mathrm{i}(2xy))(x + \mathrm{i}y) \\
&= x^3 - 3xy^2 + \mathrm{i}(3x^2y - y^3)
\end{aligned}
$$

复变函数的图像: 在高中阶段, 我们就已经接触过初等函数的图像, 在多元微积分中, 一个二元函数的图像一般是一个曲面. 在复变函数理论中, 自变量和因

变量都在复平面内运动, 由于复平面是二维的, 两个复平面加起来有四维. 所以我们一般将定义域和值域分别画在两个复平面内. 函数 $f(z) = z^3$ 如果限制在集合 $\{z \mid -2 \leqslant \mathrm{Re}(z) \leqslant 2, -2 \leqslant \mathrm{Im}(z) \leqslant 2\}$ 上, 则定义域和值域的图像分别如图 2.1.1 所示.

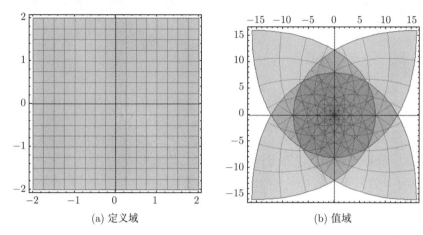

(a) 定义域   (b) 值域

图 2.1.1

为了在通常的坐标系下观察复变函数, 我们也可以分别画出实部和虚部的图像, 还是以 $f(z) = z^3$ 为例, 如图 2.1.2 所示.

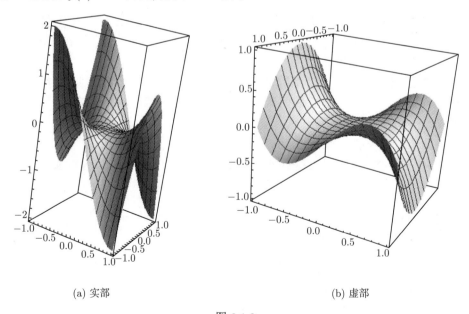

(a) 实部   (b) 虚部

图 2.1.2

利用复数的模长, 我们可以描述两个复数之间的距离. 有了距离的概念, 就可以讨论极限和连续性的问题了.

定义 2.1.1 给定一个复数序列 $\{z_n\}_{n=1}^{\infty}$ 和一个复数 z_0. 如果对于任意的正数 $\varepsilon > 0$, 都存在正整数 n_0, 使得当 $n > n_0$ 时, 都有 $|z_n - z_0| < \varepsilon$, 则称复数 z_0 是 $\{z_n\}_{n=1}^{\infty}$ 的极限, 记为 $\lim\limits_{n \to \infty} z_n = z_0$. 否则称 $\{z_n\}_{n=1}^{\infty}$ 是发散的.

例 2.1.2 判断下列复数序列是否有极限, 如果极限存在, 请求出极限.

$$(1)z_n = \left(\frac{2i}{3}\right)^n; \qquad (2)z_n = \frac{n+2i}{2+5n}; \qquad (3)z_n = i^n.$$

解 (1) 由于 $|z_n - 0| = \left(\frac{2}{3}\right)^n$, 对于 $\forall \varepsilon > 0$, 取 $n_0 = \left[\ln\varepsilon / \ln\frac{2}{3}\right] + 1$, 当 $n > n_0$ 时, 有

$$|z_n - 0| = \left(\frac{2}{3}\right)^n < \left(\frac{2}{3}\right)^{\left(\ln\varepsilon / \ln\frac{2}{3}\right)} = \left(\frac{2}{3}\right)^{\log_{\frac{2}{3}}\varepsilon} = \varepsilon$$

即 $\lim\limits_{n \to \infty} \left(\frac{2i}{3}\right)^n = 0$.

(2) $\left|z_n - \frac{1}{5}\right| = \left|\frac{-2+10i}{5(2+5n)}\right| < \frac{12}{25n}$, 对于 $\forall \varepsilon > 0$, 取 $n_0 = \left[\frac{12}{25\varepsilon}\right] + 1$, 当 $n > n_0$ 时, 有

$$\left|z_n - \frac{1}{5}\right| < \frac{12}{25n} < \frac{12}{25 \cdot \frac{12}{25\varepsilon}} = \varepsilon$$

即 $\lim\limits_{n \to \infty} \frac{n+2i}{2+5n} = \frac{1}{5}$.

(3) 由于 $\{z_n\}_{n=1}^{\infty} = \{i, -1, -i, 1, i, -1, -i, 1, \cdots, i, -1, -i, 1, \cdots\}$, 可知 $\{z_n\}_{n=1}^{\infty}$ 发散.

定义 2.1.2 设函数 $f(z)$ 在 z_0 的一个邻域内有定义, z_0 可能例外, w_0 为一个复数. 如果对于任意给定的正数 $\varepsilon > 0$, 都存在正数 $\delta > 0$, 使得当 $0 < |z - z_0| < \delta$ 时, 都有 $|f(z) - w_0| < \varepsilon$, 则称函数 $f(z)$ 以 w_0 为极限, 记为 $\lim\limits_{z \to z_0} f(z) = w_0$.

该定义的几何意义是说, 对于 w_0 的任何一个邻域 U, 都有 z_0 的一个邻域 V, 使得当自变量 z 在 V 内取值但不取 z_0 时, 函数值 $f(z)$ 都落在 U 内.

例 2.1.3 证明 $\lim\limits_{z \to i} z^2 = -1$.

解 由于当 z 充分接近于 i 时,

$$|z^2 - (-1)| = |z+i||z-i| \leqslant (|z|+|i|)|z-i| < 3|z-i|$$

对于 $\forall \varepsilon > 0$, 取 $\delta = \frac{\varepsilon}{3} > 0$, 当 $0 < |z-i| < \delta$ 时,

$$|z^2 - (-1)| < 3|z-i| < 3 \cdot \frac{\varepsilon}{3} = \varepsilon$$

即 $\lim_{z \to i} z^2 = -1$. □

定义 2.1.3 设函数 $f(z)$ 在 z_0 的一个邻域内有定义, 如果 $\lim_{z \to z_0} f(z) = f(z_0)$, 则称 $f(z)$ 在 z_0 连续.

定理 2.1.1 如果 $\lim_{z \to z_0} f(z) = A$, $\lim_{z \to z_0} g(z) = B$, 则

(1) $\lim_{z \to z_0} [f(z) \pm g(z)] = A \pm B$;

(2) $\lim_{z \to z_0} [f(z)g(z)] = AB$;

(3) $\lim_{z \to z_0} [f(z)/g(z)] = A/B (B \neq 0)$.

定理 2.1.2 设函数 $f(z), g(z)$ 在 z_0 处连续, 则 $f(z) \pm g(z), f(z)g(z)$ 在 z_0 也连续. 当 $g(z_0) \neq 0$ 时, $f(z)/g(z)$ 在 z_0 处连续.

定义 2.1.4 设 $f(z)$ 是定义在区域 D 上的一个单值函数, $z_0 \in D$, 并且 $w_0 = f(z_0)$. 我们记 $\Delta z = z - z_0, \Delta w = f(z) - f(z_0)$. 如果极限

$$\lim_{z \to z_0} \frac{\Delta w}{\Delta z} = \lim_{z \to z_0} \frac{f(z) - f(z_0)}{z - z_0}$$

存在, 则称 $f(z)$ 在点 z_0 处可导 (或可微), 并称此极限值为 $f(z)$ 在 z_0 处的导数, 记为 $\left. \dfrac{\mathrm{d}f(z)}{\mathrm{d}z} \right|_{z_0}, \left. \dfrac{\mathrm{d}w}{\mathrm{d}z} \right|_{z_0}$ 或 $f'(z_0)$.

定理 2.1.3 设单值函数 $f(z), g(z)$ 在 z_0 点可导, 则

(1) (常值函数的导数) $C' = 0$;

(2) (和与差的导数) $(f(z) \pm g(z))'|_{z_0} = f'(z_0) \pm g'(z_0)$;

(3) (积的导数) $(f(z)g(z))'|_{z_0} = f'(z_0)g(z_0) + f(z_0)g'(z_0)$;

(4) (商的导数) $\left. \left(\dfrac{f(z)}{g(z)} \right)' \right|_{z_0} = \dfrac{f'(z_0)g(z_0) - f(z_0)g'(z_0)}{g^2(z_0)}$ $(g(z_0) \neq 0)$.

定理 2.1.4(链式法则) 设单值函数 $\xi = g(z)$ 在 z_0 点可导, 单值函数 $w = f(\xi)$ 在 $\xi_0 = g(z_0)$ 点可导, 则单值函数 $w = f \circ g(z) = f[g(z)]$ 在 z_0 点可导, 且

$$\left. \frac{\mathrm{d}f \circ g(z)}{\mathrm{d}z} \right|_{z_0} = f'(\xi_0)g'(z_0)$$

定理 2.1.5(反函数的导数) 设函数 $w = f(z)$ 和它的反函数 $z = f^{-1}(w)$ 都是单值的, $w_0 = f(z_0)$. 若 $f(z)$ 在 z_0 处可导, $f'(z_0) \neq 0$, 则 $f^{-1}(w)$ 在 w_0 处也可导, 且

$$\left. \frac{\mathrm{d}f^{-1}(w)}{\mathrm{d}w} \right|_{w_0} = \frac{1}{f'(z_0)}$$

例 2.1.4 证明对任意的正整数 n, 都有

$$\frac{\mathrm{d}z^n}{\mathrm{d}z} = nz^{n-1}$$

证 对任意的 $z \neq 0$, 都有

$$\lim_{\Delta z \to 0} \frac{(z+\Delta z)^n - z^n}{\Delta z}$$

$$= \lim_{\Delta z \to 0} \frac{\mathrm{C}_n^1 z^{n-1}\Delta z + \mathrm{C}_n^2 z^{n-2}\Delta^2 z + \cdots + \mathrm{C}_n^n z^{n-n}\Delta^n z}{\Delta z}$$

$$= nz^{n-1}$$

$z = 0$ 的情况, 留给读者思考.

例 2.1.5 求

$$f(z) = \frac{z + \mathrm{i}}{z - \mathrm{i}}$$

和它的反函数的导数.

解 容易看出函数的定义域为 $C\backslash\{\mathrm{i}\}$. 它的反函数是

$$f^{-1}(w) = \frac{-\mathrm{i}(w+1)}{1-w}$$

$f(z)$ 的导数为

$$f'(z) = \frac{-2\mathrm{i}}{(z-\mathrm{i})^2}$$

$f^{-1}(w)$ 的导数可类似地算出.

例 2.1.6 讨论 $w = f(z) = |z|^2$ 在 z 平面上的可导性.

解 对于 $\forall z_0 \in \mathbb{C}$, 有

$$\frac{f(z) - f(z_0)}{z - z_0} = \frac{|z|^2 - |z_0|^2}{z - z_0} = \frac{z\bar{z} - z_0\bar{z_0}}{z - z_0} = \bar{z} + z_0\frac{\bar{z} - \bar{z_0}}{z - z_0}$$

当 $z_0 = 0$ 时, 有

$$\left.\frac{\mathrm{d}|z|^2}{\mathrm{d}z}\right|_{z=0} = \lim_{z \to 0}\frac{f(z) - f(0)}{z - 0} = \lim_{z \to 0}\bar{z} = 0$$

当 $z_0 \neq 0$ 时, 因为

$$\lim_{\substack{x \to x_0 \\ y=y_0}} \frac{\bar{z} - \bar{z_0}}{z - z_0} = 1, \quad \lim_{\substack{x=x_0 \\ y \to y_0}} \frac{\bar{z} - \bar{z_0}}{z - z_0} = -1$$

可知 $\lim\limits_{z \to z_0}\dfrac{f(z) - f(z_0)}{z - z_0}$ 不存在, 故 $f(z) = |z|^2$ 在点 $z_0 \neq 0$ 处不可导.

定义 2.1.5 若单值函数 $w = f(z)$ 在点 z_0 及 z_0 的某一邻域内处处可导, 称 $f(z)$ 在点 z_0 处解析. 若 $f(z)$ 在区域 D 内每一点都解析, 称 $f(z)$ 在 D 内解析或称 $f(z)$ 是 D 内的一个解析函数.

根据定义 2.1.5, 由例 2.1.4 知多项式函数在 $\mathbb{C}$ 上解析; 由例 2.1.5 知 $f(z) = \dfrac{z+i}{z-i}$ 除去 $z=i$ 外在 $\mathbb{C}$ 上处处解析, 由例 2.1.6 知 $f(z) = |z|^2$ 仅在 $z=0$ 点可导, 在 $\mathbb{C}$ 上处处不解析. 从例 2.1.6 可见, 函数在一点可导不等价于在这点解析, 然而函数在同一个区域上可导和解析都是等价的.

根据导数运算法则, 不难证明下面的定理.

定理 2.1.6 (1) 在区域 D 内解析的两个单值函数 $f(z)$ 和 $g(z)$ 的和、差、积、商 (除去分母为零的点) 在区域 D 内仍解析;

(2) 设单值函数 $\zeta = g(z)$ 在区域 D 内解析, 单值函数 $w = f(\zeta)$ 在区域 D' 内解析, 且 $g(D) \subset D'(g(D)$ 表示 $\zeta = g(z)$ 的值域), 则单值函数 $w = f[g(z)]$ 在区域 D 内也解析.

从定理 2.1.1 可以推知, 所有多项式在复平面内是处处解析的, 任何一个有理分式函数 $\dfrac{P(z)}{Q(z)}$ 在分母不为零的点构成的平面区域内是解析函数, 使分母为零的点是它的奇点.

解析函数是复变函数理论中重要概念之一, 因为今后我们所要讨论的就是在某个区域内解析的函数.

我们不加证明地给出 L'Hospital 法则.

定理 2.1.7 如果 $f(z)$ 和 $g(z)$ 在 z_0 解析, 而且 $f(z_0) = g(z_0) = 0, g'(z_0) \neq 0$, 则

$$\lim_{z \to z_0} \frac{f(z)}{g(z)} = \frac{f'(z_0)}{g'(z_0)}$$

例 2.1.7 求极限 $\lim\limits_{z \to i} \dfrac{1+z^6}{1+z^{10}}$.

解 $\lim\limits_{z \to i} \dfrac{1+z^6}{1+z^{10}} = \lim\limits_{z \to i} \dfrac{6z^5}{10z^9} = \dfrac{3}{5}$.

同学们请自己证明 L'Hospital 法则, 并想办法验证一下例 2.1.6 的结果是否正确.

如果复变函数 $w = f(t), t \in \mathbb{R}$, 也就是说自变量是实数, 而因变量取复值, 这种函数一般确定复平面上一条曲线, 比如 $w = \cos t + i \sin t, t \in \mathbb{R}$ 就确定复平面上的单位圆周. 我们可以利用这种函数描述平面上的各种机械运动, 有很多工程上的实用价值.

例 2.1.8 图 2.1.3 所示的是一个曲柄活塞连接装置. 我们用曲柄的长度来表示相应的曲柄. 当活塞做水平运动时, 曲柄臂 a 绕定点 O 旋转.

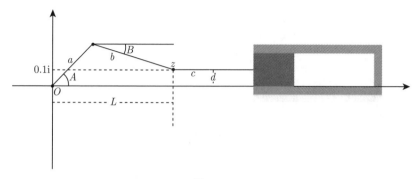

图 2.1.3

(1) 请确定曲柄臂 b 和 c 的结点 z 的运动规律, 其中活塞的半径为 d(这个模型可以视为汽油机或柴油机的一个气缸).

(2) 如果曲柄臂 a 以 2 弧度/秒匀速旋转, 当 $A = \pi, a = 0.1, b = 0.2, d = 0.1$(单位: 米) 时, 计算结点 z 的位置和即时速度.

解 易于发现结点 z 在平行于实轴的直线 $z = L + 0.1\mathrm{i}$ 上运行, 我们只需要确定 L 即可确定 z 的运动规律. 设曲柄臂 a 与实轴的夹角为 A, 曲柄臂 b 与实轴的夹角为 B. 可以观察出

$$L + \mathrm{i}d = a\cos A + \mathrm{i}a\sin A + b\cos B + \mathrm{i}b\sin B$$

而夹角

$$B = -\arcsin\left(\frac{a\sin A - d}{b}\right)$$

从而

$$L = a\cos A + b\cos\left(\arcsin\left(\frac{d - a\sin A}{b}\right)\right)$$

当 $A = \pi, a = 0.1, b = 0.2, d = 0.1$ 时,

$$L = 0.1\cos\pi + 0.2\cos\left(\arcsin\left(\frac{0.1 - 0.1\sin\pi}{0.2}\right)\right)$$

$$= -0.1 + 0.2\cos\left(\arcsin\frac{1}{2}\right) = 0.1 \times \sqrt{3} - 0.1 \approx 0.0732(\text{米})$$

而即时速度的计算公式为

$$\frac{\mathrm{d}L}{\mathrm{d}t} = \left(\frac{a\cos A\sin\left(\arcsin\left(\frac{d - a\sin A}{b}\right)\right)}{\sqrt{1 - \left(\frac{d - a\sin A}{b}\right)^2}} - a\sin A\right)\frac{\mathrm{d}A}{\mathrm{d}t}$$

将相应的数值代入, 故而即时速度为 $-\dfrac{\sqrt{3}}{15} \approx -0.1155$ 米/秒.

2.2 Cauchy-Riemann 方程

首先考察函数 $f(z) = \bar{z}$ 在 0 处是否可导. 易于计算出

$$
\begin{aligned}
\lim_{z \to 0} \frac{\bar{z} - 0}{z - 0} &= \lim_{x \to 0, y \to 0} \frac{x - \mathrm{i}y}{x + y\mathrm{i}} \\
&= \lim_{x \to 0, y \to 0} \frac{x^2 - y^2 - 2xy\mathrm{i}}{x^2 + y^2}
\end{aligned}
$$

注意到

$$
\lim_{x \to 0, y \to 0} \frac{2xy}{x^2 + y^2} =
\begin{cases}
1, & x = y \\
\dfrac{4}{5}, & x = 2y
\end{cases}
$$

这说明 $f(z) = \bar{z}$ 在 0 处是不可导的. 我们有必要探讨一个复变函数可导的条件.

设单值函数 $f(z) = u(x, y) + v(x, y)\mathrm{i}$ 在 $z_0 = x_0 + \mathrm{i}y_0$ 处可导, 则极限

$$
f'(z_0) = \lim_{\Delta x \to 0} \frac{f(z_0 + \Delta z) - f(z_0)}{\Delta z}
$$

可以通过 $\Delta z = \Delta x + \mathrm{i}\Delta y$ 沿复平面上任意方向趋近 0 得到. 取平行于实轴的方向, 则我们得到 $\Delta z = \Delta x$, 因此

$$
\begin{aligned}
f'(z_0) &= \lim_{\Delta x \to 0} \frac{u(x_0 + \Delta x, y_0) + \mathrm{i}v(x_0 + \Delta x, y_0) - u(x_0, y_0) - \mathrm{i}v(x_0, y_0)}{\Delta x} \\
&= \frac{\partial u}{\partial x}(x_0, y_0) + \mathrm{i}\frac{\partial v}{\partial x}(x_0, y_0)
\end{aligned} \tag{2.2.1}
$$

取平行于虚轴的方向, 则 $\Delta z = \mathrm{i}\Delta y$,

$$
\begin{aligned}
f'(z_0) &= \lim_{\Delta y \to 0} \frac{u(x_0, y_0 + \Delta y) + \mathrm{i}v(x_0, y_0 + \Delta y) - u(x_0, y_0) - \mathrm{i}v(x_0, y_0)}{\mathrm{i}\Delta y} \\
&= \frac{\partial v}{\partial y}(x_0, y_0) - \mathrm{i}\frac{\partial u}{\partial y}(x_0, y_0)
\end{aligned} \tag{2.2.2}
$$

容易看出式 (2.2.1) 和 (2.2.2) 右端是同一个复数, 因此在点 $x_0 + \mathrm{i}y_0$ 处下列方程必然成立:

$$
\frac{\partial u}{\partial x} = \frac{\partial v}{\partial y}, \quad \frac{\partial u}{\partial y} = -\frac{\partial v}{\partial x} \tag{2.2.3}
$$

方程 (2.2.3) 称为 **Cauchy-Riemann 方程**(或**C-R 条件**). 进一步, 我们还可得出二元实函数 $u = u(x, y), v = v(x, y)$ 在点 (x_0, y_0) 处可微.

我们可以令

$$\varepsilon = \rho_1 + \mathrm{i}\rho_2 = \frac{\Delta u + \mathrm{i}\Delta v}{\Delta x + \mathrm{i}\Delta y} - f'(z_0) \tag{2.2.4}$$

这里 ρ_1, ρ_2 为实变数, 且 $\rho_k \to 0, \Delta z \to 0, k = 1, 2.$ 又

$$\Delta u = u(x_0 + \Delta x, y_0 + \Delta y) - u(x_0, y_0)$$
$$\Delta v = v(x_0 + \Delta x, y_0 + \Delta y) - v(x_0, y_0)$$

当 $\Delta z = \Delta x + \mathrm{i}\Delta y \to 0$ 时, $\varepsilon \to 0(\rho_1 \to 0, \rho_2 \to 0)$. 整理后得

$$\Delta u + \mathrm{i}\Delta v = f'(z_0)(\Delta x + \mathrm{i}\Delta y) + \varepsilon(\Delta x + \mathrm{i}\Delta y)$$

$$= \left(\frac{\partial u}{\partial x} + \mathrm{i}\frac{\partial v}{\partial x}\right)(\Delta x + \mathrm{i}\Delta y) + (\rho_1 + \mathrm{i}\rho_2)(\Delta x + \mathrm{i}\Delta y)$$

将上式展开, 再利用 C-R 条件, 比较实、虚两部分得

$$\Delta u = \frac{\partial u}{\partial x}\Delta x - \frac{\partial u}{\partial y}\Delta y + \rho_1\Delta x - \rho_2\Delta y \tag{2.2.5}$$

$$\Delta v = \frac{\partial v}{\partial x}\Delta x + \frac{\partial v}{\partial y}\Delta y + \rho_2\Delta x + \rho_1\Delta y \tag{2.2.6}$$

由式 (2.2.4), 当 $\Delta z \to 0$ 时, $\rho_1 \to 0, \rho_2 \to 0$, 从而

$$\rho_1\Delta x - \rho_2\Delta y = o_1(|\Delta z|), \quad \rho_2\Delta x + \rho_1\Delta y = o_2(|\Delta z|)$$

知 $u = u(x, y), v = v(x, y)$ 在点 (x, y) 处可微. 总结上面的讨论, 得到复变函数可导的必要条件. 事实上, 它还是充分的, 于是得到下述结论.

定理 2.2.1　设 $f(z) = u(x, y) + \mathrm{i}v(x, y)$ 是区域 D 上的单值复变函数, 则函数 $f(z)$ 在 D 内一点 $z = x + \mathrm{i}y$ 处可导的充要条件是: $u(x, y)$ 和 $v(x, y)$ 在此点 (x, y) 可微, 而且满足 C-R 方程.

证　必要性前面已经证明, 下面证明充分性.

由于 $f(z + \Delta z) - f(z) = \Delta u + \mathrm{i}\Delta v$, 而且 $u(x, y)$ 和 $v(x, y)$ 在点 (x, y) 处可微, 可知

$$\Delta u = \frac{\partial u}{\partial x}\Delta x + \frac{\partial u}{\partial y}\Delta y + o_1(|\Delta z|)$$

$$\Delta v = \frac{\partial v}{\partial x}\Delta x + \frac{\partial v}{\partial y}\Delta y + o_2(|\Delta z|)$$

这里

$$\lim_{\Delta x \to 0, \Delta y \to 0} o_k(|\Delta z|) = 0 \quad (k = 1, 2)$$

因此

$$f(z + \Delta z) - f(z) = \left(\frac{\partial u}{\partial x} + \mathrm{i}\frac{\partial v}{\partial x} \right) \Delta x + \left(\frac{\partial u}{\partial y} + \mathrm{i}\frac{\partial v}{\partial y} \right) \Delta y$$
$$+ o_1(|\Delta z|) + \mathrm{i}o_2(|\Delta z|)$$

根据 C-R 方程, 有

$$\frac{\partial u}{\partial y} = -\frac{\partial v}{\partial x} = \mathrm{i}^2 \frac{\partial v}{\partial x}, \quad \frac{\partial v}{\partial y} = \frac{\partial u}{\partial x}$$

所以

$$f(z + \Delta z) - f(z) = \left(\frac{\partial u}{\partial x} + \mathrm{i}\frac{\partial v}{\partial x} \right)(\Delta x + \mathrm{i}\Delta y) + o_1(|\Delta z|) + \mathrm{i}o_2(|\Delta z|)$$

或

$$\frac{f(z + \Delta z) - f(z)}{\Delta z} = \frac{\partial u}{\partial x} + \mathrm{i}\frac{\partial v}{\partial x} + \frac{o_1(|\Delta z|)}{\Delta z} + \mathrm{i}\frac{o_2(|\Delta z|)}{\Delta z}$$

故当 Δz 趋于零时, 上式右端的最后的两项都趋于零. 因此

$$f'(z) = \lim_{\Delta z \to 0} \frac{f(z + \Delta z) - f(z)}{\Delta z} = \frac{\partial u}{\partial x} + \mathrm{i}\frac{\partial v}{\partial x}$$

这就是说, 函数 $f(z) = u(x, y) + \mathrm{i}v(x, y)$ 在 z 点可导.

如果函数 $f(z)$ 在区域 D 内每一点皆可导, 那么 $f(z)$ 便在 D 内解析. 由上述定理, 我们得到一个刻画函数在区域 D 内解析的定理.

定理 2.2.2　函数 $f(z) = u(x, y) + \mathrm{i}v(x, y)$ 在其定义的区域 D 内解析的充要条件是: $u(x, y)$ 和 $v(x, y)$ 在 D 内任一点 $z = x + \mathrm{i}y$ 可微, 而且满足 C-R 方程.

根据这个定理, 如果函数 $f(z) = u + \mathrm{i}v$ 在 D 内满足 C-R 方程, 而且 u 和 v 具有一阶连续偏导数 (因而 u 和 v 在 D 内可微), 那么, $f(z)$ 在 D 内解析. 用这个条件来判断一个函数在 D 内解析, 有时很方便.

另外从定理的证明过程中, 顺便得出下面的推论.

推论 2.2.1　若 $f'(z)$ 存在, 则

$$f'(z) = \frac{\partial u}{\partial x} + \mathrm{i}\frac{\partial v}{\partial x} = \frac{\partial v}{\partial y} + \mathrm{i}\frac{\partial v}{\partial x}$$
$$= \frac{\partial v}{\partial y} - \mathrm{i}\frac{\partial u}{\partial y} = \frac{\partial u}{\partial x} - \mathrm{i}\frac{\partial u}{\partial y}$$

定理 2.2.3　若 $f(z)$ 在区域 D 内解析并且其导数处处为 0, 则 $f(z)$ 在区域 D 内为常数.

证　由公式 (2.2.1) 和 (2.2.2) 可知

$$\frac{\partial u}{\partial x} = \frac{\partial u}{\partial y} = \frac{\partial v}{\partial x} = \frac{\partial v}{\partial y} = 0$$

从而 $u = k_1, v = k_2$, 于是 $f(z) = u + iv = k_1 + ik_2 = k$.

例 2.2.1 证明 $f(z) = e^x(\cos y + i \sin y)$ 在 z 平面上解析, 且 $f'(z) = f(z)$.

证 $u = e^x \cos y, v = e^x \sin y$, 则

$$\frac{\partial u}{\partial x} = e^x \cos y, \quad \frac{\partial u}{\partial y} = -e^x \sin y$$

$$\frac{\partial v}{\partial x} = e^x \sin y, \quad \frac{\partial v}{\partial y} = e^x \cos y$$

由于这四个一阶偏导数在复平面内处处连续, 且

$$\frac{\partial u}{\partial x} = e^x \cos y = \frac{\partial v}{\partial y}, \quad \frac{\partial v}{\partial x} = e^x \sin y = -\frac{\partial u}{\partial y}$$

所以, $f(z)$ 是 z 平面内的解析函数. 同时得到

$$f'(z) = \frac{\partial u}{\partial x} + i\frac{\partial v}{\partial x} = e^x(\cos y + i \sin y) = f(z)$$

例 2.2.2 如果 $f(z), \overline{f(z)}$ 都在区域 D 内解析, 则 $f(z)$ 在区域 D 内为常数.

证 设 $f(z) = u(x, y) + iv(x, y)$, 则 $\overline{f(z)} = u(x, y) - iv(x, y)$. 利用 C-R 方程我们有

$$\frac{\partial u}{\partial x} = \frac{\partial v}{\partial y}, \quad \frac{\partial u}{\partial y} = -\frac{\partial v}{\partial x}$$

和

$$\frac{\partial u}{\partial x} = -\frac{\partial v}{\partial y}, \quad \frac{\partial u}{\partial y} = \frac{\partial v}{\partial x}$$

这说明

$$\frac{\partial u}{\partial x} = \frac{\partial v}{\partial x} = \frac{\partial u}{\partial y} = \frac{\partial v}{\partial y} = 0$$

知 $f(z) \equiv k, z \in D$.

2.3 调 和 函 数

二维拉普拉斯 (Laplace) 方程

$$\frac{\partial^2 \phi}{\partial x^2} + \frac{\partial^2 \phi}{\partial y^2} = 0$$

的解是数学物理中非常重要的函数.

定义 2.3.1 如果实函数 $\phi(x, y)$ 在区域 D 内具有连续二阶偏导数并且满足拉普拉斯方程, 则称实函数 $\phi(x, y)$ 为在区域 D 内的**调和函数**.

在第 3 章将证明解析函数有任意阶导数, 在这里我们先承认此结论. 于是解析函数的实部和虚部有任意阶偏导数.

在 C-R 方程

$$\frac{\partial u}{\partial x} = \frac{\partial v}{\partial y}, \quad \frac{\partial u}{\partial y} = -\frac{\partial v}{\partial x}$$

中两端分别对 x 与 y 求偏导数, 得

$$\frac{\partial^2 u}{\partial x^2} = \frac{\partial^2 v}{\partial y \partial x}, \quad \frac{\partial^2 u}{\partial y^2} = -\frac{\partial^2 v}{\partial x \partial y}$$

由于 $f(z)$ 在区域 D 内解析, 从而其实部 u 与虚部 v 具有二阶连续偏导数, 所以

$$\frac{\partial^2 v}{\partial x \partial y} = \frac{\partial^2 v}{\partial y \partial x}$$

于是有

$$\frac{\partial^2 u}{\partial x^2} + \frac{\partial^2 u}{\partial y^2} = 0$$

由此我们证明了下面的定理.

定理 2.3.1　设函数 $f(z) = u(x,y) + iv(x,y)$ 在区域 D 内解析, 则 $f(z)$ 的实部 $u(x,y)$ 和虚部 $v(x,y)$ 都是区域 D 内的调和函数.

如上述定理所述, 调和函数与解析函数的实部和虚部密切相关, 由此给定了一个在单连通区域 D 内的调和函数 $u(x,y)$, 则可以找到另一个调和函数 $v(x,y)$, 使得 $f(z) = u(x,y) + iv(x,y)$ 是一个解析函数. 下面我们依靠 C-R 方程给出具体做法.

例 2.3.1　构造一个实部为 $u(x,y) = x^2 - y^2 + y$ 的解析函数 $f(z)$, 并满足 $f(0) = 0$.

解　由于

$$\frac{\partial^2 u}{\partial x^2} + \frac{\partial^2 u}{\partial y^2} = 2 - 2 = 0$$

说明 u 是一个在单连通区域 $D = \mathbb{C}$ 内的调和函数. 利用 C-R 方程, 有

$$\frac{\partial v}{\partial y} = \frac{\partial u}{\partial x} = 2x \tag{2.3.1}$$

和

$$\frac{\partial v}{\partial x} = -\frac{\partial u}{\partial y} = 2y - 1 \tag{2.3.2}$$

将 x 视为常量, 对式 (2.3.1) 两边进行积分有 $v(x,y) = 2xy + \varphi(x)$, 其中 $\varphi(x)$ 是 x 的可微函数. 将上式代入式 (2.3.2) 有

$$2y + \varphi'(x) = \frac{\partial v}{\partial x} = -\frac{\partial u}{\partial y} = 2y - 1$$

这说明 $\varphi'(x) = -1, \varphi(x) = -x + C, C$ 是常数. 利用 $f(0) = 0$, 我们有 $C = 0$, 这说明

$$f(z) = x^2 - y^2 + y + \mathrm{i}(2xy - x)$$

$$= z^2 - \mathrm{i}z$$

例 2.3.2 设函数 $u(x,y) = \varphi\left(\dfrac{y}{x}\right)$ 在半平面 $x > 0$ 内调和, 试求其共轭调和函数 $f(z)$, 使 $f(z) = u + \mathrm{i}v$ 为解析函数.

解 首先求出 $u(x,y)$. 设 $t = \dfrac{y}{x}$, 则

$$\frac{\partial u}{\partial x} = \varphi'(t) \cdot \left(-\frac{y}{x^2}\right), \qquad \frac{\partial u}{\partial y} = \varphi'(t) \cdot \frac{1}{x}$$

$$\frac{\partial^2 u}{\partial x^2} = \varphi''(t) \cdot \frac{y^2}{x^4} + \varphi'(t)\frac{2y}{x^3}, \quad \frac{\partial^2 u}{\partial y^2} = \varphi''(t) \cdot \frac{1}{x^2}$$

于是由 $u(x,y)$ 是调和函数, 应有

$$\frac{\partial^2 u}{\partial x^2} + \frac{\partial^2 u}{\partial y^2} = \varphi''(t)\frac{y^2}{x^4} + \varphi'(t)\frac{2y}{x^3} + \varphi''(t) \cdot \frac{1}{x^2} = 0$$

即

$$\varphi''(t)/\varphi'(t) = \frac{-2t}{1+t^2}$$

解之

$$\ln \varphi'(t) = -\ln(1+t^2) + \ln C$$

所以

$$\varphi(t) = \int \frac{c\mathrm{d}t}{1+t^2} = C \arctan t + C_1$$

从而

$$u(x,y) = C \arctan \frac{y}{x} + C_1$$

下面再求 $v(x,y)$. 由 C-R 方程

$$\frac{\partial v}{\partial x} = -\frac{\partial u}{\partial y} = -C\frac{\dfrac{1}{x}}{1+\left(\dfrac{y}{x}\right)^2} = -C\frac{x}{x^2+y^2}$$

积分得

$$v(x,y) = -C \int \frac{x}{x^2+y^2}\mathrm{d}x = -\frac{C}{2}\ln(x^2+y^2) + g(y)$$

又

$$\frac{\partial v}{\partial y} = \frac{\partial u}{\partial x} = C\frac{-\dfrac{y}{x^2}}{1+\left(\dfrac{y}{x}\right)^2} = -C\frac{y}{x^2+y^2} = -C\frac{y}{x^2+y^2} + g'(y)$$

得

$$g'(y) = 0, \quad g(y) = C_2$$

所以

$$v(x,y) = -C\ln\sqrt{x^2+y^2} + C_2$$

因此

$$\begin{aligned}
f(z) &= C\arctan\frac{y}{x} + C_1 + \mathrm{i}\left[-C\ln\sqrt{x^2+y^2} + C_2\right]\\
&= -\mathrm{i}C\left(\ln\sqrt{x^2+y^2} + \mathrm{i}\arctan\frac{y}{x}\right) + C_2\mathrm{i} + C_1\\
&= \alpha(\ln|z| + \mathrm{i}\arg z) + \beta\\
&= \alpha\ln z + \beta \quad (\alpha = -\mathrm{i}C, \ \beta \text{ 为复常数})
\end{aligned}$$

其中 $\ln z$ 将在 2.4 节介绍.

定义 2.3.2　如果两个调和函数 u,v 还满足 C-R 方程, 则称 v 是 u 的 **共轭调和函数**.

由以上定义可以看出, 解析函数的虚部一定是其实部的共轭调和函数. 它们的等值线, 也就是曲线 $u(x,y) = C_1, v(x,y) = C_2$. 我们来考察复变函数 $z^2 = x^2 - y^2 + 2xy\mathrm{i}$ 和 $1/z = x/(x^2+y^2) - \mathrm{i}y/(x^2+y^2)$ 的实部和虚部的等值线 (图 2.3.1 和图 2.3.2).

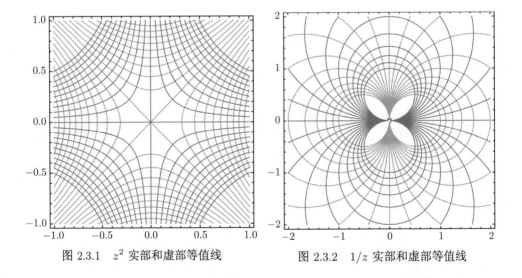

图 2.3.1　z^2 实部和虚部等值线　　　　图 2.3.2　$1/z$ 实部和虚部等值线

在图 2.3.1 和图 2.3.2 中, 浅黑色的曲线表示实部的等值线, 深黑色的线表示虚部的等值线. 从图形上观察, 我们容易知道实部和虚部等值线在交点处的切线是正交的, 这是由于事实上, 这两条曲线的法线的方向向量分别是

$$\left(\frac{\partial u}{\partial x}, \frac{\partial u}{\partial y}\right), \quad \left(\frac{\partial v}{\partial x}, \frac{\partial v}{\partial y}\right)$$

其内积在交点上为

$$\frac{\partial u}{\partial x}\frac{\partial v}{\partial x} + \frac{\partial u}{\partial y}\frac{\partial v}{\partial y} = \frac{\partial u}{\partial x}\left(-\frac{\partial u}{\partial y}\right) + \frac{\partial u}{\partial y}\frac{\partial u}{\partial x} = 0$$

所以它们交成直角.

2.4 初 等 函 数

在中学阶段, 同学们一定学过诸如幂函数、指数函数、对数函数和三角函数等初等函数. 在工科数学分析中, 同学们又进一步从微积分的观点来研究这些函数. 这些普通的初等函数可以在复数域中得到自然推广. 但是, 当把它们推广到复数域上时, 函数往往会获得一些新的性质. 例如, 复变数的指数函数 e^z 是有周期性的, 函数 $\sin z$ 与 $\cos z$ 已不再是有界的, 等等.

1. 指数函数、三角函数和双曲函数

复指数函数 e^z 在复变函数理论中具有极为重要的位置, 这不仅是因为它自身的特点, 而且三角函数和双曲函数的定义也依赖于复指数函数.

定义 2.4.1 对于任何复数 $z = x + iy$, 我们用关系式

$$e^z = e^{x+iy} = e^x(\cos y + i\sin y) \tag{2.4.1}$$

来定义**指数函数** e^z, 有时也记作 $e^z = \text{Exp} z$.

由定义可知 e^z 的模是 e^x, 而 y 是 e^z 的一个辐角值. 因为 $|e^z| = e^x > 0$, 所以 $e^z \neq 0$. 当 z 为实数时, 由于 $y = 0, \cos y + i\sin y = 1$, 所以式 (2.4.1) 为实指数函数. 指数的加法公式

$$e^{z_1+z_2} = e^{z_1} \cdot e^{z_2}$$

现在仍然成立. 事实上, 设

$$z_1 = x_1 + iy_1, \quad z_2 = x_2 + iy_2$$

则

$$e^{z_1}e^{z_2} = e^{x_1}(\cos y_1 + i\sin y_1)e^{x_2}(\cos y_2 + i\sin y_2)$$

$$= e^{x_1 + x_2}[\cos(y_1 + y_2) + i\sin(y_1 + y_2)] = e^{z_1 + z_2}$$

由例 2.2.1 我们知道

$$\frac{de^z}{dz} = e^z$$

这个性质和我们在微积分中学到的是一样的. 在实数范围内, 实指数函数是一个一一对应关系, 但是在复数范围内, 复指数函数则不是一一对应的.

定理 2.4.1　(i) $e^z = 1 \Leftrightarrow z = 2k\pi i,\ k = 0, \pm 1, \pm 2, \cdots$;

(ii) $e^{z_1} = e^{z_2} \Leftrightarrow z_1 = z_2 + 2k\pi i,\ k = 0, \pm 1, \pm 2, \cdots$.

证　(i) 首先设 $z = x + iy$ 满足 $e^z = 1$. 则必有 $|e^z| = |e^x| = 1$, 这说明 $x = 0$. 因此

$$e^z = e^{iy} = \cos y + i\sin y = 1$$

即 $y = 2k\pi, k = 0, \pm 1, \pm 2, \cdots$.

反之, 若 $z = 2\pi i$, 则 $e^z = e^0(\cos 2k\pi + i\sin 2k\pi) = 1$.

(ii) 由除法可知, $e^{z_1} = e^{z_2} \Leftrightarrow e^{z_1 - z_2} = 1$, 这说明 $z_1 - z_2 = 2k\pi i, k = 0, \pm 1, \pm 2, \cdots$.

在中学阶段, 同学们都接触过周期函数的概念, 一般来说, 对定义在数集 D 上的函数 f, 如果存在一个非零数 λ, 使得对 D 中任何数 w 都有 $f(w) = f(w + \lambda)$, 则称 f 在数集 D 内是周期的. 容易看出复指数函数的周期是 $2\pi i$.

由 e^z 的周期性, 只需在 $-\pi < \operatorname{Im} z \leqslant \pi$(或 $0 < \operatorname{Im} z \leqslant 2\pi$) 上来讨论. 将 $w = e^z$ 的自变量 z 与因变量 w 分别用代数表示式与指数表示式来表示. 设

$$z = x + iy, \quad w = \rho e^{i\theta}$$

则

$$\rho e^{i\theta} = e^z = e^{x + iy} = e^x e^{iy}$$

于是

$$\begin{cases} \rho = e^x \\ e^{i\theta} = e^{iy} \end{cases}$$

或写成

$$\begin{cases} \rho = e^x \\ \theta = y + 2k\pi \quad (k \text{ 为整数}) \end{cases}$$

上式表明, z 平面上的直线 $x = x_0$ 经 $w = e^z$ 映射为 w 平面上的圆周 $\rho = e^{x_0}$, 即

$$|w| = e^{x_0}$$

当 x_0 在 $(-\infty, +\infty)$ 内连续地由小变大时, 对应的圆周就连续地扫过 w 平面上除原点 O 外的多连通区域

$$0 < |w| < +\infty$$

详见图 2.4.1(相同灰度的线分别对应).

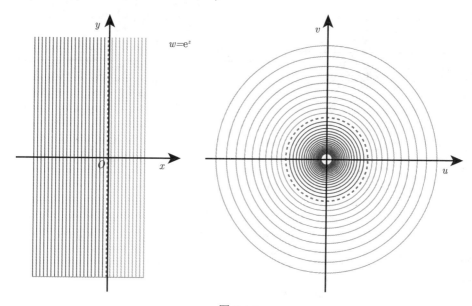

图 2.4.1

又 z 平面上的直线 $y = y_0$, 经 $w = \mathrm{e}^z$ 映射为 w 平面上的射线 (图 2.4.2 中的实线)

$$\theta = y_0 + 2k\pi \quad (k\text{为整数})$$

或 $\arg w = y_0$, 详见图 2.4.2(相同灰度的线分别对应).

由欧拉公式我们有

$$\begin{cases} \mathrm{e}^{\mathrm{i}x} = \cos x + \mathrm{i}\sin x \\ \mathrm{e}^{-\mathrm{i}x} = \cos x - \mathrm{i}\sin x \end{cases}$$

其中 y 是实数. 将上面两式相加、相减分别得到

$$\cos x = \frac{1}{2}(\mathrm{e}^{\mathrm{i}x} + \mathrm{e}^{-\mathrm{i}x})$$

$$\sin x = \frac{1}{2\mathrm{i}}(\mathrm{e}^{\mathrm{i}x} - \mathrm{e}^{-\mathrm{i}x}) \tag{2.4.2}$$

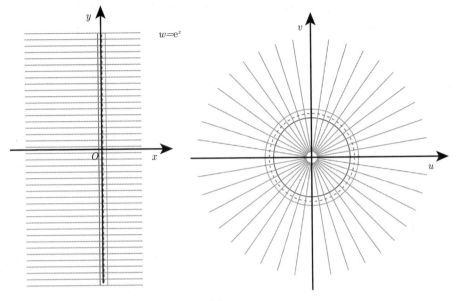

图 2.4.2

这给出了实变数的三角函数与复变数的指数函数之间的关系. 现把式 (2.4.2) 中的实变量推广到复变量 z, 由复指数函数的性质知道, 函数

$$\frac{1}{2}(\mathrm{e}^{\mathrm{i}z} + \mathrm{e}^{-\mathrm{i}z}) \quad \text{和} \quad \frac{1}{2\mathrm{i}}(\mathrm{e}^{\mathrm{i}z} - \mathrm{e}^{-\mathrm{i}z})$$

在整个复平面内处处有定义, 且保持实变数的余弦函数和正弦函数的若干特性, 如可导性和周期性. 特别当复数 z 为实数 x 时, 式 (2.4.2) 的两个函数正是实变量余弦函数和正弦函数. 自然地, 我们给出如下定义:

$$\sin z = \frac{\mathrm{e}^{\mathrm{i}z} - \mathrm{e}^{-\mathrm{i}z}}{2\mathrm{i}}, \quad \cos z = \frac{\mathrm{e}^{\mathrm{i}z} + \mathrm{e}^{-\mathrm{i}z}}{2}$$

并分别称为 z 的正弦函数和余弦函数.

定理 2.4.2　正弦函数和余弦函数满足

(1) $\cos(z + 2\pi) = \cos z, \sin(z + 2\pi) = \sin z$;

(2) $\cos^2 z + \sin^2 z = 1$;

(3) $\sin z_1 \cos z_2 + \cos z_1 \sin z_2 = \sin(z_1 + z_2)$, $\cos z_1 \cos z_2 - \sin z_1 \sin z_2 = \cos(z_1 + z_2)$;

(4) $(\sin z)' = \cos z, (\cos z)' = -\sin z$.

类似地可以验证对于实变数三角函数成立的一切恒等式, 在复变数的情形自然成立. 但必须注意, 在复变数的情形, 不等式 $|\cos z| \leqslant 1$ 和 $|\sin z| \leqslant 1$ 不再成立. 例如, 当 y 为实数时, 有

$$\cos(\mathrm{i}y) = \frac{1}{2}(\mathrm{e}^{-y} + \mathrm{e}^{y})$$

$$\lim_{y \to +\infty} \cos(\mathrm{i}y) = +\infty$$

例 2.4.1 求使 $\sin z$ 和 $\cos z$ 为零的那些点.

解 方程 $\sin z = 0$ 相当于

$$\mathrm{e}^{\mathrm{i}z} = \mathrm{e}^{-\mathrm{i}z} \quad \text{或} \quad \mathrm{e}^{2\mathrm{i}z} = 1$$

利用定理 2.4.1, 这个方程的根是

$$z = k\pi \quad (k = 0, \pm 1, \pm 2, \cdots)$$

再由 $\cos z = \sin\left(z + \dfrac{\pi}{2}\right)$, 显然方程 $\cos z = 0$ 的根是

$$z = \frac{\pi}{2} + k\pi \quad (k = 0, \pm 1, \pm 2, \cdots)$$

其他复变三角函数类似地定义为

$$\tan z = \frac{\sin z}{\cos z}, \qquad \cot z = \frac{\cos z}{\sin z}$$

$$\sec z = \frac{1}{\cos z}, \qquad \csc z = \frac{1}{\sin z}$$

它们分别称为 z 的**正切**、**余切**、**正割**及**余割函数**.

这四个函数都在 z 平面上分母不为零的点处解析, 且

$$(\tan z)' = \sec^2 z, \qquad (\cot z)' = -\csc^2 z$$
$$(\sec z)' = \sec z \tan z, \quad (\csc z)' = -\csc z \cot z$$

例如, 就函数 $\tan z$ 来说, 它在 $z \neq \left(n + \dfrac{1}{2}\right)\pi \, (n = 0, \pm 1, \pm 2, \cdots)$ 的各点处解析. 因为

$$\tan(z + \pi) = \frac{\sin(z + \pi)}{\cos(z + \pi)} = \frac{-\sin z}{-\cos z} = \frac{\sin z}{\cos z} = \tan z$$

可知正切函数的周期为 π. 余切、正割及余割函数的解析性与周期性可类似讨论.

此外, 定义

$$\operatorname{sh} z = \frac{\mathrm{e}^z - \mathrm{e}^{-z}}{2}, \quad \operatorname{ch} z = \frac{\mathrm{e}^z + \mathrm{e}^{-z}}{2}$$

$$\operatorname{th} z = \frac{\operatorname{sh} z}{\operatorname{ch} z}, \qquad \operatorname{cth} z = \frac{1}{\operatorname{th} z}$$

$$\operatorname{sech} z = \frac{1}{\operatorname{ch} z}, \qquad \operatorname{csch} z = \frac{1}{\operatorname{sh} z}$$

并分别称为 z 的**双曲正弦**、**双曲余弦**、**双曲正切**、**双曲余切**、**双曲正割**及**双曲余割函数**.

显然, 它们都是解析函数, 各有其解析区域, 且都是相应的实双曲函数在复数范围内的推广.

由于 e^z 及 e^{-z} 皆以 $2\pi i$ 为基本周期, 故双曲正弦及双曲余弦函数也以 $2\pi i$ 为基本周期. $\operatorname{ch} z$ 为偶函数, $\operatorname{sh} z$ 为奇函数, 而且它们都是复平面内的解析函数, 导数分别为

$$(\operatorname{ch} z)' = \operatorname{sh} z, \quad (\operatorname{sh} z)' = \operatorname{ch} z$$

根据定义, 不难证明

$$\operatorname{ch} iy = \cos y, \quad \operatorname{sh} iy = i \sin y$$

及

$$\begin{cases} \operatorname{ch}(x + iy) = \operatorname{ch} x \cos y + i \operatorname{sh} x \sin y \\ \operatorname{sh}(x + iy) = \operatorname{sh} x \cos y + i \operatorname{ch} x \sin y \end{cases}$$

2. 对数函数、幂函数、反三角函数和反双曲函数

首先回顾复变函数的定义. 设 S 是一个复数集合. 定义在 S 上的函数 f 是一个法则, 它把 S 中的每一个复数 z 对应为一个或多个复数 w. 显然我们的复变函数是可以取多个函数值的, 因此任意的复变函数都有反函数. 具体地说, 例如, 如果只有 $f(1) = 2 + i, f(i) = 2 + i$ 成立, 则我们就定义 $f^{-1}(2 + i) = 1, f^{-1}(2 + i) = i$.

与实变量函数一样, 对数函数是作为指数函数反函数来给出的.

若 $z = e^w, z \neq 0$, 则把 w 称为复变量 z 的**对数函数**, 记作 $\operatorname{Ln} z$, 即 $w = \operatorname{Ln} z$.

根据这个定义, $\operatorname{Ln} z$ 的实部和虚部可以用 z 的模和辐角表示. 令

$$z = re^{i\theta}, \quad w = u + iv$$

则

$$e^{u+iv} = re^{i\theta}$$

所以

$$u = \ln r, \quad v = \theta$$

因此

$$w = \ln|z| + i\operatorname{Arg} z$$

由于 $\operatorname{Arg} z$ 为多值函数, 所以对数函数 $w = \operatorname{Ln} z$ 是多值函数, 并且每两个值相差 $2\pi i$ 的整数倍, 记作

$$\operatorname{Ln} z = \ln|z| + i\operatorname{Arg} z \tag{2.4.3}$$

如果规定上式中的 Argz 取主值 arg z, 那么 Lnz 为一单值函数, 记作 ln z, 称为 Lnz 的**主值**. 这样, 我们就有

$$\ln z = \ln |z| + i \arg z$$

而其他值可由主值表达如下:

$$\mathrm{Ln} z = \ln z + 2k\pi i \quad (k = \pm 1, \pm 2, \cdots)$$

对于每一个固定的 k, 上式为一单值函数, 称为 Lnz 的一个**分支**.

特别地, 当 $z = x > 0$ 时, Lnz 的主值分支 $\ln z = \ln x$, 就是实变函数中的对数函数.

例 2.4.2 求 Ln2, Ln(-1) 以及与它们相应的主值.

解 因为 Ln2 $= \ln 2 + 2k\pi i$, 故它的主值就是 $\ln 2$. 而 Ln(-1) $= \ln 1 + i\mathrm{Arg}(-1) = (2k+1)\pi i (k$ 为整数), 故它的主值是 $\ln(-1) = \pi i$.

此例说明, 复对数是实对数在复数范围内的推广: 在实数范围内 "负数无对数" 的说法, 在复数范围内不成立. 但可修改成 "负数无实对数, 且正实数的对数也是无穷多值的".

定理 2.4.3 对数函数 Lnz 有如下的性质:

(1) 运算法则

$$\mathrm{Ln}(z_1 z_2) = \mathrm{Ln} z_1 + \mathrm{Ln} z_2$$

$$\mathrm{Ln} \frac{z_1}{z_2} = \mathrm{Ln} z_1 - \mathrm{Ln} z_2$$

上述两式在 "集合相等" 的意义下成立;

(2) Lnz 的主值分支 $\ln z = \ln |z| + i \arg z$ 在复平面上除去 $z = 0$ 和负实轴的单连通区域

$$\begin{cases} |z| > 0 \\ -\pi < \arg z < \pi \end{cases} \tag{2.4.4}$$

内解析, 且

$$(\ln z)' = \frac{1}{z}$$

事实上, 在式 (2.4.4) 中所表示的区域内, 任给一点 z, 由于 $w = \ln z$ 的反函数 $z = \mathrm{e}^w$ 是单值的, 且有 $(\mathrm{e}^w)' = \mathrm{e}^w$, 则由反函数求导法则得

$$\frac{\mathrm{d} \ln z}{\mathrm{d} z} = \frac{1}{(\mathrm{e}^w)'} = \frac{1}{\mathrm{e}^w} = \frac{1}{z}$$

由于 z 的任意性, 所以 $\ln z$ 在式 (2.4.4) 所给出的区域内解析. 有了对数函数之后, 我们可以定义复幂函数和复反三角函数.

设 a 是任意复数. 对于 $z \neq 0$, 用下列等式定义 z 的 a 次幂函数

$$w = z^a = \mathrm{e}^{a \mathrm{Ln} z} \qquad (2.4.5)$$

还规定: 当 a 为正实数且 $z = 0$ 时, $z^a = 0$. 由于 $\mathrm{Ln} z$ 是多值函数, 所以 $\mathrm{e}^{a \mathrm{Ln} z}$ 一般是多值函数. 可将式 (2.4.5) 中 $\mathrm{Ln} z$ 用其主值 $\ln z$ 来表示

$$w = z^a = \mathrm{e}^{a \mathrm{Ln} z} = \mathrm{e}^{a \ln z + \mathrm{i} 2 a k \pi} = \mathrm{e}^{a \ln z} \mathrm{e}^{\mathrm{i} 2 a k \pi} \quad (k = 0, \pm 1, \pm 2, \cdots) \qquad (2.4.6)$$

由此可见, 上式的多值性是与后一式中含 k 的因式 $\mathrm{e}^{\mathrm{i} 2 a k \pi}$ 有关.

下面介绍式 (2.4.6) 中 a 为整数和有理数两种较常见的特殊情形.

(1) a 为整数.

当 a 为正整数 n 时, 有

$$w = z^n = \mathrm{e}^{n \ln z} \mathrm{e}^{\mathrm{i} 2 n k \pi}$$

由于 $\mathrm{e}^{\mathrm{i} 2 n k \pi} = (\mathrm{e}^{\mathrm{i} 2 k \pi})^n = 1$, 所以

$$w = z^n = \mathrm{e}^{n \ln z}$$

是与 k 无关的单值函数, 也就是第 1 章中谈到的 z 的 n 次幂.

当 a 为负整数 $-n$ 时, 利用复数的除法有

$$z^{-n} = \mathrm{e}^{-n \ln z} = \frac{1}{\mathrm{e}^{n \ln z}} = \frac{1}{z^n}$$

当 a 为零时, 有 $z^0 = \mathrm{e}^{0 \ln z} = \mathrm{e}^0 = 1$.

(2) a 为有理数 p/q(p 与 q 为互质的整数, $q > 0$).

$$z^{\frac{p}{q}} = \mathrm{e}^{\frac{p}{q} \mathrm{Ln} z} = \mathrm{e}^{\frac{p}{q} \ln z + \frac{p}{q} \mathrm{i} 2 k \pi} \quad (k \text{ 为整数})$$

由于 p 与 q 互质, 当 k 取 $0, 1, \cdots, q-1$ 时, 有

$$\mathrm{e}^{\mathrm{i} 2 k \pi \frac{p}{q}} = (\mathrm{e}^{\mathrm{i} 2 k p \pi})^{\frac{1}{q}}$$

是 q 个不同的值. 但若 k 再取其他整数值时, 将重复出现上述 q 个值之一, 所以

$$w = z^{\frac{p}{q}}$$

是 q 值函数, 因而有 q 个不同的分支.

(3) 当 a 为其他值时, 函数 $w = z^a$ 为无穷多值函数.

例 2.4.3　求 3^{i} 及 $(-3)^{\sqrt{5}}$ 的值.

解　由幂函数的定义, 有

$$3^{\mathrm{i}} = \mathrm{e}^{\mathrm{i}\mathrm{Ln}3} = \mathrm{e}^{\mathrm{i}(\ln 3 + \mathrm{i}2k\pi)} = \mathrm{e}^{-2k\pi + \mathrm{i}\ln 3}$$

$$= \mathrm{e}^{-2k\pi}[\cos(\ln 3) + \mathrm{i}\sin(\ln 3)] \ (k = 0, \pm 1, \pm 2, \cdots)$$

$$(-3)^{\sqrt{5}} = \mathrm{e}^{\sqrt{5}\mathrm{Ln}(-3)}$$

$$= \mathrm{e}^{\sqrt{5}[\ln|-3| + \mathrm{i}\arg(-3) + \mathrm{i}2k\pi]} = \mathrm{e}^{\sqrt{5}\ln 3}\mathrm{e}^{\mathrm{i}\pi(1+2k)\sqrt{5}}$$

$$= 3^{\sqrt{5}}[\cos\pi(1+2k)\sqrt{5} + \mathrm{i}\sin\pi(1+2k)\sqrt{5}] \quad (k = 0, \pm 1, \pm 2, \cdots)$$

由于对数函数 $\mathrm{Ln}z$ 的各个分支在除去原点和负实轴的复平面内是解析的, 因而不难看出幂函数 z^a, 它的各个分支在除去原点和负实轴的复平面内也是解析的, 可以由复合函数的求导法则得到

$$(z^a)' = (\mathrm{e}^{a\ln z})' = \mathrm{e}^{a\ln z} \cdot (a\ln z)' = a\frac{\mathrm{e}^{a\ln z}}{z} = az^{a-1}$$

注　当 a 为整数 n 时, z^n 在复平面上处处解析.

鉴于三角函数和双曲函数都可以非常简单地用指数函数表示, 因为对数函数是指数函数的反函数, 所以反三角函数和反双曲函数都可以非常简单地用对数函数表示. 我们以反余弦函数为例.

如果 $\cos w = z$, 则 w 叫做复变量 z 的**反余弦函数**, 并且记为 $\mathrm{Arccos}z$, 即

$$w = \mathrm{Arccos}z$$

由

$$z = \cos w = \frac{1}{2}(\mathrm{e}^{\mathrm{i}w} + \mathrm{e}^{-\mathrm{i}w})$$

得到 $\mathrm{e}^{\mathrm{i}w}$ 的二次方程

$$\mathrm{e}^{2\mathrm{i}w} - 2z\mathrm{e}^{\mathrm{i}w} + 1 = 0$$

其根为

$$\mathrm{e}^{\mathrm{i}w} = z + \sqrt{z^2 - 1}$$

其中 $\sqrt{z^2 - 1}$ 应理解为双值函数. 因此, 两端取对数得

$$\mathrm{Arccos}z = -\mathrm{i}\mathrm{Ln}(z + \sqrt{z^2 - 1})$$

显然, $\mathrm{Arccos}\,z$ 是一个多值函数.

用同样的方法可以定义反正弦函数和反正切函数, 并且重复上述步骤, 可以得到它们的表达式

$$\mathrm{Arcsin}z = -\mathrm{i}\mathrm{Ln}(\mathrm{i}z + \sqrt{1 - z^2})$$

$$\mathrm{Arctan}z = -\frac{\mathrm{i}}{2}\mathrm{Ln}\frac{1+\mathrm{i}z}{1-\mathrm{i}z}$$

反双曲函数定义为双曲函数的反函数. 用与推导反三角函数表达式完全类似的步骤, 可以得到各反双曲函数的表达式:

反双曲正弦 $\mathrm{Arcsh}z = \mathrm{Ln}(z+\sqrt{z^2+1})$;

反双曲余弦 $\mathrm{Arcch}z = \mathrm{Ln}(z+\sqrt{z^2-1})$;

反双曲正切 $\mathrm{Arcth}z = \frac{1}{2}\mathrm{Ln}\frac{1+z}{1-z}$.

它们都是多值函数.

例 2.4.4 求 Arcsin3 的值.

解 根据定义, 有

$$\begin{aligned}
\mathrm{Arcsin3} &= -\mathrm{i}\mathrm{Ln}(3\mathrm{i}+\sqrt{1-3^2}) = -\mathrm{i}\mathrm{Ln}[(3\pm 2\sqrt{2})\mathrm{i}] \\
&= -\mathrm{i}[\ln(3\pm 2\sqrt{2}) + \frac{\pi}{2}\mathrm{i} + 2k\pi\mathrm{i}] \\
&= \left(2k+\frac{1}{2}\right)\pi - \mathrm{i}\ln(3\pm 2\sqrt{2}) \quad (k=0,\ \pm 1,\ \pm 2,\ \cdots)
\end{aligned}$$

例 2.4.5 求 Arctan (2i) 的值.

解

$$\begin{aligned}
\mathrm{Arctan}(2\mathrm{i}) &= -\frac{\mathrm{i}}{2}\mathrm{Ln}\frac{1+2\mathrm{i}^2}{1-2\mathrm{i}^2} \\
&= -\frac{\mathrm{i}}{2}\mathrm{Ln}\frac{-1}{3} \\
&= (1+2k)\frac{\pi}{2} + \frac{\mathrm{i}}{2}\ln 3 \quad (k=0,\ \pm 1,\ \pm 2,\ \cdots)
\end{aligned}$$

习 题 2

1. 求下列方程 (t 是实参数) 给出的曲线.

(1) $z=(1+\mathrm{i})t$;   (2) $z=a\cos t + \mathrm{i}b\sin t$;

(3) $z=t+\dfrac{\mathrm{i}}{t}$;   (4) $z=t^2+\dfrac{\mathrm{i}}{t^2}$.

2. 已知映射 $w=z^3$, 求

(1) 点 $z_1=\mathrm{i}, z_2=1+\mathrm{i}, z_3=\sqrt{3}+\mathrm{i}$ 在 w 平面上的像点;

(2) 区域 $0<\arg z<\dfrac{\pi}{3}$ 在 w 平面上的像域.

3. 试求:

(1) $\lim\limits_{z \to 1+i} \dfrac{\overline{z}}{z}$;

(2) $\lim\limits_{z \to 1-i} \left(\dfrac{z \cdot \overline{z} - z + \overline{z} - 1}{\overline{z} - 1} \right)$.

4. 试证 $\lim\limits_{z \to 0} \dfrac{\operatorname{Re} z}{z}$ 不存在.

5. 设

$$f(z) = \begin{cases} \dfrac{[\operatorname{Re}(z^2)^2]}{|z|^2}, & z \neq 0 \\ 0, & z = 0 \end{cases}$$

证明 $f(z)$ 在点 $z = 0$ 处连续.

6. 设 $z = x + iy$, 试讨论下列函数的连续性:

$$f(z) = \begin{cases} \dfrac{2xy}{x^2 + y^2}, & z \neq 0 \\ 0, & z = 0 \end{cases}$$

7. 设函数 $f(x)$ 在点 z_0 处连续, 且 $f(z_0) \neq 0$, 证明存在 z_0 的某邻域内, 使 $f(z) \neq 0$.

8. 如果 $f(z)$ 在点 z_0 处连续, 证明 $\overline{f(z)}$, $|f(z)|$ 也在点 z_0 处连续.

9. 试证 $\arg z(-\pi < \arg z \leqslant \pi)$ 在负实轴上 (包括原点) 不连续, 除此而外在 z 平面上处处连续.

10. 对于下面的连接图, 描述曲柄臂 a 和曲柄臂 c 的角速度之间的关系.

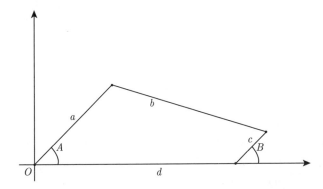

11. 下列函数何处可导? 何处解析?

(1) $f(z) = x^2 + iy^2$;

(2) $f(z) = 2x^3 + 3iy^3$;

(3) $f(z) = (x^2 - y^2 - x) + i(2xy - y^2)$;

(4) $f(z) = \operatorname{Re} z$.

12. 试确定下列函数的解析区域和奇点, 并求出导数.

(1) $f(z) = (z - 1)^2(z^2 - 2)$;

(2) $f(z) = (z - 1)^5$;

(3) $f(z) = \dfrac{1}{z^2 - 4}$;

(4) $f(z) = \dfrac{az + b}{cz + d}$.

13. 试证下列函数在 z 平面上任何点都不解析.

(1) $f(z) = x + 2y\mathrm{i}$;　　　　　　　　(2) $f(z) = x + y$;

(3) $f(z) = \operatorname{Re} z$;　　　　　　　　　(4) $f(z) = \dfrac{1}{|\overline{z}|}$.

14. 若 $f(z)$ 在 z_0 处解析, 试证 $f(z)$ 在 z_0 处连续.

15. 判断下述命题的真假, 并举例说明.

(1) 如果 $f(z)$ 在 z_0 点连续, 那么 $f'(z_0)$ 存在;

(2) 如果 z_0 是 $f(z)$ 的奇点, 那么 $f(z)$ 在 z_0 不可导;

(3) 如果 z_0 是 $f(z)$ 和 $g(z)$ 的一个奇点, 那么 z_0 也是 $f(z) + g(z)$ 和 $\dfrac{f(z)}{g(z)}$ 的奇点.

16. 证明: C-R 方程的极坐标形式是

$$\frac{\partial u}{\partial r} = \frac{1}{r} \cdot \frac{\partial v}{\partial \theta}, \qquad \frac{\partial v}{\partial r} = -\frac{1}{r} \cdot \frac{\partial u}{\partial \theta}$$

17. 试证:

$$f(z) = \begin{cases} 0, & z = 0 \\[2mm] \dfrac{x^3(1+\mathrm{i}) - y^3(1-\mathrm{i})}{x^2 + y^2}, & z \neq 0 \end{cases}$$

在 $z = 0$ 满足 C-R 方程, 但不解析.

18. 在 $w = u(x,y) + \mathrm{i}v(x,y)$ 里, 将 $z = x + \mathrm{i}y$ 与 $\overline{z} = x - \mathrm{i}y$ 形式地看作独立变量, 写作 $w = F(z, \overline{z})$, 试证 C-R 方程可表示为

$$\frac{\partial F(z, \overline{z})}{\partial \overline{z}} = 0$$

19. 证明: 如果函数 $f(z) = u + \mathrm{i}v$ 在区域 D 内解析, 并满足下列条件之一, 那么 $f(z)$ 是常数.

(1) $f(z)$ 是恒取实值;

(2) $\overline{f(z)}$ 在 D 内解析;

(3) $|f(z)|$ 在 D 内是一个常数;

(4) $\arg f(z)$ 在 D 内是一个常数;

(5) $au + bv = c$, 其中 a, b 与 c 为不全为零的实常数;

(6) $v = u^2$.

20. 验证下列函数是调和函数, 并求出以 $z = x + \mathrm{i}y$ 为自变量的解析函数 $w = f(z) = u + \mathrm{i}v$.

(1) $v = \arctan \dfrac{y}{x} (x > 0)$;

(2) $u = \mathrm{e}^x(y\cos y + x\sin y) + x + y, f(0) = \mathrm{i}$;

(3) $u = (x - y)(x^2 + 4xy + y^2)$;

(4) $v = \dfrac{y}{x^2 + y^2}, f(2) = 0$.

21. 设 u 为区域 D 中的调和函数及 $f = \dfrac{\partial u}{\partial x} - \mathrm{i}\dfrac{\partial u}{\partial y}$, f 是否是 D 内解析函数? 为什么?

22. 函数 $v = x + y$ 是 $u = x + y$ 的共轭调和函数吗? 为什么?

23. 证明 $u = x^2 - y^2$ 和 $v = \dfrac{y}{x^2 + y^2}$ 都是调和函数, 但 $u + \mathrm{i}v$ 不是解析函数.

24. 指出下列函数解析的区域, 并求出它们的导数.

(1) $\mathrm{e}^{\mathrm{e}^z}$;

(2) $\sin(\mathrm{e}^z)$;

(3) $\dfrac{\mathrm{e}^z}{z^2 + 3}$;

(4) $\sqrt{\mathrm{e}^z + 1}$;

(5) $\cos \overline{z}$;

(6) $\dfrac{1}{\mathrm{e}^z - 1}$.

25. 证明下列函数在 z 复平面上解析.

(1) $f(z) = 3x + y + \mathrm{i}(3y - x)$;

(2) $f(z) = \sin x \mathrm{ch} y + \mathrm{i} \cos x \mathrm{sh} y$;

(3) $f(z) = \mathrm{e}^{-y}\sin x - \mathrm{i}\mathrm{e}^{-y}\cos x$;

(4) $f(z) = (z^2 - 2)\mathrm{e}^{-x}\mathrm{e}^{-\mathrm{i}y}$.

26. 设 $f(z) = x^3 + \mathrm{i}(y - 1)^3$, 证明只有当 $x^2 = (y - 1)^2$ 时, $f'(z) = \dfrac{\partial u}{\partial x} + \mathrm{i}\dfrac{\partial v}{\partial x} = 3x^2$ 成立.

27. 如果 $f(z) = u + \mathrm{i}v$ 是一解析函数, 试证 $\overline{\mathrm{i}f(z)}$ 也是解析函数.

28. 设 $f(z) = u(x,y) + \mathrm{i}v(x,y)$ 以及它的共轭 $f(z) = u(x,y) - \mathrm{i}v(x,y)$ 都在区域 D 内解析, 证明 $f(z)$ 是一个常数.

29. 如果 $f(z) = u + \mathrm{i}v$ 是 z 的解析函数, 证明:

(1) $\left(\dfrac{\partial}{\partial x}|f(z)|\right)^2 + \left(\dfrac{\partial}{\partial y}|f(z)|\right)^2 = |f'(z)|^2$;

(2) $\left[\dfrac{\partial^2}{\partial x^2} + \dfrac{\partial^2}{\partial y^2}\right]|f(z)|^2 = 4|f'(z)|^2$.

30. 若函数 $f(z)$ 在上半 z 平面内解析, 试证函数 $\overline{f(\overline{z})}$ 在下半 z 平面内解析.

31. 设 $z = x + \mathrm{i}y$, 试求:

(1) $|\mathrm{e}^{\mathrm{i}-2z}|$;　　(2) $|\mathrm{e}^{z^2}|$;　　(3) $\mathrm{Re}(\mathrm{e}^{\frac{1}{z}})$.

32. 证明:

(1) $\cos(z_1 + z_2) = \cos z_1 \cos z_2 - \sin z_1 \sin z_2$,

$\sin(z_1 + z_2) = \sin z_1 \cos z_2 + \cos z_1 \sin z_2$;

(2) $\sin^2 z + \cos^2 z = 1$;

(3) $\sin 2z = 2\sin z \cos z$;

(4) $\tan 2z = \dfrac{2\tan z}{1 - \tan^2 z}$;

(5) $\sin\left(\dfrac{\pi}{2} - z\right) = \cos z$, $\cos(z + \pi) = -\cos z$.

33. 将下列各式表示成 $x + \mathrm{i}y$ 的形式.

(1) $\mathrm{e}^{1+\pi\mathrm{i}} + \cos\mathrm{i}$;　　(2) $\mathrm{ch}\dfrac{\pi}{4}\mathrm{i}$;　　(3) $\cos(\mathrm{i}\ln 5)$.

34. 已知 $f(z) = \dfrac{\ln\left(\dfrac{1}{2} + z^2\right)}{\sin\left(\dfrac{1+\mathrm{i}}{4}\pi z\right)}$, 求 $|f'(1-\mathrm{i})|$ 及 $\arg f'(1-\mathrm{i})$.

35. 求 $\mathrm{Ln}(-\mathrm{i}), \mathrm{Ln}(-3+4\mathrm{i})$ 和它们的主值.

36. 求 $\mathrm{e}^{1-\mathrm{i}\frac{\pi}{2}}, \mathrm{Exp}[(1+\mathrm{i}\pi)/4], 3^{\mathrm{i}}$ 和 $(1+\mathrm{i})^{\mathrm{i}}$ 的值.

37. 解方程 $\ln z = 2 - \mathrm{i}(\pi/6)$.

第3章
复变函数的积分

在第 2 章中，我们看到由于复平面是二维的，复变函数的自变量有无限多种趋近极限点的路径，这导致了复变函数的导数的存在性比实函数的导数的存在性更苛刻. 本章中，我们将学习复变函数的积分理论，与通常的黎曼积分相比，积分路径是平面上的一般曲线段而不是 x 轴上的线段. 这就推广了黎曼积分. 微积分中的一些结果也得以保留，比如我们依然有原函数和类似牛顿—莱布尼茨公式的结果.

复变函数的积分也是研究解析函数性质的有力工具，主要的结果是柯西积分定理和柯西积分公式. 柯西积分定理大意为如果一个复变函数在一条环路上和其内部都解析，则它沿环路的积分是 0. 据此可以推出柯西积分公式，它对解析函数的性质有着深刻的刻画.

3.1 复变函数积分的概念

首先我们对复平面上的曲线进行直观的数学解释. 首先设想在一张纸上取直角坐标系，我们可以把这张纸视为复平面的一部分，然后我们把笔放在纸上画线，在任意时刻 t 我们的笔尖一定在一点 $(x(t), y(t))$ 处，在时间段 $a \leqslant t \leqslant b$ 内画出的所有点构成了这条线. 我们把画线的行为视为一个实变量的复值函数

$$z(t) = x(t) + \mathrm{i}y(t)$$

称之为该曲线的参数方程. 我们进一步描述这条曲线，在绘制过程中，笔尖不可以离开纸面，这意味着曲线是一体的不会分为若干部分，用数学的话来说这条曲线是连通的. 其次曲线必须平顺的一笔画成，亦即笔尖必须以一定的非零速率通过每一点，即笔尖运动的方向是渐变的. 不会出现立定 (速率为零)、向左转 (运动方向突变)、齐步走的情况. 用数学的话来说，笔尖通过点 $(x(t), y(t))$ 的速度向量为 $(x'(t), y'(t)) \neq (0, 0)$. 记

$$z'(t) = x'(t) + \mathrm{i}y'(t)$$

称为 $z(t)$ 的导数. 最后假设除了始点和终点之外其他的点只能画一次, 只能是如下两种情况, 如图 3.1.1 所示.

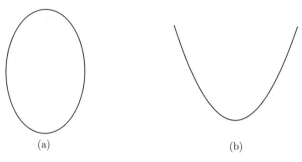

(a)　　　　　　　　　　(b)

图 3.1.1

我们把上述事实总结成如下的定义.

定义 3.1.1　复值连续函数 $z(t) = x(t) + \mathrm{i}y(t)(a \leqslant t \leqslant b)$ 的值域 γ 是复平面上的一个点集, 称之为复平面上的一条连续曲线. 如果 $z(t)$ 还满足下述条件:

(i) $z(t)$ 在 $[a,b]$ 上有连续的导数;

(ii) $z'(t)$ 在 $[a,b]$ 上恒不为零;

(iii) $z(t)$ 在 $[a,b]$ 上是一一的.

则称点集 γ 为一条光滑曲线. 如果把 (iii) 换为 (iii'):

(iii') $z(t)$ 在 $[a,b]$ 上是一一的, 并且 $z(a) = z(b), z'(a) = z'(b)$, 则称点集 γ 为一条光滑闭曲线.

下面我们进一步讨论光滑曲线上点的顺序, 就是光滑曲线的定向. 当我们画线的时候, 点在纸面上出现是有顺序的, 起点最先出现, 终点最后出现; 如果我们将终点和起点的地位对换, 那么点的出现顺序就变了. 除此之外, 没有其他的顺序, 这就是说在一条光滑曲线上有两种自然的顺序. 用数学的语言来说

(1) 如果曲线 C 不是闭的, 则通过指明起点和终点来确定方向, 规定由起点到终点的方向为正方向 C, 相反的方向为负方向 C^-, 若曲线 C 的参数方程为

$$z = z(t) = x(t) + \mathrm{i}y(t) \quad (a \leqslant t \leqslant b)$$

其中 t 为实参数, 通常规定参数 t 增加的方向为曲线 C 的正方向, 即由 $z_0 = z(a)$ 到 $z = z(b)$ 的方向为正方向.

(2) 对于闭曲线 C, 通常规定, 逆时针方向为曲线的正方向, 记为 C, 顺时针方向为曲线的负方向, 记为 C^-. 若曲线 C 与区域 D 有关, 则规定, 当观察者沿曲线环行时, 区域 D 在观察者的左方, 则称此环行方向为曲线 C 关于区域 D 的正向, 相反方向为负向. 上述两种规定方法是一致的.

(3) 光滑 (或分段光滑) 闭曲线有时也称**闭路**.

在以后的讨论中, 若无特殊说明, 我们总是取正向进行积分.

下面我们介绍一种在应用中经常遇到的曲线, 它们是由有向光滑曲线首尾相接而得到的.

定义 3.1.2 设 $(\gamma_1, \gamma_2, \cdots, \gamma_n)$ 是有限条有向光滑曲线, 对于每一个 $k = 1, 2, \cdots, n-1$ 将 γ_k 的终点和 γ_{k+1} 的起点重合, 这样形成的曲线称为一条分段光滑曲线, 记为

$$\Gamma = \gamma_1 \cup \gamma_2 \cup \cdots \cup \gamma_n$$

进一步, 如果 γ_n 的终点和 γ_1 的起点重合, 则称 Γ 是一条分段光滑闭曲线. 其中 t 为实参数, 通常规定参数 t 增加的方向为曲线 C 的正方向, 即由 $z_0 = z(\alpha)$ 到 $z = z(\beta)$ 的方向为正方向.

现在我们来定义一个单值复变函数沿一曲线的积分.

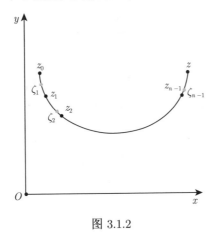

图 3.1.2

定义 3.1.3 设 C 是以 z_0 为始点、z 为终点的曲线, 复变函数 $f(z)$ 在 C 上有定义, 在 C 上沿着由 z_0 到 z 的方向依次取分点 $z_0, z_1, \cdots, z_{n-1}, z_n = z$, 将 C 分成 n 个小弧段, 如图 3.1.2 所示. 对应于每段作乘积 $f(\zeta_k)\Delta z_k, k = 1, 2, \cdots, n$, 其中 ζ_k 是以 z_{k-1} 及 z_k 为端点的那个小弧段上的任意一点, $\Delta z_k = z_k - z_{k-1}$. 再作出和式

$$S_n = \sum_{k=1}^{n} f(\zeta_k)\Delta z_k \tag{3.1.1}$$

令 δ 为所有小弧段的弧长的最大值. 当 $\delta \to 0$ 时, 如果不论对曲线 C 的分法及 ζ_k 的取法如何, 和式 S_n 都有唯一极限, 那么称函数 $f(z)$ 在曲线 C 上可积, 称此极限

值为函数 $f(z)$ 沿曲线 C 的积分, 记作

$$\int_C f(z)\mathrm{d}z = \lim_{n\to\infty} \sum_{k=1}^n f(\zeta_k)\Delta z_k = \lim_{n\to\infty} S_n \tag{3.1.2}$$

如果 C 为闭曲线, 且为逆时针方向, 那么沿此闭曲线的积分可记作 $\oint_C f(z)\mathrm{d}z$. 进一步, 如果 $\Gamma = \gamma_1 \cup \gamma_2 \cup \cdots \cup \gamma_n$, 则

$$\int_\Gamma f(z)\mathrm{d}z = \int_{\gamma_1} f(z)\mathrm{d}z + \int_{\gamma_2} f(z)\mathrm{d}z + \cdots + \int_{\gamma_n} f(z)\mathrm{d}z$$

通过复变函数积分的定义, 我们可以得到如下简单性质.

定理 3.1.1

(1) $\displaystyle\int_{C^-} f(z)\mathrm{d}z = -\int_C f(z)\mathrm{d}z$, 其中 C^- 表示与 C 方向相反的曲线;

(2) $\displaystyle\int_C f(z)\mathrm{d}z \pm \int_C g(z)\mathrm{d}z = \int_C [f(z) \pm g(z)]\mathrm{d}z$;

(3) $\displaystyle\int_C kf(z)\mathrm{d}z = k\int_C f(z)\mathrm{d}z, k \in \mathbb{C}$.

在微积分中, 判断一个函数是否可积是一个很有意思的问题, 而且很有价值, 它促进人们不断延拓积分的定义, 使更多的函数具有积分. 对于复变函数来讲, 我们先做如下分析: 如果 $f(z) = u(x,y) + \mathrm{i}v(x,y)$ 是曲线 C 上的连续函数, 那么 $u(x,y), v(x,y)$ 是 C 上的二元实连续函数. 令 $\zeta_k = \xi_k + \mathrm{i}\eta_k$, 此时式 (3.1.1) 可以写为

$$S_n = \sum_{k=1}^n [u(\xi_k, \eta_k) + \mathrm{i}v(\xi_k, \eta_k)](\Delta x_k + \mathrm{i}\Delta y_k)$$
$$= \sum_{k=1}^n [u(\xi_k, \eta_k)\Delta x_k - v(\xi_k, \eta_k)\Delta y_k] + \mathrm{i}\sum_{k=1}^n [v(\xi_k, \eta_k)\Delta x_k + u(\xi_k, \eta_k)\Delta y_k]$$

由二元实函数的第二型曲线积分存在的条件知上式当 $\delta \to 0$ 时存在极限且可写作

$$\int_C f(z)\mathrm{d}z = \int_C u(x,y)\mathrm{d}x - v(x,y)\mathrm{d}y + \mathrm{i}\int_C v(x,y)\mathrm{d}x + u(x,y)\mathrm{d}y \tag{3.1.3}$$

我们得到复变函数可积的一个充分条件.

定理 3.1.2　若函数 $f(z)$ 在光滑 (或分段光滑) 曲线 C 上连续, 则 $f(z)$ 在 C 上可积.

上述定理具有很强的理论价值, 但是我们不能直接利用它来计算复变函数的积分, 我们得另辟蹊径. 将积分曲线参数化是一个极佳的办法, 正如我们在微积分中计算第一类和第二类曲线积分时所采用的方法. 具体的内容体现为如下定理.

定理 3.1.3 设 $f(z)$ 是有向光滑曲线 γ 上的连续函数, 如果 $z(t) = x(t) + \mathrm{i}y(t)$ 是 γ 的一个定向相符的参数方程, 则

$$\int_{\gamma} f(z) = \int_a^b f(z(t)) z'(t) \mathrm{d}t \qquad (3.1.4)$$

更具体地说, 如果 $f(z) = u(x,y) + \mathrm{i}v(x,y)$, 则

$$\int_{\gamma} f(z)\mathrm{d}z = \int_a^b (u(x(t),y(t))x'(t) - v(x(t),y(t))y'(t))\mathrm{d}t$$

$$+ \mathrm{i}\int_a^b (v(x(t),y(t))x'(t) + u(x(t),y(t))y'(t))\mathrm{d}t$$

其中 a、b 分别是曲线的起、终点对应的参数.

对于一条分段光滑曲线, 可逐段将其参数化, 然后利用上式计算.

例 3.1.1 计算积分 $\displaystyle\oint_{C_r} (z - z_0)^n \mathrm{d}z$, 其中 C_r 是逆时针绕圆周 $|z - z_0| = r$ 旋转一周的曲线.

解 取 C_r 的一个合适参数方程为 $z(\theta) = z_0 + r\mathrm{e}^{\mathrm{i}\theta}, \theta \in [0, 2\pi]$. 令 $f(z) = (z - z_0)^n$. 则我们有 $f(z(\theta)) = r^n \mathrm{e}^{\mathrm{i}n\theta}, z'(\theta) = \mathrm{i}r\mathrm{e}^{\mathrm{i}\theta}$.

因此, 利用定理 3.1.3

$$\oint_{C_r} (z - z_0)^n \mathrm{d}z = \int_0^{2\pi} (r\mathrm{e}^{\mathrm{i}n\theta})^n (\mathrm{i}r\mathrm{e}^{\mathrm{i}\theta})\mathrm{d}\theta = \mathrm{i}r^{n+1} \int_0^{2\pi} \mathrm{e}^{\mathrm{i}(n+1)\theta}\mathrm{d}\theta$$

对上式最后一个积分进行讨论:

(1) 如果 $n \neq -1$, 则

$$\int_0^{2\pi} \mathrm{e}^{\mathrm{i}(n+1)\theta}\mathrm{d}\theta = \int_0^{2\pi} \cos[(n+1)\theta]\mathrm{d}\theta + \mathrm{i}\int_0^{2\pi} \sin[(n+1)\theta]\mathrm{d}\theta = 0$$

(2) 如果 $n = -1$, 则

$$\int_0^{2\pi} \mathrm{e}^{\mathrm{i}(n+1)\theta}\mathrm{d}\theta = \int_0^{2\pi} \mathrm{d}\theta = 2\pi$$

综上, 我们有

$$\oint_{C_r} (z - z_0)^n \mathrm{d}z = \begin{cases} 0, & n \neq -1 \\ 2\pi\mathrm{i}, & n = -1 \end{cases}$$

这个积分很重要, 我们以后要常常用到它!

例 3.1.2 计算积分 $\displaystyle\oint_{\Gamma} \frac{1}{z - z_0}\mathrm{d}z$, 其中 Γ 是顺时针绕圆周 $|z - z_0| = r$ 两周得到的曲线.

解　已知 $\Gamma = C_r^- \cup C_r^-$，利用例 3.1.1 和定理 3.1.1，我们有

$$\oint_\Gamma \frac{1}{z-z_0}\mathrm{d}z = -2\oint_{C_r}\frac{1}{z-z_0}\mathrm{d}z = -4\pi\mathrm{i}$$

在理论和实际应用中，往往不用计算出复积分的具体数值，只需知道它的模长的一个合适的上界就可以了．

设 $f(z)$ 是曲线 γ 上的连续函数，$M \geqslant 0$ 满足 $|f(z)| \leqslant M, \forall z \in \gamma$．记 $L(\gamma)$ 为曲线 γ 的弧长．考虑 γ 的一个分划所对应的和式的模长，我们有

$$|S_n| = \left|\sum_{k=1}^n f(\zeta_k)\Delta z_k\right| \leqslant M\sum_{k=1}^n |\Delta z_k| \leqslant ML(\gamma)$$

这是因为弦长的和 $\sum_{k=1}^n |\Delta z_k|$ 超不过曲线的总的弧长．

例 3.1.3　求 $\left|\oint_{|z-1|=2}\dfrac{\mathrm{e}^z}{z-1}\mathrm{d}z\right|$ 的一个上界．

解　容易看出积分曲线的弧长是 4π．将曲线参数化，我们有

$$z(\theta) = 1 + 2\mathrm{e}^{\mathrm{i}\theta}, \quad \theta \in [0,2\pi]$$

所以

$$\left|\frac{\mathrm{e}^z}{z-1}\right| \leqslant \frac{|\mathrm{e}^z|}{2} = \frac{\mathrm{e}^{1+2\cos\theta}}{2} \leqslant \frac{\mathrm{e}^3}{2}$$

因此 $2\mathrm{e}^3\pi$ 是一个上界．

3.2　柯西积分定理

我们首先考察如下两个函数的积分．

例 3.2.1　分别沿如下路径计算积分 $\displaystyle\int_{C_k}\frac{z+2\mathrm{i}}{z}\mathrm{d}z$ 和 $\displaystyle\int_{C_k} z\,\mathrm{d}z, k=1,2$．

(1) C_1: 半圆周 $z = 2\mathrm{e}^{\mathrm{i}\theta}, 0 \leqslant \theta \leqslant \pi$，沿上半单位圆周由 1 到 -1 为 C_1 方向．

(2) C_2: 半圆周 $z = 2\mathrm{e}^{\mathrm{i}\theta}, -\pi \leqslant \theta \leqslant 0$，沿下半单位圆周由 1 到 -1 为 C_1 方向．

解　(1) $\displaystyle\int_{C_1}\frac{z+2\mathrm{i}}{z}\mathrm{d}z = \int_0^\pi (1+\mathrm{i}\mathrm{e}^{-\mathrm{i}\theta})2\mathrm{e}^{\mathrm{i}\theta}\mathrm{i}\mathrm{d}\theta$

$$= \int_0^\pi 2\mathrm{e}^{\mathrm{i}\theta}\mathrm{i}\mathrm{d}\theta - \int_0^\pi 2\mathrm{d}\theta$$

$$= 2\mathrm{e}^{\mathrm{i}\theta}|_0^\pi - 2\pi$$

$$= -4 - 2\pi$$

$$\int_{C_1} z\mathrm{d}z = \int_0^\pi 2\mathrm{e}^{\mathrm{i}\theta}2\mathrm{i}\mathrm{e}^{\mathrm{i}\theta}\mathrm{d}\theta = 2\mathrm{e}^{2\mathrm{i}\theta}\Big|_0^\pi = 0$$

$$(2) \int_{C_2} \frac{z+2\mathrm{i}}{z}\mathrm{d}z = \int_0^{-\pi}(1+\mathrm{i}\mathrm{e}^{-\mathrm{i}\theta})2\mathrm{e}^{\mathrm{i}\theta}\mathrm{i}\mathrm{d}\theta$$

$$= \int_0^{-\pi} 2\mathrm{e}^{\mathrm{i}\theta}\mathrm{i}\mathrm{d}\theta - \int_0^{-\pi}2\mathrm{d}\theta$$

$$= 2\mathrm{e}^{\mathrm{i}\theta}|_0^{-\pi} + 2\pi$$

$$= -4 + 2\pi$$

$$\int_{C_2} z\mathrm{d}z = \int_0^{-\pi} 2\mathrm{e}^{\mathrm{i}\theta}2\mathrm{i}\mathrm{e}^{\mathrm{i}\theta}\mathrm{d}\theta = 2\mathrm{e}^{2\mathrm{i}\theta}\Big|_0^{-\pi} = 0$$

对比上述例题中的两个积分, 虽然两条曲线的起点和终点重合, 但我们发现第一个的积分值与路径有关, 而第二个则无关. 对于这种现象, 我们要予以重视并研究. 下面的定理是解析函数理论中的一个非常基本的定理, 以后许多结果都是建立在这个定理的基础之上的. 它也可以解释我们方才遇到的问题.

定理 3.2.1(柯西积分定理)   如果函数 $f(z)$ 在单连通区域 D 内处处解析, 那么函数 $f(z)$ 沿 D 内的任何一条简单光滑闭曲线 C 的积分为零, 即

$$\oint_C f(z)\mathrm{d}z = 0 \tag{3.2.1}$$

证   如果再进一步假定 $f'(z)$ 在 C 上及其内部 D 内连续, 那么由式 (3.1.3) 及格林公式则有

$$\oint_C f(z)\mathrm{d}z = \oint_C u\mathrm{d}x - v\mathrm{d}y + \mathrm{i}\oint_C v\mathrm{d}x + u\mathrm{d}y$$

$$= -\iint_D \left(\frac{\partial v}{\partial x} + \frac{\partial u}{\partial y}\right)\mathrm{d}x\mathrm{d}y + \mathrm{i}\iint_D \left(\frac{\partial u}{\partial x} - \frac{\partial v}{\partial y}\right)\mathrm{d}x\mathrm{d}y$$

由 u, v 满足 C-R 条件, 故得

$$\oint_C f(z)\mathrm{d}z = 0$$

在定理 3.2.1 的证明中我们假设了 $f'(z)$ 在 C 上及其内部 D 内连续. 事实上这个假设是不必要的, 但证明比较复杂, 而且有多种证法.

例 3.2.2   求积分 $\oint_C \dfrac{\mathrm{d}z}{z^2-2\mathrm{i}}$ 其中 C 为单位圆周 $|z|=1$.

解   被积函数 $f(z) = \dfrac{1}{z^2-2\mathrm{i}}$ 在闭单连通区域 $|z| \leqslant 1$ 上解析, 由柯西积分定理有

$$\oint_C \frac{\mathrm{d}z}{z^2-2\mathrm{i}} = 0$$

注记 1 柯西积分定理只有当 D 是一个单连通区域且 $f(z)$ 在 D 上解析时才正确. 以函数 $f(z) = 1/z$ 为例, 它除了点 $z = 0$ 外, 在整个平面上是解析的. 由例 3.1.1 我们有 $\oint_C \dfrac{1}{z} \mathrm{d}z = 2\pi \mathrm{i} \neq 0$, 这里 C 为复平面上以原点为心的任意圆周.

注记 2 $f(z)$ 在 D 上解析使式 (3.2.1) 成立只是充分条件, 如 $\oint_C \dfrac{1}{z^2} \mathrm{d}z = 0$, 但函数 $f(z) = \dfrac{1}{z^2}$ 在点 $z = 0$ 处不解析.

从柯西积分定理出发, 还可以得到关于解析函数的如下结论.

定理 3.2.2 设函数 $f(z)$ 是单连通区域 D 内的一个解析函数, 而 C_1 和 C_2 是 D 内连接 z 和 z_0 的任意两条逐段光滑曲线, 则

$$\int_{C_1} f(z) \mathrm{d}z = \int_{C_2} f(z) \mathrm{d}z$$

证 若除 z 和 z_0 外, C_1 与 C_2 再无交点, 如图 3.2.1, 由定理 3.2.1 有

$$\int_{C_1} f(z) \mathrm{d}z - \int_{C_2} f(z) \mathrm{d}z = \int_{C_1 \cup C_2^-} f(z) \mathrm{d}z = 0$$

即得上述等式. 若 C_1 与 C_2 还有另外的交点, 可再作一条连接点 z 和 z_0, 且与 C_1, C_2 无其他交点的光滑曲线 C, 如图 3.2.2 所示. 由上面的讨论, 有

$$\int_C f(z) \mathrm{d}z = \int_{C_1} f(z) \mathrm{d}z$$

$$\int_C f(z) \mathrm{d}z = \int_{C_2} f(z) \mathrm{d}z$$

证毕.

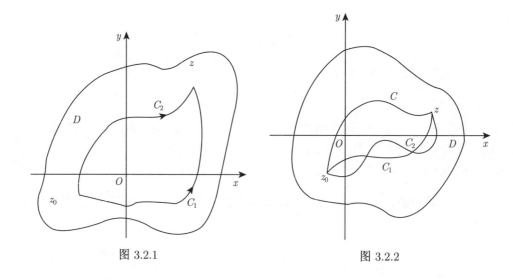

图 3.2.1   图 3.2.2

定理 3.2.2 说明单连通区域上的解析函数的积分完全由积分的起点与终点决定, 而与 C 的路径无关. 这就解决了我们在开始的时候遇到的那个问题.

现在如果固定点 z_0 而让点 z 在 D 内变动, 曲线 C 为 D 内连接点 z_0 及点 z 的任一逐段光滑曲线, 记

$$F(z) = \int_{z_0}^{z} f(\zeta)\mathrm{d}\zeta = \int_C f(\zeta)\mathrm{d}\zeta$$

是 z 的一个单值函数. 关于 $F(z)$ 有如下定理.

定理 3.2.3 若函数 $f(z)$ 在单连通区域 D 内解析, $z_0 \in D$ 为一固定点, 则对于任意的 $z \in D$, 函数 $F(z) = \int_{z_0}^{z} f(\zeta)\mathrm{d}\zeta$ 也在 D 内解析, 并且 $F'(z) = f(z)$.

证 我们有

$$F(z + \Delta z) - F(z) = \int_{z}^{z+\Delta z} f(\zeta)\mathrm{d}\zeta$$

并且根据积分与路径的无关性, 假定这个积分是由 z 到 $z + \Delta z$ 的直线段进行的 (图 3.2.3), 这样便有

$$\frac{F(z + \Delta z) - F(z)}{\Delta z} - f(z)$$
$$= \frac{1}{\Delta z} \int_{z}^{z+\Delta z} f(\zeta)\mathrm{d}\zeta - \frac{f(z)}{\Delta z} \int_{z}^{z+\Delta z} \mathrm{d}\zeta$$
$$= \frac{1}{\Delta z} \int_{z}^{z+\Delta z} [f(\zeta) - f(z)]\mathrm{d}\zeta$$

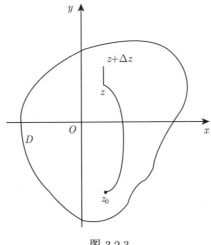

图 3.2.3

由 $f(z)$ 的连续性知, 对任意 $\varepsilon > 0$, 可取 $\delta > 0$, 使当 $|\zeta - z| < \delta$ 时, 有 $|f(\zeta) - f(z)| < \varepsilon$. 现在如果取 $0 < |\Delta z| < \delta$, 则

$$\left| \frac{F(z + \Delta z) - F(z)}{\Delta z} - f(z) \right|$$

$$= \frac{1}{|\Delta z|} \int_z^{z+\Delta z} |f(\zeta) - f(z)| \mathrm{d}s < \varepsilon$$

这就证明了 $F'(z) = f(z)$. 同在实变函数的情形一样, 由于 $F'(z) = f(z)$, $F(z)$ 称为 $f(z)$ 的原函数. 而 $F(z) + C$ (C 为任意常数) 称为 $f(z)$ 的不定积分. 利用原函数, 我们可以推得与牛顿—莱布尼茨 (Newton-Leibniz) 公式类似的解析函数的积分计算公式.

定理 3.2.4 若函数 $f(z)$ 在单连通区域 D 内解析, $H(z)$ 是 $f(z)$ 的一个原函数, 则

$$\int_{z_0}^z f(\zeta) \mathrm{d}\zeta = H(z) - H(z_0) \tag{3.2.2}$$

证 由题设知

$$H'(z) = f(z)$$

那么就有

$$(F(z) - H(z))' = 0$$

令

$$F(z) - H(z) = u + \mathrm{i}v$$

则有

$$(F(z) - H(z))' = \frac{\partial u}{\partial x} + \mathrm{i}\frac{\partial v}{\partial x} = 0$$

故得

$$\frac{\partial u}{\partial x} = \frac{\partial v}{\partial x} = 0$$

而由 C-R 方程可得

$$\frac{\partial u}{\partial y} = \frac{\partial v}{\partial y} = 0$$

故 u 和 v 必为常数, 亦即

$$F(z) = \int_{z_0}^z f(\zeta) \mathrm{d}\zeta = H(z) + C$$

由 $F(z_0) = 0$, 故 $C = -H(z_0)$, 这样我们就得到

$$\int_{z_0}^z f(\zeta) \mathrm{d}\zeta = H(z) - H(z_0)$$

式 (3.2.2) 也可看作一个以原函数表达解析函数积分的公式, 因此许多关于初等函数的积分公式形式上和实函数的相应公式一样. 例如

$$\int_{z_0}^{z} z^n \mathrm{d}z = \frac{1}{n+1}(z^{n+1} - z_0^{n+1}) \quad (n \in \mathbb{N})$$

$$\int_{z_0}^{z} \mathrm{e}^z \mathrm{d}z = \mathrm{e}^z - \mathrm{e}^{z_0}$$

$$\int_{z_0}^{z} \cos z \mathrm{d}z = \sin z - \sin z_0$$

例 3.2.3 计算积分 $\displaystyle\int_C (z-1)\mathrm{d}z$, 其中 C 是 x 轴上的线段: $0 \leqslant x \leqslant 2$.

解 因为 $f(z) = z - 1$ 在 $\mathbb{C}$ 上解析, 且 $\mathbb{C}$ 为单连通区域, 故

$$\int_C (z-1)\mathrm{d}z = \int_0^2 (z-1)\mathrm{d}z = \left[\frac{z^2}{2} - z\right]\Big|_0^2 = 0$$

现在我们来研究把柯西积分定理由单连通区域推广到多连通区域的情形: 设函数 $f(z)$ 在多连通区域 D 内解析, C 为 D 内的任一条简单闭曲线, 如果 C 的内部完全含于 D, 则 $f(z)$ 在 C 上及其内部解析, 从而有 $\displaystyle\oint_C f(z)\mathrm{d}z = 0$. 如果 C 的内部不完全含于 D, 则 $f(z)$ 沿 C 的积分就不一定为零. 设多连通区域 D 的边界为 $n+1$ 条闭曲线所构成, 其中 $C_1, C_2, \cdots, C_n$ 在 C_0 的内部且它们之间互不相交, 互不包含. 此时关于 D 的正方向的边界曲线组成复合闭路

$$C = C_0 + C_1^- + \cdots + C_n^- \tag{3.2.3}$$

我们有下面的定理.

定理 3.2.5(复合闭路定理) 设函数 $f(z)$ 在以式 (3.2.3) 表示的复合闭路 C 上及以其为边界的区域 D 内解析, 则

$$\oint_C f(z)\mathrm{d}z = 0$$

即

$$\oint_{C_0} f(z)\mathrm{d}z = \sum_{k=1}^{n} \oint_{C_k} f(z)\mathrm{d}z \tag{3.2.4}$$

证 不妨看 $n = 2$ 的情形. 如图 3.2.4 所示. 作辅助曲线 $\gamma_1, \gamma_2, \gamma_3$ 将闭路 C_0, C_1, C_2 连接起来, 区域 D 就被分为两个单连通区域 D_1 和 D_2, Γ_1, Γ_2 表其边界, 则有

$$\oint_{\Gamma_1} f(z)\mathrm{d}z = 0, \quad \oint_{\Gamma_2} f(z)\mathrm{d}z = 0$$

因而 $\oint_{\varGamma_1} f(z)\mathrm{d}z + \oint_{\varGamma_2} f(z)\mathrm{d}z = 0$. 在相加时, 沿 $\gamma_1, \gamma_2, \gamma_3$ 部分的积分相互抵消, 而沿 C_1^-, C_2^- 的积分则为

$$-\oint_{C_1} f(z)\mathrm{d}z - \oint_{C_2} f(z)\mathrm{d}z$$

因此有

$$\oint_C f(z)\mathrm{d}z = \oint_{C_0} f(z)\mathrm{d}z - \oint_{C_1} f(z)\mathrm{d}z - \oint_{C_2} f(z)\mathrm{d}z$$

$$= \oint_{\varGamma_1} f(z)\mathrm{d}z + \oint_{\varGamma_2} f(z)\mathrm{d}z = 0$$

即

$$\oint_{C_0} f(z)\mathrm{d}z = \oint_{C_1} f(z)\mathrm{d}z + \oint_{C_2} f(z)\mathrm{d}z$$

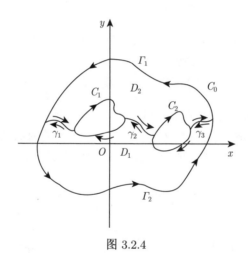

图 3.2.4

特别地, 如果 D 是由内外两条闭路 C_0, C_1 所围成的环形域, 而 $f(z)$ 在 D 内及其边界上是解析的, 则有

$$\oint_{C_0} f(z)\mathrm{d}z = \oint_{C_1} f(z)\mathrm{d}z \tag{3.2.5}$$

这个结论很重要, 说明在区域 D 内的一个解析函数沿闭曲线的积分, 不因闭曲线在区域内作连续变形而改变它的值, 这一重要事实称为**闭路变形原理**.

3.3 柯西积分公式

让我们仍旧回到柯西积分定理本身, 在许多情形下, 柯西积分定理的作用是通过下面的积分公式表现出来的.

定理 3.3.1(柯西积分公式) 设函数 $f(z)$ 在闭曲线 C 上及其内部 D 内是解析的, 而点 z_0 是 D 内的任意一点, 则

$$f(z_0) = \frac{1}{2\pi \mathrm{i}} \oint_C \frac{f(z)}{z - z_0} \mathrm{d}z \tag{3.3.1}$$

证 任给 $\varepsilon > 0$, 以 z_0 为心, 以正数 ρ 为半径, 作一圆周 K, 使 K 及其内部包含在 D 内, 如图 3.3.1 所示. 由于 $f(z)$ 的连续性, 我们总可取 ρ 充分小, 使对 $|z - z_0| \leqslant \rho$ 上的点 z, 满足不等式

$$|f(z) - f(z_0)| < \frac{\varepsilon}{2\pi} \tag{3.3.2}$$

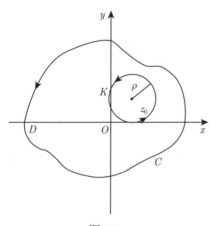

图 3.3.1

在圆 K 和 C 所围成的环形域中, 函数 $\dfrac{f(z)}{z - z_0}$ 是解析的, 因此由闭路变形原理有

$$\begin{aligned}
\oint_C \frac{f(z)}{z - z_0} \mathrm{d}z &= \oint_K \frac{f(z)}{z - z_0} \mathrm{d}z \\
&= f(z_0) \oint_K \frac{1}{z - z_0} \mathrm{d}z + \oint_K \frac{f(z) - f(z_0)}{z - z_0} \mathrm{d}z \\
&= 2\pi \mathrm{i} f(z_0) + \oint_K \frac{f(z) - f(z_0)}{z - z_0} \mathrm{d}z
\end{aligned}$$

从而

$$\left| \oint_C \frac{f(z)}{z - z_0} \mathrm{d}z - 2\pi \mathrm{i} f(z_0) \right| = \left| \oint_K \frac{f(z) - f(z_0)}{z - z_0} \mathrm{d}z \right| \leqslant \frac{\varepsilon}{2\pi \rho} \cdot 2\pi \rho = \varepsilon$$

由于 ε 的任意性, 可知

$$f(z_0) = \frac{1}{2\pi \mathrm{i}} \oint_C \frac{f(z)}{z - z_0} \mathrm{d}z$$

这就是**柯西积分公式.** 它告诉我们对于解析函数, 只要知道了它在区域边界上的值, 那么通过上述积分, 区域内部的点上的值就完全确定了. 特别地, 从这里我们可以得到这样一个重要的结论: 如果两个解析函数在区域的边界上处处相等, 则它们在整个区域上也恒等.

柯西积分公式 (3.3.1) 也可以推广到多连通区域, 即在式 (3.2.3) 所给出的复合闭路 C 上仍然成立.

事实上, 设 $n = 2$, 如图 3.3.2, 函数 $f(z)$ 在复合闭路 $C = C_0 + C_1^- + C_2^-$ 及其所围成的区域 D 内解析, z_0 是 D 内一点, 以 z_0 为心, ρ 为半径作小圆 K, 使 K 及其内部全在 D 内. 考虑复合闭路 $C' = C + K^-$, 则根据定理 3.2.5 有 $\oint_{C'} \dfrac{f(z)}{z - z_0} \mathrm{d}z = 0$,

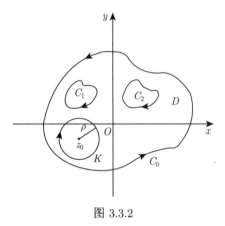

图 3.3.2

即
$$\oint_C \frac{f(z)}{z - z_0} \mathrm{d}z = \oint_K \frac{f(z)}{z - z_0} \mathrm{d}z = 2\pi\mathrm{i}f(z_0)$$
所以有
$$f(z_0) = \frac{1}{2\pi\mathrm{i}} \oint_C \frac{f(z)}{z - z_0} \mathrm{d}z$$
$$= \frac{1}{2\pi\mathrm{i}} \left[\oint_{C_0} \frac{f(z)}{z - z_0} \mathrm{d}z - \oint_{C_1} \frac{f(z)}{z - z_0} \mathrm{d}z - \oint_{C_2} \frac{f(z)}{z - z_0} \mathrm{d}z \right]$$

例 3.3.1 求积分 $\oint_C \dfrac{\mathrm{e}^z}{z(z-2)} \mathrm{d}z$, 其中 C 是中心在点 2, 半径为 1 的圆周.

解 函数 $f(z) = \mathrm{e}^z/z$ 在这个圆的内部是解析的, 因此, 利用柯西积分公式有
$$\oint_C \frac{\mathrm{e}^z \mathrm{d}z}{z(z-2)} = \oint_C \frac{f(z)}{z - 2} \mathrm{d}z = 2\pi\mathrm{i}f(2) = \pi\mathrm{i}\mathrm{e}^2$$

例 3.3.2 设函数 $f(z) = \oint_C \dfrac{3\xi^2 - 7\xi + 1}{\xi - z} \mathrm{d}\xi$, 其中 C 为圆周: $|z| = 2$. 求 $f'(\mathrm{i})$, $f'(2 + \mathrm{i})$ 的值.

解 被积函数 $f(z) = \dfrac{3\xi^2 - 7\xi + 1}{\xi - z}$ 在复平面上的奇点为 $\xi = z$, 故可知

当 $|z| < 2$ 时, 由柯西积分公式知

$$f(z) = \oint_C \frac{3\xi^2 - 7\xi + 1}{\xi - z}\mathrm{d}\xi = 2\pi\mathrm{i}(3\xi^2 - 7\xi + 1)|_{\xi = z} = 2\pi\mathrm{i}(3z^2 - 7z + 1)$$

当 $|z| > 2$ 时, 被积函数 $\dfrac{3\xi^2 - 7\xi + 1}{\xi - z}$ 在积分圆周上及内部解析, 由柯西积分定理得

$$f(z) = \oint_C \frac{3\xi^2 - 7\xi + 1}{\xi - z}\mathrm{d}\xi = 0$$

因 $|z| = |\mathrm{i}| = 1 < 2$, 可知 $f(z) = 2\pi\mathrm{i}(3z^2 - 7z + 1)$. 从而 $f'(z) = 2\pi\mathrm{i}(6z - 7)$, 故 $f'(\mathrm{i}) = 2\pi\mathrm{i}(6\mathrm{i} - 7)$. 又因 $|z| = |2 + \mathrm{i}| = \sqrt{5} > 2$, 故 $f'(2 + \mathrm{i}) = 0$.

例 3.3.3 计算积分 $\displaystyle\oint_{C_k} \frac{\mathrm{e}^{2z}}{z^2 + z}\mathrm{d}z$, 其中 $C_k(k = 1, 2, 3, 4)$ 为圆周 (图 3.3.3):

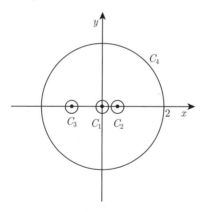

图 3.3.3

(1) $C_1 : |z| = \dfrac{1}{5}$;　(2) $C_2 : \left|z - \dfrac{1}{2}\right| = \dfrac{1}{5}$;　(3) $C_3 : |z + 1| = \dfrac{1}{5}$;　(4) $C_4 : |z| = 2$.

解 被积函数 $f(z) = \dfrac{\mathrm{e}^{2z}}{z^2 + z}$ 有两个奇点 $z_1 = 0$ 及 $z_2 = -1$.

(1) 由柯西积分公式有 $\displaystyle\oint_{C_1} \frac{\mathrm{e}^{2z}}{z^2 + z}\mathrm{d}z = \oint_C \frac{\mathrm{e}^{2z}/(z + 1)}{z}\mathrm{d}z = 2\pi\mathrm{i}\left.\frac{\mathrm{e}^{2z}}{z + 1}\right|_{z = 0} = 2\pi\mathrm{i}$;

(2) 由柯西积分定理知 $\displaystyle\oint_{C_2} \frac{\mathrm{e}^{2z}}{z^2 + z}\mathrm{d}z = 0$;

(3) 由柯西积分公式有 $\displaystyle\oint_{C_3} \frac{\mathrm{e}^{2z}}{z^2 + z}\mathrm{d}z = \oint_C \frac{\frac{\mathrm{e}^{2z}}{z}}{z + 1}\mathrm{d}z = 2\pi\mathrm{i}\left.\frac{\mathrm{e}^{2z}}{z}\right|_{z = -1} = -2\pi\mathrm{i}\mathrm{e}^{-2}$;

(4) 由复合闭路定理得

$$\oint_{C_4} \frac{\mathrm{e}^{2z}}{z^2+z}\mathrm{d}z = \oint_{C_1} \frac{\mathrm{e}^{2z}}{z^2+z}\mathrm{d}z + \oint_{C_2} \frac{\mathrm{e}^{2z}}{z^2+z}\mathrm{d}z + \oint_{C_3} \frac{\mathrm{e}^{2z}}{z^2+z} = 2\pi\mathrm{i}+0-2\pi\mathrm{i}\mathrm{e}^{-2} = 2\pi\mathrm{i}(1-\mathrm{e}^{-2}).$$

例 3.3.4 利用积分 $\oint_{|z|=1} \dfrac{\mathrm{e}^z}{z}\mathrm{d}z$ 计算实积分

$$\int_0^{2\pi} \mathrm{e}^{\cos\theta} \sin(\sin\theta)\mathrm{d}\theta \quad \text{与} \quad \int_0^{2\pi} \mathrm{e}^{\cos\theta} \cos(\sin\theta)\mathrm{d}\theta.$$

解 由柯西积分公式即知

$$\oint_{|z|=1} \frac{\mathrm{e}^z}{z}\mathrm{d}z = 2\pi\mathrm{i}\mathrm{e}^z|_{z=0} = 2\pi\mathrm{i} \tag{3.3.3}$$

另一方面, 因为令 $z=\mathrm{e}^{\mathrm{i}\theta}$ $(0 \leqslant \theta \leqslant 2\pi)$, 有

$$\oint_{|z|=1} \frac{\mathrm{e}^z}{z}\mathrm{d}z = \int_0^{2\pi} \frac{\mathrm{e}^{\mathrm{e}^{\mathrm{i}\theta}}}{\mathrm{e}^{\mathrm{i}\theta}}\mathrm{i}\mathrm{e}^{\mathrm{i}\theta}\mathrm{d}\theta = \int_0^{2\pi} \mathrm{i}\mathrm{e}^{\cos\theta+\mathrm{i}\sin\theta}\mathrm{d}\theta$$

$$= -\int_0^{2\pi} \mathrm{e}^{\cos\theta} \sin(\sin\theta)\mathrm{d}\theta + \mathrm{i}\int_0^{2\pi} \mathrm{e}^{\cos\theta} \cos(\sin\theta)\mathrm{d}\theta$$

比较实、虚部, 结合式 (3.3.3) 知

$$\int_0^{2\pi} \mathrm{e}^{\cos\theta} \sin(\sin\theta)\mathrm{d}\theta = 0, \quad \int_0^{2\pi} \mathrm{e}^{\cos\theta} \cos(\sin\theta)\mathrm{d}\theta = 2\pi$$

利用柯西积分公式, 我们还可以进一步证明解析函数的一个非常重要的事实: 解析函数在其解析区域内有任意阶导数.

定理 3.3.2 如果函数 $f(z)$ 在闭路 C 上及其所围成的单连通区域 D 内是解析的, 则在 D 内任意一点 z_0, 函数 $f(z)$ 有任意阶导数, 并且在 D 内下列公式成立:

$$f^{(n)}(z_0) = \frac{n!}{2\pi\mathrm{i}} \oint_C \frac{f(z)}{(z-z_0)^{n+1}}\mathrm{d}z \quad (n=1,2,\cdots) \tag{3.3.4}$$

证 如图 3.3.4 所示, 设 z_0 是 D 内任意一点, d 是 z_0 到边界 C 的最短距离. 如果 $|\Delta z| < d/2$, 则点 $z_0 + \Delta z$ 也在 D 内, 则由定理 3.3.1 有

$$f(z_0+\Delta z) - f(z_0) = \frac{1}{2\pi\mathrm{i}} \oint_C f(z)\left[\frac{1}{z-z_0-\Delta z} - \frac{1}{z-z_0}\right]\mathrm{d}z$$

$$= \frac{\Delta z}{2\pi\mathrm{i}} \oint_C \frac{f(z)}{(z-z_0-\Delta z)(z-z_0)}\mathrm{d}z$$

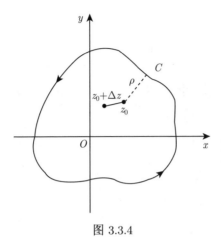

图 3.3.4

从而有

$$\frac{f(z_0 + \Delta z) - f(z_0)}{\Delta z} = \frac{1}{2\pi i} \oint_C \frac{f(z)}{(z - z_0 - \Delta z)(z - z_0)} dz$$

于是

$$\frac{f(z_0 + \Delta z) - f(z_0)}{\Delta z} - \frac{1}{2\pi i} \oint_C \frac{f(z)}{(z - z_0)^2} dz$$

$$= \frac{1}{2\pi i} \oint_C f(z) \left[\frac{1}{(z - z_0 - \Delta z)(z - z_0)} - \frac{1}{(z - z_0)^2} \right] dz$$

$$= \frac{1}{2\pi i} \oint_C f(z) \frac{(z - z_0) - (z - z_0 - \Delta z)}{(z - z_0)^2 (z - z_0 - \Delta z)} dz$$

$$= \frac{\Delta z}{2\pi i} \oint_C \frac{f(z)}{(z - z_0)^2 (z - z_0 - \Delta z)} dz$$

当 $z \in C$ 时, 我们有

$$|z - z_0| \geqslant d$$

$$|z - z_0 - \Delta z| \geqslant |z - z_0| - |\Delta z| \geqslant d - \frac{d}{2} = \frac{d}{2}$$

此外, 注意到 $|f(z)|$ 在 C 上是连续的, 故存在 $M > 0$, 使 $|f(z)| \leqslant M$. 因此当 $0 < |\Delta z| < d/2$, 有

$$\left| \frac{f(z_0 + \Delta z) - f(z_0)}{\Delta z} - \frac{1}{2\pi i} \oint_C \frac{f(z)}{(z - z_0)^2} dz \right|$$

$$= \left| \frac{\Delta z}{2\pi i} \oint_C \frac{f(z)}{(z - z_0)^2 (z - z_0 - \Delta z)} dz \right|$$

$$\leqslant \frac{|\Delta z|}{2\pi} \cdot \frac{M}{d^2 \left(\dfrac{d}{2}\right)} L = \frac{ML}{\pi d^3}|\Delta z|$$

其中 L 为曲线 C 的长度. 于是, 对于 $\forall \varepsilon > 0$, 取 $\delta = \min \left\{ \dfrac{d}{2}, \dfrac{\pi d^3}{ML}\varepsilon \right\} > 0$, 当 $|\Delta z| < \delta$ 时, 有

$$\left| \frac{f(z_0 + \Delta z) - f(z_0)}{\Delta z} - \frac{1}{2\pi i}\oint_C \frac{f(z)}{(z - z_0)^2}\mathrm{d}z \right| \leqslant \frac{ML}{\pi d^3}|\Delta z|$$

$$< \frac{ML}{\pi d^3}\frac{\pi d^3}{ML}\varepsilon = \varepsilon$$

即

$$\lim_{\Delta z \to 0} \frac{f(z_0 + \Delta z) - f(z_0)}{\Delta z} = \frac{1}{2\pi i}\oint_C \frac{f(z)}{(z - z_0)^2}\mathrm{d}z$$

即

$$f'(z_0) = \frac{1}{2\pi i}\oint_C \frac{f(z)}{(z - z_0)^2}\mathrm{d}z$$

这说明 $n = 1$ 时导数公式成立, 本命题的数学归纳法的第二步可类似证明.

定理 3.3.2 中的闭路换成式 (3.2.3) 中的复合闭路仍然成立. 即对于 D 内任意点 z, 公式 (3.3.1) 及式 (3.3.4) 也可写成

$$f(z) = \frac{1}{2\pi i}\oint_C \frac{f(\zeta)}{\zeta - z}\mathrm{d}\zeta$$

$$f^{(n)}(z) = \frac{n!}{2\pi i}\oint_C \frac{f(\zeta)}{(\zeta - z)^{n+1}}\mathrm{d}\zeta$$

其中 $C = C_0 \cup C_1^- \cup \cdots \cup C_n^-$.

例 3.3.5　求积分 $\oint_C \dfrac{\mathrm{e}^z \mathrm{d}z}{z^5}, C : |z| = 1$.

解　将式 (3.3.4) 用于函数 $f(z) = \mathrm{e}^z$, 得

$$\oint_C \frac{\mathrm{e}^z \mathrm{d}z}{z^5} = \oint_C \frac{\mathrm{e}^z \mathrm{d}z}{(z - 0)^5} = \frac{2\pi i}{4!}\left. (\mathrm{e}^z)^{(4)} \right|_{z=0} = \frac{\pi i}{12}$$

例 3.3.6　计算下列积分, 其中 C 为圆周 $|z| = 2$.
(1) $\oint_C \dfrac{\mathrm{e}^z}{(z^2 + 1)^2}\mathrm{d}z$;　　(2) $\oint_C \dfrac{\cos \pi z}{z^3(z - 1)^2}\mathrm{d}z$.

解　(1) 在 C 内作两个圆周: $C_1 : |z - \mathrm{i}| = \dfrac{1}{4}$ 及 $C_2 : |z + \mathrm{i}| = \dfrac{1}{4}$, 见图 3.3.5. 由复合闭路定理及高阶导数公式得

$$\oint_C \frac{\mathrm{e}^z}{(z^2 + 1)^2}\mathrm{d}z = \oint_{C_1} \frac{\dfrac{\mathrm{e}^z}{(z + \mathrm{i})^2}}{(z - \mathrm{i})^2}\mathrm{d}z + \oint_{C_2} \frac{\dfrac{\mathrm{e}^z}{(z - \mathrm{i})^2}}{(z + \mathrm{i})^2}\mathrm{d}z$$

$$=\frac{2\pi i}{(2-1)!}\left[\frac{e^z}{(z+i)^2}\right]'_{z=i}+\frac{2\pi i}{(2-1)!}\left[\frac{e^z}{(z-i)^2}\right]'_{z=-i}$$

$$=\frac{(1-i)e^i}{2}\pi-\frac{(1+i)e^{-i}}{2}\pi$$

$$=\frac{\pi}{2}(1-i)(e^i-ie^{-i})$$

$$=\frac{\pi}{2}(1-i)^2(\cos 1-\sin 1)$$

$$=i\pi\sqrt{2}\sin\left(1-\frac{\pi}{4}\right)$$

(2) 在 C 内作两个圆周: $C_1:|z|=\dfrac{1}{4}$ 与 $C_2:|z-1|=\dfrac{1}{4}$, 见图 3.3.6. 由复合闭路定理知

$$\oint_C\frac{\cos\pi z}{z^3(z-1)^2}dz$$

$$=\oint_{C_1}\frac{\cos\pi z}{z^3(z-1)^2}dz+\oint_{C_2}\frac{\cos\pi z}{z^3(z-1)^2}dz$$

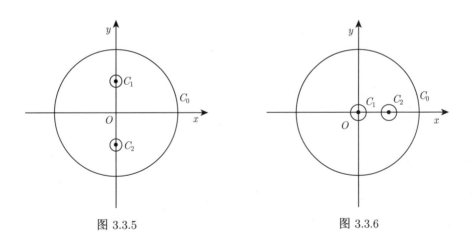

图 3.3.5   图 3.3.6

由高阶导数公式有

$$\oint_{C_1}\frac{\cos\pi z}{z^3(z-1)^2}dz=\oint_{C_1}\frac{\frac{\cos\pi z}{(z-1)^2}}{z^3}dz=\frac{2\pi i}{2!}\left(\frac{\cos\pi z}{(z-1)^2}\right)''_{z=0}$$

$$=\pi i\left[\frac{-\pi^2\cos\pi z}{(z-1)^2}+\frac{4\pi\sin\pi z}{(z-1)^3}+\frac{6\cos\pi z}{(z-1)^4}\right]_{z=0}$$

$$=(6-\pi^2)\pi i$$

同理可得

$$\oint_{C_2} \frac{\cos \pi z}{z^3(z-1)^2} \mathrm{d}z = \oint_{C_2} \frac{\frac{\cos \pi z}{z^3}}{(z-1)^2} \mathrm{d}z = 2\pi \mathrm{i} \left(\frac{\cos \pi z}{z^3} \right)' \bigg|_{z=1}$$

$$= 2\pi \mathrm{i} \left[\frac{-\pi \sin \pi z}{z^3} - \frac{3\cos \pi z}{z^4} \right]_{z=1} = 6\pi \mathrm{i}$$

从而有

$$\oint_C \frac{\cos \pi z}{z^3(z-1)^2} \mathrm{d}z = (6 - \pi^2)\pi \mathrm{i} + 6\pi \mathrm{i} = (12 - \pi^2)\pi \mathrm{i}$$

习 题 3

1. 沿下列路线计算积分 $\displaystyle\int_0^{3+\mathrm{i}} z^2 \mathrm{d}z$.

(1) 自原点到 $3+\mathrm{i}$ 的直线段;

(2) 自原点沿实轴至 3, 再由 3 沿垂直方向上至 $3+\mathrm{i}$;

(3) 自原点沿虚轴至 i, 再由 i 水平方向右至 $3+\mathrm{i}$.

2. 分别沿 $y = x$ 与 $y = x^2$ 算出积分 $\displaystyle\int_0^{1+\mathrm{i}} (x^2 + \mathrm{i}y)\mathrm{d}z$ 的值.

3. 计算积分 $\displaystyle\oint_C |z|\bar{z}\mathrm{d}z$, 其中 C 是一条闭路, 由直线段: $-1 \leqslant x \leqslant 1$, $y = 0$ 与上半单位圆周组成.

4. 设 $f(z)$ 在单连通区域 D 内解析, C 为 D 内任何一条正向简单闭曲线, 问

$$\oint_C \mathrm{Re}[f(z)]\mathrm{d}z = \oint_C \mathrm{Im}[f(z)]\mathrm{d}z = 0$$

是否成立. 如果成立, 给出证明; 如果不成立, 举例说明.

5. 设函数 $f(z)$ 在 $0 < |z| < 1$ 内解析, 且沿任何圆周 $C: |z| = r$, $0 < r < 1$ 的积分为零, 问 $f(z)$ 是否必须在 $z = 0$ 处解析? 试举例说明之.

6. 设 $f(z)$ 是单连通区域 D 内除 z_0 点以外的解析函数, 且 $\displaystyle\lim_{z \to z_0} f(z) = 0$, 则任一属于 D 而不通过 z_0 的简单光滑闭曲线 C, 恒有 $\displaystyle\oint_C f(z)\mathrm{d}z = 0$.

7. 利用在单位圆上 $\bar{z} = 1/z$ 的性质及柯西积分公式说明 $\displaystyle\oint_C \bar{z}\mathrm{d}z = 2\pi \mathrm{i}$, 其中 C 表示单位圆周 $|z| = 1$, 且沿正向积分.

8. 计算积分 $\displaystyle\oint_C \frac{\bar{z}}{|z|}\mathrm{d}z$ 的值, 其中 C 为正向圆周:

(1) $|z| = 2$; 　　　　(2) $|z| = 4$.

9. 直接得出下列积分的结果, 并说明理由.

(1) $\displaystyle\oint_{|z|=1} \frac{3z+5}{z^2+2z+4}\mathrm{d}z$; 　(2) $\displaystyle\oint_{|z|=1} \frac{\mathrm{e}^z}{\cos z}\mathrm{d}z$;

(3) $\oint_{|z|=2} e^z(z^2+1)dz;$　　(4) $\oint_{|z|=\frac{1}{2}} \dfrac{dz}{(z^2-1)(z^3-1)}.$

10. 沿指定曲线的正向计算下列各积分.

(1) $\oint_C \dfrac{e^z}{z-2}dz,\ C: |z-2|=1;$

(2) $\oint_C \dfrac{\cos\pi z}{(z-1)^5}dz,\ C: |z|=r>1;$

(3) $\oint_C \dfrac{\sin z}{\left(z-\frac{\pi}{2}\right)^2}dz,\ C: |z|=2;$

(4) $\oint_C \dfrac{dz}{(z^2+1)(z^2+4)},\ C: |z|=\dfrac{3}{2};$

(5) $\oint_C \dfrac{dz}{z^2-a^2},\ C: |z-a|=a\ (a>0);$

(6) $\oint_C \dfrac{\cos z}{z^3}dz,$ 其中 $C=C_1+C_2^-,\quad C_1: |z|=2,\quad C_2: |z|=3;$

(7) $\oint_C \dfrac{e^{-z}\sin z}{z^2}dz,\ C: |z-i|=2;$

(8) $\oint_C \dfrac{3z+2}{(z^4-1)}dz,\ C: |z-(1+i)|=\sqrt{2}.$

11. 设 C 为不经过 a 与 $-a$ 的正向简单闭曲线, a 为不等于零的任何复数, 试就 a 与 $-a$ 同 C 的各种不同位置, 计算积分
$$\oint_C \dfrac{z}{z^2-a^2}dz$$

12. 设 $f(z)$ 与 $g(z)$ 在区域 D 内处处解析, C 为 D 内任何一条简单光滑闭曲线, 它的内部全属于 D. 如果 $f(z)=g(z)$ 在 C 上所有点都成立, 试证在 C 的内部所有点处 $f(z)=g(z)$ 也成立.

13. 设 $f(z)$ 在单连通区域 D 内解析, 且不为零, C 为 D 内任何一条简单闭曲线, 问积分 $\oint_C \dfrac{f'(z)}{f(z)}dz$ 是否为零? 为什么?

14. 设 C 为一内部包含实轴上线段 $[a,b]$ 的简单光滑闭曲线, 函数 $f(z)$ 在 C 内及其上解析且在 $[a,b]$ 上取实值. 证明对于两点 $z_1, z_2 \in [a,b]$, 总有点 $z_0 \in [a,b]$ 使
$$\oint_C \dfrac{f(z)}{(z-z_1)(z-z_2)}dz = \oint_C \dfrac{f(z)}{(z-z_0)^2}dz$$

15. 如果 $f(z)$ 在单位圆盘上及其内部解析, 那么证明
$$f(re^{i\varphi}) = \dfrac{1}{2\pi}\int_0^{2\pi} \dfrac{f(e^{i\theta})}{1-re^{i(\varphi-\theta)}}d\theta, \quad r<1$$

16. 设 $f(z)$ 在区域 D 内解析, C 是 D 上的一条闭曲线. 证明对任意不在 C 上的点

$z_0 \in D,$

$$\oint_C \frac{f'(z)}{z - z_0} \mathrm{d}z = \oint_C \frac{f(z)}{(z - z_0)^2} \mathrm{d}z$$

17. 证明: 若 $f(z)$ 在单位圆 $|z| < 1$ 内解析, 且 $|f(z)| \leqslant \dfrac{1}{1 - |z|}$, 则 $|f^{(n)}(0)| < \mathrm{e}(n+1)!$, $n = 1, 2, \cdots$.

18. 设函数 $f(z)$ 在 $|z| \leqslant 1$ 上解析, 且 $f(0) = 1$. 计算积分

$$\frac{1}{2\pi\mathrm{i}} \oint_{|z|=1} \left[2 \pm \left(z + \frac{1}{z} \right) \right] f(z) \frac{\mathrm{d}z}{z}$$

再利用极坐标导出下面两式:

$$\frac{2}{\pi} \int_0^{2\pi} f(\mathrm{e}^{\mathrm{i}\theta}) \cos^2 \frac{\theta}{2} \mathrm{d}\theta = 2 + f'(0)$$

$$\frac{2}{\pi} \int_0^{2\pi} f(\mathrm{e}^{\mathrm{i}\theta}) \sin^2 \frac{\theta}{2} \mathrm{d}\theta = 2 - f'(0)$$

第4章
级　　数

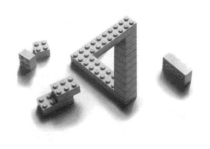

借助于简单的事物去类比复杂的事物，这是很自然的也很有效的思维方式. 多项式是我们了解很透彻的一类函数，特别是它的求值只需要基本四则运算就可以实现. 在微积分中我们总是考虑用多项式来逼近一个复杂的函数. 具体地说一元函数的微分

$$y = y_0 + f'(x_0)(x - x_0)$$

可用此一次多项式在 x_0 附近去逼近函数 $f(x)$; 二元函数的微分

$$z = z_0 + f_x(x_0, y_0)(x - x_0) + f_y(x_0, y_0)(y - y_0)$$

可用此二元一次多项式在 (x_0, y_0) 附近去逼近函数 $f(x, y)$. 从几何角度来看，上述两个过程是用直线近似曲线、用平面近似曲面，也就是以直代曲. 为了追求更高的精度，就需要用更高次幂的多项式去逼近，由此产生了 Taylor 级数理论. 在从近似到精确的过程中，自然而然地研究了幂级数，幂级数有很多好的性质，因此成了研究函数的重要工具.

这一章，我们要介绍复数项级数和复变函数项级数的概念和性质，主要包括幂级数和洛朗级数展开，我们将看到在它们的收敛区域中具有良好的性质.

4.1　复变函数项级数

1. 复数序列和复数项级数

给定一列无穷多个有序的复数

$$z_1 = a_1 + \mathrm{i}b_1, z_2 = a_2 + \mathrm{i}b_2, \cdots, z_n = a_n + \mathrm{i}b_n, \cdots$$

称为**复数序列**, 简记作 $\{z_n\}$.

　　定义 4.1.1　给定一个复数序列 $\{z_n\}$, 设 $z_0 = a + \mathrm{i}b$ 是一个复常数. 对于任意给定的正数 $\varepsilon > 0$, 存在一个充分大的正整数 N, 当 $n > N$ 时，有

$$|z_n - z_0| < \varepsilon$$

则称 $\{z_n\}$ 当 n 趋向于 $+\infty$ 时, 以 z_0 为极限, 或者称复数序列 $\{z_n\}$ 收敛于极限 z_0, 记作

$$\lim_{n \to +\infty} z_n = z_0 \quad \text{或} \quad z_n \to z_0, n \to +\infty$$

如果复数序列 $\{z_n\}$ 不收敛, 则称 $\{z_n\}$ 是发散的.

定义 4.1.2 给定一个复数序列 $\{z_n\}$, 称表达式

$$z_1 + z_2 + \cdots + z_n + \cdots \tag{4.1.1}$$

为一个**复数项级数**, 记作 $\sum\limits_{n=1}^{\infty} z_n$. 记复数项级数 $\sum\limits_{n=1}^{\infty} z_n$ 的前 n 项和为

$$s_n = z_1 + z_2 + \cdots + z_n$$

称作**部分和**. 若 n 分别取自然数, 可得一复数序列 $\{s_n\}$. 当部分和序列 $\{s_n\}$ 存在极限时, 称复数项级数 $\sum\limits_{n=1}^{\infty} z_n$ 是**收敛的**. 称极限

$$s = \lim_{n \to \infty} s_n$$

为复数项级数 $\sum\limits_{n=1}^{\infty} z_n$ 的**和**, 记作 $s = \sum\limits_{n=1}^{\infty} z_n$. 反之, 若部分和序列 $\{s_n\}$ 不收敛, 则称复数项级数 $\sum\limits_{n=1}^{\infty} z_n$ 是**发散的**.

定理 4.1.1 复数项级数 $\sum\limits_{n=1}^{\infty} z_n (z_n = a_n + \mathrm{i}b_n, n = 1, 2, \cdots)$ 收敛的充分必要条件是实数项级数 $\sum\limits_{n=1}^{\infty} a_n, \sum\limits_{n=1}^{\infty} b_n$ 同时收敛.

证 注意到 $\sum\limits_{n=1}^{\infty} z_n$ 的部分和为

$$\begin{aligned} s_n &= z_1 + z_2 + \cdots + z_n \\ &= (a_1 + a_2 + \cdots + a_n) + \mathrm{i}(b_1 + b_2 + \cdots + b_n) = \sigma_n + \mathrm{i}\tau_n \end{aligned}$$

这里 $\sigma_n = \sum\limits_{k=1}^{n} a_k, \tau_n = \sum\limits_{k=1}^{n} b_k$ 分别为 $\sum\limits_{n=1}^{\infty} a_n$ 和 $\sum\limits_{n=1}^{\infty} b_n$ 的前 n 项和. 由定义 4.1.1 和定义 4.1.2, 知复数项级数 $\sum\limits_{n=1}^{\infty} z_n$ 收敛 $\Leftrightarrow$ 部分和序列 $\{s_n\}$ 收敛 $\Leftrightarrow$ 实数序列 $\{\sigma_n\}, \{\tau_n\}$ 同时收敛 $\Leftrightarrow$ 实数项级数 $\sum\limits_{n=1}^{\infty} a_n, \sum\limits_{n=1}^{\infty} b_n$ 同时收敛.

和实数项级数理论一样, 下述结论成立.

定理 4.1.2 复数项级数 $\sum\limits_{n=1}^{\infty} z_n$ 收敛的必要条件是 $\lim\limits_{n\to\infty} z_n = 0$.

例 4.1.1 考察复数项级数 $\sum\limits_{n=1}^{\infty} z^{n-1}$ 的敛散性.

解 当 $|z| < 1$ 时, 由于 $s_n = 1 + z + z^2 + \cdots + z^{n-1} = \dfrac{1-z^n}{1-z}$ 和 $\lim\limits_{n\to\infty} z^n = 0$, 从而有

$$\lim_{n\to\infty} s_n = \lim_{n\to\infty} \frac{1-z^n}{1-z} = \lim_{n\to\infty} \left(\frac{1}{1-z} - \frac{z^n}{1-z} \right) = \frac{1}{1-z}$$

故级数 $\sum\limits_{n=1}^{\infty} z^{n-1}$ 收敛, 且有 $\sum\limits_{n=1}^{\infty} z^{n-1} = \dfrac{1}{1-z}$.

当 $|z| \geqslant 1$ 时, 由 $\lim\limits_{n\to\infty} z^n \neq 0$ 及定理 4.1.2 知, 此时级数 $\sum\limits_{n=1}^{\infty} z^{n-1}$ 发散.

定义 4.1.3 给定复数项级数 $\sum\limits_{n=1}^{\infty} z_n$, 其中 $z_n = a_n + \mathrm{i}b_n, n = 1, 2, \cdots$. 若正项级数 $\sum\limits_{n=1}^{\infty} |z_n|$ 收敛, 称级数 $\sum\limits_{n=1}^{\infty} z_n$ 是绝对收敛的. 若级数 $\sum\limits_{n=1}^{\infty} z_n$ 收敛, 而正项级数 $\sum\limits_{n=1}^{\infty} |z_n|$ 发散, 称级数 $\sum\limits_{n=1}^{\infty} z_n$ 是条件收敛的.

由下述二重不等式

$$\left. \begin{array}{c} |a_n| \\ |b_n| \end{array} \right\} \leqslant |z_n| \leqslant |a_n| + |b_n|, \quad n = 1, 2, \cdots$$

可推出级数 $\sum\limits_{n=1}^{\infty} z_n$ 绝对收敛等价于相应的实数项级数 $\sum\limits_{n=1}^{\infty} a_n, \sum\limits_{n=1}^{\infty} b_n$ 同时绝对收敛, 进而推出 $\sum\limits_{n=1}^{\infty} a_n, \sum\limits_{n=1}^{\infty} b_n$ 同时收敛. 再由定理 4.1.1 知级数 $\sum\limits_{n=1}^{\infty} z_n$ 收敛, 于是得到如下定理.

定理 4.1.3 每个绝对收敛的复数项级数其本身一定是收敛的.

2. 复变函数项级数

给定一个复变函数序列 $\{f_n(z)\}$, 其中 $f_n(z), n = 1, 2, \cdots$ 均在集合 E 上有定义, 称下述表达式

$$f_1(z) + f_2(z) + \cdots + f_n(z) + \cdots$$

为**复变函数项级数**, 记作 $\sum\limits_{n=1}^{\infty} f_n(z)$.

设 z_0 为 E 的固定点, 则 $\sum\limits_{n=1}^{\infty} f_n(z_0)$ 为一复数项级数. 若 $\sum\limits_{n=1}^{\infty} f_n(z_0)$ 收敛, 则称 $\sum\limits_{n=1}^{\infty} f_n(z)$ 在点 z_0 处收敛. 反之, 则称 $\sum\limits_{n=1}^{\infty} f_n(z)$ 在点 z_0 处发散. 复变函数项级数 $\sum\limits_{n=1}^{\infty} f_n(z)$ 可能在集合 E 上的一些点处收敛, 而在另一些点处发散. 级数 $\sum\limits_{n=1}^{\infty} f_n(z)$ 的收敛点的全体称为它的**收敛域**, 记作 D. 另记 $\sum\limits_{n=1}^{\infty} f_n(z)$ 的部分和为

$$s_n(z) = f_1(z) + f_2(z) + \cdots + f_n(z)$$

于是在收敛域 D 上得到一个复变函数

$$s(z) = \lim_{n \to \infty} s_n(z), \quad z \in D$$

称为复变函数项级数 $\sum\limits_{n=1}^{\infty} f_n(z)$ 的**和函数**, 记作 $s(z) = \sum\limits_{n=1}^{\infty} f_n(z)$.

下面引入复变函数项级数一致收敛的概念, 它是研究复变函数项级数的有力工具.

定义 4.1.4　给定复变函数项级数 $\sum\limits_{n=1}^{\infty} f_n(z)$, 其中复变函数 $f_n(z)(n = 1, 2, \cdots)$ 均定义在集合 E 上. 若对于 $\forall \varepsilon > 0$, 存在一个充分大的且仅与 ε 有关的正整数 $N = N(\varepsilon)$, 当 $n > N$ 时, 有

$$|s(z) - s_n(z)| < \varepsilon$$

在 E 上恒成立. 称级数 $\sum\limits_{n=1}^{\infty} f_n(z)$ 在集合 E 上一致收敛于和函数 $s(z)$.

定理 4.1.4　若复变函数 $f_n(z)(n = 1, 2, \cdots)$ 均定义在集合 E 上, 且有不等式

$$|f_n(z)| \leqslant M_n \quad (n = 1, 2, \cdots)$$

成立. 如果正项级数 $\sum\limits_{n=1}^{\infty} M_n$ 收敛, 则复变函数项级数 $\sum\limits_{n=1}^{\infty} f_n(z)$ 在集合 E 上一致收敛.

定理 4.1.5　若复变函数 $f_n(z)(n = 1, 2, \cdots)$ 均在区域 D 内连续, 且级数 $\sum\limits_{n=1}^{\infty} f_n(z)$ 在 D 内一致收敛于和函数 $s(z)$, 则 $s(z)$ 在 D 内处处连续.

证　设 z_0 是 D 内的任意一点, 由级数 $\sum\limits_{n=1}^{\infty} f_n(z)$ 在 D 内一致收敛于 $s(z)$ 以及定义 4.1.4 知, 对于 $\forall \varepsilon > 0, \exists N \in \mathbb{N}$, 当 $n > N$ 时, 有

$$\left|\sum_{k=1}^{\infty} f_k(z) - s_n(z)\right| < \frac{\varepsilon}{4}, \quad z \in D$$

成立. 另一方面, 对于固定的 $n(> N)$, 由 $s_n(z) = f_1(z) + f_2(z) + \cdots + f_n(z)$ 的连续性可知, $\exists \delta > 0$, 当 $|z - z_0| < \delta$ 时 (当然要求 δ 充分小, 使得 $N(z_0, \delta) \subset D$), 有

$$|s_n(z) - s_n(z_0)| < \frac{\varepsilon}{2}$$

成立. 于是当 $|z - z_0| < \delta$ 时, 有如下不等式

$$|s(z) - s(z_0)| \leqslant |s(z) - s_n(z)| + |s_n(z) - s_n(z_0)| + |s_n(z_0) - s(z_0)|$$
$$\leqslant \frac{\varepsilon}{4} + \frac{\varepsilon}{2} + \frac{\varepsilon}{4} = \varepsilon$$

成立. 由复变函数的连续性定义, 知 $s(z)$ 在 z_0 点连续. 而 z_0 是 D 内的任意点, 故函数 $s(z)$ 在区域 D 内处处连续.

定理 4.1.6 若复变函数 $f_n(z)(n = 1, 2, \cdots)$ 均在光滑或逐段光滑曲线 C 上连续, 且级数 $\sum_{n=1}^{\infty} f_n(z)$ 在 C 上一致收敛于和函数 $s(z)$, 则 $s(z)$ 在 C 上可积, 并且有

$$\int_C \sum_{n=1}^{\infty} f_n(z) \mathrm{d}z = \int_C s(z) \mathrm{d}z = \sum_{n=1}^{\infty} \int_C f_n(z) \mathrm{d}z \qquad (4.1.2)$$

成立.

式 (4.1.2) 表明, 在定理 4.1.6 的条件下, 求和与求积分可以交换次序, 即可**逐项积分**.

定理 4.1.7 若复变函数 $f_n(z)(n = 1, 2, \cdots)$ 均在区域 D 内解析, 且级数 $\sum_{n=1}^{\infty} f_n(z)$ 在 D 内一致收敛于和函数 $s(z)$, 则 $s(z)$ 在 D 内解析, 并且有

$$s^{(p)}(z) = \sum_{n=1}^{\infty} f_n^{(p)}(z), \quad z \in D, \quad p = 1, 2, \cdots \qquad (4.1.3)$$

成立.

式 (4.1.3) 表明在定理 4.1.7 条件下, 求和与求导可以交换次序, 即**可逐项求导**.

4.2 幂 级 数

本节我们研究一种特殊类型的复变函数项级数——幂级数的一般性质及运算.

1. 幂级数的概念

如果在复变函数项级数 $\sum_{n=1}^{\infty} f_n(z)$ 中取 $f_n(z) = a_{n-1}(z-z_0)^{n-1}$, 其中 $z_0, a_n(n = 0, 1, 2, \cdots)$ 均为复常数, 则得如下类型的函数项级数

$$a_0 + a_1(z - z_0) + a_2(z - z_0)^2 + \cdots + a_n(z - z_0)^n + \cdots \qquad (4.2.1)$$

称为**幂级数**, 简记作 $\sum\limits_{n=0}^{\infty} a_n(z-z_0)^n$. 令 $z_0 = 0$, 得幂级数

$$\sum_{n=0}^{\infty} a_n z^n = a_0 + a_1 z + a_2 z^2 + \cdots + a_n z^n + \cdots \tag{4.2.2}$$

此处主要讨论幂级数 (4.2.2). 事实上, 我们只需作个平移变换, 有关幂级数 (4.2.2) 的一切结论都可以转移到幂级数 (4.2.1) 上去.

下面的阿贝尔 (Abel) 定理展示了幂级数的收敛特性.

定理 4.2.1 (1) 若级数 (4.2.2) 在点 $z_0(\neq 0)$ 处收敛, 则它在以原点为中心、$|z_0|$ 为半径的圆周内收敛且绝对收敛, 在所有半径小于 $|z_0|$ 的同心闭圆盘 $|z| \leqslant \rho |z_0|(0 < \rho < 1)$ 上一致收敛; (2) 若级数 (4.4.5) 在点 $z_0(\neq 0)$ 处发散, 则它在满足 $|z| > |z_0|$ 的点 z 处发散.

证 (1) 若 $z_0 \neq 0$, 且级数 $\sum\limits_{n=0}^{\infty} a_n z_0^n$ 收敛, 则它的一般项 $a_n z_0^n$ 趋于零, 于是序列 $\{a_n z_0^n\}$ 有界, 即存在常数 $M > 0$, 使得 $|a_n z_0^n| \leqslant M, n = 1, 2, \cdots$. 当 $|z| < |z_0|$ 时, 有

$$|a_n z^n| = \left| a_n z_0^n \frac{z^n}{z_0^n} \right| = |a_n z_0^n| \left| \frac{z}{z_0} \right|^n \leqslant M q^n$$

这里 $q = |z/z_0| < 1$, 故级数 $\sum\limits_{n=0}^{\infty} M q^n$ 收敛. 所以 $\sum\limits_{n=0}^{\infty} a_n z^n$ 在 $|z| < |z_0|$ 内绝对收敛, 而绝对收敛的级数其本身一定收敛. 当 $|z| \leqslant \rho |z_0|(0 < \rho < 1)$ 时, 则有

$$|a_n z^n| \leqslant M \rho^n$$

由定理 4.1.6 知 $\sum\limits_{n=0}^{\infty} a_n z^n$ 在闭圆盘 $|z| \leqslant \rho |z_0|$ 上一致收敛.

(2) 反证法: 若级数 (4.2.2) 在点 $z_0 \neq 0$ 发散, 且对于 $|z| > |z_0|$ 内的某一点 $z'(|z'| > |z_0|)$ 处收敛, 由 (1) 的结论知 $\sum\limits_{n=0}^{\infty} a_n z^n$ 必在点 z_0 处收敛, 此与假设矛盾, 故 (2) 得证.

2. 幂级数的收敛圆与收敛半径

利用定理 4.2.1, 可以确定幂级数的收敛范围. 对于任何一个形如式 (4.2.2) 的幂级数而言, 它在正实轴上的收敛情况不外乎下述三种.

(1) 对于正实轴上的所有点处处都是发散的, 根据定理 4.2.1 可知级数 (4.2.2) 在复平面上除原点外处处发散.

(2) 对于正实轴上的所有点处处都是收敛的, 根据定理 4.2.1 可知级数 (4.2.2) 在整个复平面上处处收敛, 而且是绝对收敛的.

(3) 对于正实轴上的点, 既有使级数 (4.2.2) 收敛的点, 也有使级数 (4.2.2) 发散的点. 设 $z = R_1 (> 0)$ 时, 级数 (4.2.2) 收敛, $z = R_2 (> 0)$ 时, 级数 (4.2.2) 发散. 根据定理 4.2.1, 级数 (4.2.2) 在以原点为心, 正数 R_1 为半径的圆周 C_{R_1} 内是处处收敛的, 而且是绝对收敛的, 在以原点为心, 正数 R_2 为半径的圆周 C_{R_2} 外处处发散. 显然, $R_1 < R_2$, 否则级数 (4.2.2) 在 R_1 点处发散. 现在设想把 z 平面上级数收敛的部分染成灰色, 发散的部分染成黑色 (图 4.2.1). 由于此时幂级数 (4.2.2) 在正实轴上的收敛点的全体是一个有上界的数集 (R_2 即为这个数集的一个上界), 故必有上确界, 记之为 R. 当 R_1 在 R 的左侧逐渐接近于 R 时, C_{R_1} 必定逐渐接近于以原点为心, 以 R 为半径的圆周 C_R, 在 C_R 的内部皆为灰色, 外部皆为黑色. 这个灰、黑两色的分界圆周 C_R 称为幂级数 (4.2.2) 的**收敛圆**(图 4.2.2). 在收敛圆的内部, 幂级数 (4.2.2) 绝对收敛; 在收敛圆的外部, 幂级数 (4.2.2) 发散. 收敛圆的半径 R 称为**收敛半径**, 而在收敛圆周 C_R 上是收敛还是发散的, 不能作出一般的结论, 要对于具体的幂级数进行具体分析.

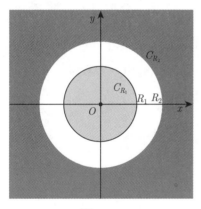

图 4.2.1

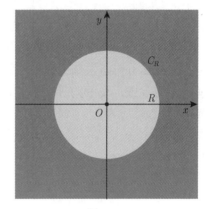

图 4.2.2

对于形如式 (4.2.1) 的幂级数, 可知它一定在以 $z = z_0$ 为心的某个圆盘内处处收敛, 在圆盘的边界 (即收敛圆) 上是收敛还是发散的, 同样不能作出一般的结论, 而在收敛圆的外部则处处发散. 为了统一起见, 我们也规定情况 (1) 的幂级数的收敛半径为 $R = 0$; 情况 (2) 的幂级数的收敛半径 $R = +\infty$.

一个现实的问题摆在我们面前, 怎么求一个幂级数的收敛半径呢? 由阿贝尔定理我们知道, 在收敛圆的内部幂级数是绝对收敛的; 在收敛圆的外部, 当然谈不上绝对收敛了; 在收敛圆上, 关于绝对收敛没有一定的结论. 换句话说, 收敛圆上是绝对收敛性发生变化的分界线. 有了这样的认识, 我们考虑幂级数的绝对收敛性, 也就是 $\sum\limits_{n=0}^{\infty} |a_n||z|^n$ 的收敛性. 设实幂级数 $\sum\limits_{n=0}^{\infty} |a_n|x^n$ 的收敛半径为 R. 那么当 $|z| < R$

时, $\sum\limits_{n=0}^{\infty} |a_n||z|^n$ 收敛, 从而 $\sum\limits_{n=0}^{\infty} a_n z^n$ 绝对收敛; 当 $|z| > R$ 时, $\sum\limits_{n=0}^{\infty} |a_n||z|^n$ 发散, 从

而 $\sum\limits_{n=0}^{\infty} a_n z^n$ 不是绝对收敛的. 我们将这个结论总结为如下定理.

定理 4.2.2　复幂级数 $\sum\limits_{n=0}^{\infty} a_n z^n$ 的收敛半径与实幂级数 $\sum\limits_{n=0}^{\infty} |a_n| x^n$ 的收敛半径相等.

这个定理告诉我们可以用实幂级数的理论来解决复幂级数的收敛半径问题, 我们不加证明地陈述两个结果如下.

定理 4.2.3 (达朗贝尔 (d'Alembert) 法则或检比法)　对于幂级数 (4.2.1), 若极限 $\lim\limits_{n\to\infty} \left| \dfrac{a_{n+1}}{a_n} \right| = \lambda$(包括 λ 为 0 或 $+\infty$ 的情形), 则它的收敛半径

$$R = \begin{cases} +\infty, & \lambda = 0 \\ \dfrac{1}{\lambda}, & 0 < \lambda < +\infty \\ 0, & \lambda = +\infty \end{cases}$$

定理 4.2.4(柯西法则或检根法)　对于幂级数 (4.2.1), 若极限 $\lim\limits_{n\to\infty} \sqrt[n]{|a_n|} = \lambda$(包括 λ 为 0 或 $+\infty$ 的情形), 则它的收敛半径

$$R = \begin{cases} +\infty, & \lambda = 0 \\ \dfrac{1}{\lambda}, & 0 < \lambda < +\infty \\ 0, & \lambda = +\infty \end{cases}$$

例 4.2.1　试求 $\sum\limits_{n=0}^{\infty} z^n$ 的收敛半径 R.

解　幂级数 $\sum\limits_{n=0}^{\infty} z^n$ 在 $|z| < 1$ 内处处收敛于和函数 $s(z) = \dfrac{1}{1-z}$, 当 $|z| \geqslant 1$ 时

处处发散, 因此 $\sum\limits_{n=0}^{\infty} z^n$ 的收敛圆为以 $z = 0$ 为心的单位圆盘, 故 $R = 1$.

例 4.2.2　试求 $\sum\limits_{n=1}^{\infty} \sin(in) z^n$ 的收敛半径 R.

解　因为

$$\lim_{n\to\infty} \sqrt[n]{|\sin(in)|} = \lim_{n\to\infty} \sqrt[n]{\left| \frac{\mathrm{e}^{-n} - \mathrm{e}^n}{2\mathrm{i}} \right|} = \mathrm{e}$$

由定理 4.2.4 得收敛半径 $R = \dfrac{1}{\mathrm{e}}$.

例 4.2.3 试求 $\displaystyle\sum_{n=1}^{\infty}\frac{z^n}{n^3}$ 的收敛半径 R.

解 因为

$$\lim_{n\to\infty}\left|\frac{a_{n+1}}{a_n}\right| = \lim_{n\to\infty}\left(\frac{n}{n+1}\right)^3 = 1$$

故由定理 4.2.3 得收敛半径 $R = 1$.

3. 幂级数的性质

在本节的第一段中我们已经知道幂级数的和函数是定义在收敛圆盘内的一个函数. 下面我们继续讨论幂级数的和函数在收敛圆盘内所具有的性质.

定理 4.2.5 设级数 (4.2.2) 的收敛半径为 $R > 0$, 则它的和函数 $s(z)$ 在 $|z| < R$ 内解析, 并且

$$s^{(k)}(z) = k!a_k + \frac{(k+1)!}{1!}a_{k+1}z + \frac{(k+2)!}{2!}a_{k+2}z^2 + \cdots, \quad k = 1, 2, 3, \cdots$$

定理 4.2.6 设级数 (4.2.2) 的收敛半径为 $R > 0$, C 为收敛圆盘 $|z| < R$ 内的任一条光滑曲线, 则级数 (4.2.2) 的和函数 $s(z)$ 在 C 上可积, 并且

$$\int_C \sum_{n=0}^{\infty} a_n z^n \mathrm{d}z = \int_C s(z)\mathrm{d}z = \sum_{n=0}^{\infty} \int_C a_n z^n \mathrm{d}z$$

例 4.2.4 将函数 $f(z) = \ln(1-z)$ 表示成形如 $\displaystyle\sum_{n=0}^{\infty} a_n z^n$ 的幂级数.

解 已知当 $|z| < 1$ 时有

$$\frac{1}{1-z} = 1 + z + z^2 + \cdots + z^n + \cdots$$

C 为从原点出发到点 z 且完全落在单位圆盘内的任一光滑曲线. 由定理 4.2.6 得

$$\begin{aligned}
\ln(1-z) &= -\int_C \frac{\mathrm{d}z}{1-z} = -\int_C (1 + z + z^2 + \cdots + z^n + \cdots)\mathrm{d}z \\
&= -\int_C \sum_{n=0}^{\infty} z^n \mathrm{d}z = -\sum_{n=0}^{\infty} \int_C z^n \mathrm{d}z \\
&= -\sum_{n=0}^{\infty} \frac{z^{n+1}}{n+1}, \quad |z| < 1
\end{aligned}$$

例 4.2.5 将函数 $f(z) = \dfrac{1}{(1-z)^2}$ 表示成形如 $\displaystyle\sum_{n=0}^{\infty} a_n z^n$ 的幂级数.

解 由求导公式可知 $\dfrac{1}{(1-z)^2} = \left(\dfrac{1}{1-z}\right)'$, 且当 $|z| < 1$ 时, 有如下展开式:

$$\frac{1}{1-z} = 1 + z + z^2 + \cdots + z^n + \cdots$$

根据定理 4.2.4 得

$$\begin{aligned}
\frac{1}{(1-z)^2} &= \left(\frac{1}{1-z}\right)' \\
&= \left(1 + z + z^2 + \cdots + z^n + \cdots\right)' \\
&= \left(\sum_{n=0}^{\infty} z^n\right)' = \sum_{n=0}^{\infty} (z^n)' = \sum_{n=1}^{\infty} nz^{n-1}, \quad |z| < 1
\end{aligned}$$

4. 幂级数的运算

设级数 $\displaystyle\sum_{n=0}^{\infty} \alpha_n z^n$ 的收敛半径为 $R_1 > 0$, 级数 $\displaystyle\sum_{n=0}^{\infty} \beta_n z^n$ 的收敛半径为 $R_2 > 0$, 定义幂级数的运算如下:

加减法

$$\left(\sum_{n=0}^{\infty} \alpha_n z^n\right) \pm \left(\sum_{n=0}^{\infty} \beta_n z^n\right) = \sum_{n=0}^{\infty} (\alpha_n \pm \beta_n) z^n \tag{4.2.3}$$

记 $\displaystyle\sum_{n=0}^{\infty} (\alpha_n \pm \beta_n) z^n$ 的部分和为 $s_n(z) = \displaystyle\sum_{k=0}^{n} (\alpha_k \pm \beta_k) z^k$, 则当 $|z| < \min\{R_1, R_2\}$ 时, $\displaystyle\lim_{n\to\infty} s_n(z) = \lim_{n\to\infty} \sum_{k=0}^{n} (\alpha_k \pm \beta_k) z^k = \lim_{n\to\infty} \sum_{k=0}^{n} \alpha_k z^k \pm \lim_{n\to\infty} \sum_{k=0}^{n} \beta_k z^k$ 存在, 式 (4.2.3) 的右端级数此时是收敛的. 因而幂级数和或差的收敛半径 $R \geqslant \min\{R_1, R_2\}$.

乘法

$$\left(\sum_{n=0}^{\infty} \alpha_n z^n\right) \left(\sum_{n=0}^{\infty} \beta_n z^n\right) = \sum_{n=0}^{\infty} (\alpha_0 \beta_n + \alpha_1 \beta_{n-1} + \cdots + \alpha_n \beta_0) z^n \tag{4.2.4}$$

式 (4.2.4) 的右端级数称为级数 $\displaystyle\sum_{n=0}^{\infty} \alpha_n z^n$ 与级数 $\displaystyle\sum_{n=0}^{\infty} \beta_n z^n$ 的柯西乘积, 它的收敛半径 $R \geqslant \min\{R_1, R_2\}$. 柯西乘积的运算可由下面系数运算的无穷阵列式表示.

	α_0	α_1	α_2	α_3	•	•	•	α_n	•	•	•
β_0	$\alpha_0\beta_0$	$\alpha_1\beta_0$	$\alpha_2\beta_0$	$\alpha_3\beta_0$	•	•	•	$\alpha_n\beta_0$	•	•	•
β_1	$\alpha_0\beta_1$	$\alpha_1\beta_1$	$\alpha_2\beta_1$	$\alpha_3\beta_1$	•	•	•	$\alpha_n\beta_1$	•	•	•
β_2	$\alpha_0\beta_2$	$\alpha_1\beta_2$	$\alpha_2\beta_2$	$\alpha_3\beta_2$	•	•	•	$\alpha_n\beta_2$	•	•	•
β_3	$\alpha_0\beta_3$	$\alpha_1\beta_3$	$\alpha_2\beta_3$	$\alpha_3\beta_3$	•	•	•	$\alpha_n\beta_3$	•	•	•
•	•	•	•	•				•			
•	•	•	•	•				•			
•	•	•	•	•				•			
β_n	$\alpha_0\beta_n$	$\alpha_1\beta_n$	$\alpha_2\beta_n$	$\alpha_3\beta_n$	•	•		$\alpha_n\beta_n$	•	•	•
•	•	•	•	•	•						
•	•	•	•	•	•						
•	•	•	•	•	•						

稍加观察, 可见柯西乘积中的 z 的幂的系数依次是上表斜线上的元素之和, 例如 z^3 的系数为第三条斜线上的元素之和 $\alpha_0\beta_3 + \alpha_1\beta_2 + \alpha_2\beta_1 + \alpha_3\beta_0$.

例 4.2.6 将函数 $f(z) = \dfrac{1}{z^3 + z^2 - z - 1}$ 表示成形如 $\displaystyle\sum_{n=0}^{\infty} a_n z^n$ 的幂级数.

解 由于

$$\frac{1}{z^3 + z^2 - z - 1} = \frac{1}{z-1} \cdot \frac{1}{(1+z)^2} = \frac{1}{1-z} \cdot \frac{-1}{(1+z)^2}$$

$$\frac{1}{1-z} = \sum_{n=0}^{\infty} z^n, \quad \frac{-1}{(1+z)^2} = \sum_{n=0}^{\infty} (-1)^{n+1}(n+1)z^n, \quad |z| < 1$$

下面求 $\dfrac{1}{1-z}$ 与 $\dfrac{-1}{(1+z)^2}$ 的幂级数展开式的柯西乘积, 对应的无穷阵列式为

	1	1	1	1	1	•	•	•
-1	-1	-1	-1	-1	-1	•	•	•
2	2	2	2	2	2	•	•	•
-3	-3	-3	-3	-3	-3	•	•	•
4	4	4	4	4	4	•	•	•
-5	-5	-5	-5	-5	-5	•	•	•
•	•	•	•	•	•	•	•	•
•	•	•	•	•	•	•	•	•
•	•	•	•	•	•	•	•	•

$$\frac{1}{z^3 + z^2 - z - 1} = -1 + z - 2z^2 + 2z^3 - 3z^4 + 3z^5 + \cdots + (n+1)(-z^{2n} + z^{2n+1}) + \cdots$$

$$= \sum_{n=0}^{\infty} (n+1)(z^{2n+1} - z^{2n}), \quad |z| < 1$$

除法　设级数 $\sum_{n=0}^{\infty} \alpha_n z^n$ 的收敛半径 $R_1 > 0$, 级数 $\sum_{n=0}^{\infty} \beta_n z^n$ 的收敛半径 $R_2 > 0$, 并且 $\beta_0 \neq 0$. 若有幂级数 $\sum_{n=0}^{\infty} \gamma_n z^n$ 满足

$$\sum_{n=0}^{\infty} \alpha_n z^n = \left(\sum_{n=0}^{\infty} \beta_n z^n \right) \left(\sum_{n=0}^{\infty} \gamma_n z^n \right) \tag{4.2.5}$$

称级数 $\sum_{n=0}^{\infty} \gamma_n z^n$ 为级数 $\sum_{n=0}^{\infty} \alpha_n z^n$(被除式) 和级数 $\sum_{n=0}^{\infty} \beta_n z^n$ (除式) 的商, 记作 $\sum_{n=0}^{\infty} \gamma_n z^n = \left(\sum_{n=0}^{\infty} \alpha_n z^n \right) \Big/ \left(\sum_{n=0}^{\infty} \beta_n z^n \right)$. 而求级数 $\sum_{n=0}^{\infty} \gamma_n z^n$ 的运算称为级数的除法. 由于 $\beta_0 \neq 0$, 那么在点 $z = 0$ 附近必有

$$\frac{\alpha_0 + \alpha_1 z + \alpha_2 z^2 + \cdots + \alpha_n z^n + \cdots}{\beta_0 + \beta_1 z + \beta_2 z^2 + \cdots + \beta_n z^n + \cdots}$$

$$= \gamma_0 + \gamma_1 z + \gamma_2 z^2 + \cdots + \gamma_n z^n + \cdots \tag{4.2.6}$$

下面我们采用长除法进行幂级数的除法, 长除法的竖式为

$$
\begin{array}{l}
\alpha_0 + \alpha_1 z + \alpha_2 z^2 + \alpha_3 z^3 + \cdots \\
\alpha_0 + \dfrac{\alpha_0 \beta_1}{\beta_0} z + \dfrac{\alpha_0 \beta_2}{\beta_0} z^2 + \dfrac{\alpha_0 \beta_3}{\beta_0} z^3 + \cdots \\
\hline
\end{array}
\Bigg|
\begin{array}{l}
\beta_0 + \beta_1 z + \beta_2 z^2 + \beta_3 z^3 + \cdots \\
\hline
\dfrac{\alpha_0}{\beta_0} + \dfrac{\alpha_1 \beta_0 - \alpha_0 \beta_1}{\beta_0^2} z + \dfrac{\alpha_2 \beta_0^2 - \alpha_0 \beta_0 \beta_2 - \alpha_1 \beta_0 \beta_1 + \alpha_0 \beta_1^2}{\beta_0^3} z^2 + \cdots
\end{array}
$$

$$
\begin{array}{l}
\dfrac{\alpha_1 \beta_0 - \alpha_0 \beta_1}{\beta_0} z + \dfrac{\alpha_2 \beta_0 - \alpha_0 \beta_2}{\beta_0} z^2 + \dfrac{\alpha_3 \beta_0 - \alpha_0 \beta_3}{\beta_0} z^3 + \cdots \\
\dfrac{\alpha_1 \beta_0 - \alpha_0 \beta_1}{\beta_0} z + \dfrac{\alpha_1 \beta_0 - \alpha_0 \beta_1}{\beta_0^2} \beta_1 z^2 + \dfrac{\alpha_1 \beta_0 - \alpha_0 \beta_1}{\beta_0^2} \beta_2 z^3 + \cdots \\
\hline
\dfrac{\alpha_2 \beta_0^2 - \alpha_0 \beta_0 \beta_2 - \alpha_1 \beta_0 \beta_1 + \alpha_0 \beta_1^2}{\beta_0^2} z^2 + \dfrac{\alpha_3 \beta_0^2 - \alpha_0 \beta_0 \beta_3 - \alpha_1 \beta_0 \beta_2 + \alpha_0 \beta_1 \beta_2}{\beta_0^2} z^3 + \cdots
\end{array}
$$

于是,

$$\sum_{n=0}^{\infty} \gamma_n z^n = \left(\sum_{n=0}^{\infty} \alpha_n z^n \right) \Big/ \left(\sum_{n=0}^{\infty} \beta_n z^n \right)$$

$$= \frac{\alpha_0}{\beta_0} + \frac{\alpha_1 \beta_0 - \alpha_0 \beta_1}{\beta_0^2} z + \frac{\alpha_2 \beta_0^2 - \alpha_0 \beta_0 \beta_2 - \alpha_1 \beta_0 \beta_1 + \alpha_0 \beta_1^2}{\beta_0^3} z^2 + \cdots.$$

例 4.2.7 将函数 $f(z) = \dfrac{\ln(1+z)}{1-z+z^2}$ 表示成形如 $\displaystyle\sum_{n=0}^{\infty} \alpha_n z^n$ 的幂级数.

解 已知 $\ln(1+z) = z - \dfrac{z^2}{2} + \dfrac{z^3}{3} - \cdots + (-1)^{n-1}\dfrac{z^n}{n} + \cdots$, $|z| < 1$ 进行长除

$$
\begin{array}{r|l}
z - \dfrac{1}{2}z^2 + \dfrac{1}{3}z^3 - \dfrac{1}{4}z^4 + \cdots & \ 1 - z + z^2 \\[2mm]
z - \ \ z^2 \ + \ \ z^3 & \ z + \dfrac{1}{2}z^2 - \dfrac{1}{6}z^3 + \cdots \\
\end{array}
$$

$$\dfrac{1}{2}z^2 - \dfrac{2}{3}z^3 - \dfrac{1}{4}z^4 + \cdots$$

$$\dfrac{1}{2}z^2 - \dfrac{1}{2}z^3 + \dfrac{1}{2}z^4$$

$$\overline{\qquad -\dfrac{1}{6}z^3 - \dfrac{3}{4}z^4 + \dfrac{1}{5}z^5 - \cdots}$$

$$-\dfrac{1}{6}z^3 + \dfrac{1}{6}z^4 - \dfrac{1}{6}z^5$$

$$\overline{\qquad\qquad -\dfrac{11}{12}z^4 + \dfrac{11}{30}z^5 - \cdots}$$

故有 $\dfrac{\ln(1+z)}{1-z+z^2} = z + \dfrac{z^2}{2} - \dfrac{z^3}{6} - \dfrac{11}{12}z^4 - \cdots$, $|z| < 1$.

4.3 泰 勒 级 数

1. 泰勒展开定理

在 4.2 节里已经证明了任一幂级数的和函数在其收敛圆盘内解析. 现在借助于柯西积分公式, 我们可以证明任一在圆域内解析的函数都可以用幂级数来表示.

定理 4.3.1(泰勒展开定理) 设 $f(z)$ 在区域 D 内解析, z_0 是 D 内的一点, R 为 z_0 到 D 的边界的距离, 则当 $|z - z_0| < R$ 时, 有

$$f(z) = a_0 + a_1(z - z_0) + a_2(z - z_0)^2 + \cdots + a_n(z - z_0)^n + \cdots \qquad (4.3.1)$$

其中

$$a_n = \frac{1}{2\pi i} \oint_{C_r} \frac{f(z)}{(z-z_0)^{n+1}} \mathrm{d}z = \frac{f^{(n)}(z_0)}{n!}, \quad n = 1, 2, \cdots$$

C_r 为以 z_0 为心且落在 $|z - z_0| < R$ 内的任一圆周.

证 设 z 是 $|z - z_0| < R$ 内的任一点, 考虑将 z 包含在其内的以 z_0 为心的圆周 $C_{r_1} \subset \{z \mid |z - z_0| < R\}$(图 4.3.1), 由柯西积分公式有

$$f(z) = \frac{1}{2\pi i} \oint_{C_{r_1}} \frac{f(\zeta)}{\zeta - z} \mathrm{d}\zeta$$

而且

$$\frac{1}{\zeta - z} = \frac{1}{\zeta - z_0 + z_0 - z} = \frac{1}{\zeta - z_0} \cdot \frac{1}{1 - \frac{z - z_0}{\zeta - z_0}} = \sum_{n=0}^{\infty} \frac{(z - z_0)^n}{(\zeta - z_0)^{n+1}}$$

$$\frac{f(\zeta)}{\zeta - z} = \sum_{n=0}^{\infty} f(\zeta) \frac{(z - z_0)^n}{(\zeta - z_0)^{n+1}} \tag{4.3.2}$$

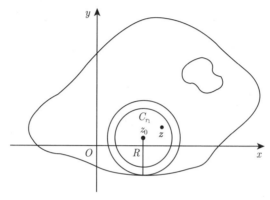

图 4.3.1

因为当 $\zeta \in C_{r_1}$ 时有

$$\left| f(\zeta) \frac{(z - z_0)^n}{(\zeta - z_0)^{n+1}} \right| = |f(\zeta)| \frac{|z - z_0|^n}{|\zeta - z_0|^{n+1}}$$

$$\leqslant \max_{\zeta \in C_{r_1}} |f(\zeta)| \frac{|z - z_0|^n}{r_1^{n+1}} = M \frac{|z - z_0|^n}{r_1^{n+1}}$$

其中 $M = \max\limits_{\zeta \in C_{r_1}} |f(\zeta)|$. 而等比级数 $\sum\limits_{n=0}^{\infty} M \dfrac{|z - z_0|^n}{r_1^{n+1}}$ 收敛 $\left(\text{公比 } \dfrac{|z - z_0|}{r_1} < 1\right)$, 由

定理 4.1.4 知式 (4.3.2) 的右端函数项级数在 C_{r_1} 上一致收敛于函数 $\dfrac{f(\zeta)}{\zeta - z}$. 再根据

定理 4.1.6, 我们有

$$f(z) = \frac{1}{2\pi i} \oint_{C_{r_1}} \frac{f(\zeta)}{\zeta - z} d\zeta = \frac{1}{2\pi i} \oint_{C_{r_1}} \sum_{n=0}^{\infty} f(\zeta) \frac{(z - z_0)^n}{(\zeta - z_0)^{n+1}} d\zeta$$

$$= \sum_{n=0}^{\infty} \frac{1}{2\pi i} \oint_{C_{r_1}} \frac{f(\zeta)}{(\zeta - z_0)^{n+1}} d\zeta (z - z_0)^n$$

上述幂级数系数中的积分不依赖于半径 r_1. 事实上, 若 $r \neq r_1 (0 < r < R)$, 则由于
复合闭路定理可以证明

$$\oint_{C_r} \frac{f(\zeta)}{(\zeta - z_0)^{n+1}} d\zeta = \oint_{C_{r_1}} \frac{f(\zeta)}{(\zeta - z_0)^{n+1}} d\zeta$$

于是得到

$$f(z) = \sum_{n=0}^{\infty} \frac{1}{2\pi i} \oint_{C_r} \frac{f(\zeta)}{(\zeta - z_0)^{n+1}} d\zeta (z - z_0)^n$$

这个等式对于圆 $|z - z_0| < R$ 内的任意点皆成立. 那么根据解析函数的高阶导数公式, 即完成了定理 4.3.1 的证明.

如果函数 $f(z)$ 在 z_0 点附近的某一圆域内表示成式 (4.3.1), 称式 (4.3.1) 为 $f(z)$ 在点 z_0 附近的泰勒展开式, 而式 (4.3.1) 的右端的幂级数称为 $f(z)$ 在点 z_0 的**泰勒级数**.

定理 4.3.1 表明 $f(z)$ 在点 z_0 解析, 则 $f(z)$ 在点 z_0 附近一定可以展开成幂级数. 反之, 若 $f(z)$ 在点 z_0 附近可用幂级数表示, 根据定理 4.2.5, $f(z)$ 在点 z_0 解析. 于是, 我们又得到函数在一点解析的充要条件.

定理 4.3.2 函数 $f(z)$ 在点 z_0 的解析当且仅当 $f(z)$ 在点 z_0 附近可用幂级数表示.

定理 4.3.3 若 $f(z)$ 在点 z_0 附近可用形如 $\sum_{n=0}^{\infty} a_n(z - z_0)^n$ 的幂级数表示, 则此幂级数只能是 $f(z)$ 在点 z_0 的泰勒级数.

证 设 $f(z)$ 在点 z_0 附近展开为幂级数

$$f(z) = a_0 + a_1(z - z_0) + \cdots + a_n(z - z_0)^n + \cdots$$

令 $z = z_0$, 得 $f(z_0) = a_0$. 根据定理 4.2.4, 得

$$f'(z) = a_1 + 2a_2(z - z_0) + \cdots + na_n(z - z_0)^{n-1} + \cdots$$

令 $z = z_0$, 得 $f'(z_0) = a_1$. 同理可得

$$a_n = \frac{f^{(n)}(z_0)}{n!}, \quad n = 0, 1, 2, \cdots$$

定理 4.3.3 所刻画的性质称为解析函数的幂级数展开式的唯一性. 我们经常利用这一性质而采用多种多样的方法来求解析函数的幂级数展开式. 上一节里已通过举例介绍过几种方法, 如逐项积分、求导的方法, 利用幂级数的运算的方法等. 希望读者学习本章有关内容时仔细体会、总结、练习, 掌握展开的基本方法和基本技巧.

2. 几个初等函数的幂级数展开式

由前面已知下列常用函数的幂级数展开式

$$\frac{1}{1+z} = 1 - z + z^2 - \cdots + (-1)^n z^n + \cdots, \quad |z| < 1$$

$$\frac{1}{1-z} = 1 + z + z^2 + \cdots + z^n + \cdots, \quad |z| < 1$$

$$\ln(1+z) = z - \frac{z^2}{2} + \frac{z^3}{3} - \cdots + (-1)^{n-1}\frac{z^n}{n} + \cdots, \quad |z| < 1$$

下面我们通过求几个初等函数的幂级数展开式, 再介绍几种展开方法.

利用泰勒展开式　这是一个最基本的方法. 利用泰勒展开式求解析函数 $f(z)$ 在点 z_0 附近的幂级数展开式

$$f(z) = f(z_0) + \frac{f'(z_0)}{1!}(z - z_0) + \cdots + \frac{f^{(n)}(z_0)}{n!}(z - z_0)^n + \cdots$$

其本质问题是计算级数的系数 $\dfrac{f^{(n)}(z_0)}{n!}, n = 1, 2, \cdots$, 即计算函数 $f(z)$ 在点 z_0 处的各阶的导数.

例 4.3.1　求函数 $\mathrm{e}^z, \sin z$ 和 $\cos z$ 在点 $z_0 = 0$ 处的泰勒展开式.

解　由于 $(\mathrm{e}^z)^{(n)}|_{z=0} = \mathrm{e}^z|_{z=0} = 1, n = 0, 1, 2, \cdots$, 故

$$\mathrm{e}^z = 1 + \frac{z}{1!} + \frac{z^2}{2!} + \cdots + \frac{z^n}{n!} + \cdots$$

注意到 e^z 在整个 z 平面上处处解析, 上式在整个复平面上处处成立.

由于

$$(\sin z)' = \cos z = \sin\left(z + \frac{\pi}{2}\right)$$

$$(\sin z)'' = \cos\left(z + \frac{\pi}{2}\right) = \sin\left(z + 2\frac{\pi}{2}\right), \cdots, (\sin z)^{(n)} = \sin\left(z + \frac{n\pi}{2}\right), \cdots$$

从而

$$(\sin z)^{(n)}|_{z=0} = \begin{cases} 0, & n = 2m \\ (-1)^m, & n = 2m + 1 \end{cases}$$

于是

$$\sin z = z - \frac{z^3}{3!} + \frac{z^5}{5!} - \cdots + (-1)^m \frac{z^{2m+1}}{(2m+1)!} + \cdots, \quad |z| < +\infty$$

同理可求

$$\cos z = 1 - \frac{z^2}{2!} + \frac{z^4}{4!} - \cdots + (-1)^m \frac{z^{2m}}{(2m)!} + \cdots, |z| < +\infty$$

级数代入法　设有复合函数 $f(z) = F[g(z)]$, 其中

$$F(\zeta) = a_0 + a_1\zeta + a_2\zeta^2 + \cdots + a_n\zeta^n + \cdots \tag{4.3.3}$$

的收敛圆盘为 $|\zeta| < r$.

$$g(z) = \beta_0 + \beta_1 z + \beta_2 z^2 + \cdots + \beta_n z^n + \cdots \tag{4.3.4}$$

的收敛圆盘为 $|z| < R$, 并且当 $|z| < R$ 时, $|g(z)| < r$. 于是复合函数 $f(z) = F[g(z)]$ 在 $|z| < R$ 内解析. 由定理 4.3.1 知 $f(z)$ 在 $|z| < R$ 内有幂级数展开式. 下面求解 $f(z)$ 的幂级数展开式的方法称为把级数代入法.

把式 (4.3.4) 代入式 (4.3.3) 得到表达式

$$f(z) = \sum_{k=0}^{\infty} \alpha_k \left(\sum_{n=0}^{\infty} \beta_n z^n \right)^k, \quad |z| < R \quad\quad (4.3.5)$$

将 $\left(\sum_{n=0}^{\infty} \beta_n z^n \right)^k$ $(k = 1, 2, \cdots)$ 按照柯西乘积展开成幂级数, 再代入式 (4.3.5) 中, 然后同次幂项相加即得 $f(z)$ 的幂级数展开式.

例 4.3.2 求函数 $f(z) = \mathrm{e}^{\frac{z}{1-z}}$ 在点 $z_0 = 0$ 处的泰勒展开式.

解 令 $F(\zeta) = \mathrm{e}^{\zeta}, g(z) = \dfrac{z}{1-z}$, 则它们分别有展开式

$$F(\zeta) = 1 + \frac{\zeta}{1!} + \frac{\zeta^2}{2!} + \frac{\zeta^3}{3!} + \cdots + \frac{\zeta^n}{n!} + \cdots, \quad |\zeta| < +\infty$$

$$g(z) = z(1 + z + z^2 + \cdots + z^n + \cdots), \quad |z| < 1$$

将 $g(z)$ 的展开式代入 $F(\zeta)$ 的展开式中, 经计算得

$$
\begin{aligned}
\mathrm{e}^{\frac{z}{1-z}} =& 1 + \frac{z}{1!}(1 + z + z^2 + z^3 + z^4 + \cdots) \\
& + \frac{z^2}{2!}(1 + z + z^2 + z^3 + z^4 + \cdots)^2 \\
& + \frac{z^3}{3!}(1 + z + z^2 + \cdots)^3 + \frac{z^4}{4!}(1 + z + z^2 + \cdots)^4 + \cdots \\
=& 1 + z(1 + z + z^2 + z^3 + z^4 + z^5 + \cdots) \\
& + \frac{z^2}{2!}(1 + 2z + 3z^2 + 4z^3 + 5z^4 + \cdots) \\
& + \frac{z^3}{3!}(1 + 3z + 6z^2 + 10z^3 + \cdots) \\
& + \frac{z^4}{4!}(1 + 4z + 10z^2 + \cdots) + \cdots \\
=& 1 + z + \left(1 + \frac{1}{2!}\right)z^2 + \left(1 + \frac{2}{2!} + \frac{1}{3!}\right)z^3 \\
& + \left(1 + \frac{3}{2!} + \frac{3}{3!} + \frac{1}{4!}\right)z^4 + \cdots \\
=& 1 + z + \frac{3}{2}z^2 + \frac{13}{6}z^3 + \frac{73}{24}z^4 + \cdots, \quad |z| < 1
\end{aligned}
$$

例 4.3.3　求级数 $\displaystyle\sum_{n=0}^{\infty}\frac{(-4)^n}{(2n)!}$ 和 $\displaystyle\sum_{n=0}^{\infty}\frac{(-4)^n}{(2n+1)!}$.

解　已知 $\mathrm{e}^z=\displaystyle\sum_{k=0}^{\infty}\frac{z^n}{n!},\forall z\in\mathbb{C}.$ 令 $z=2\mathrm{i}$, 则

$$\mathrm{e}^{2\mathrm{i}}=\sum_{k=0}^{\infty}\frac{(2\mathrm{i})^n}{n!}=\sum_{k=0}^{\infty}\frac{(2\mathrm{i})^{2n}}{2n!}+\sum_{k=0}^{\infty}\frac{(2\mathrm{i})^{2n+1}}{(2n+1)!}$$

$$=\sum_{k=0}^{\infty}\frac{(-4)^n}{2n!}+2\mathrm{i}\sum_{k=0}^{\infty}\frac{(-4)^n}{(2n+1)!}$$

$$=\cos 2+\mathrm{i}\sin 2$$

对比实部和虚部即可得到答案.

例 4.3.4　设 $f(z)=\dfrac{z-a}{z+a},a\neq 0.$ 求 $\displaystyle\oint_C\frac{f(z)}{z^{n+1}}\mathrm{d}z$, 其中 C 为任一条包含原点且落在圆周: $|z|=|a|$ 内的简单闭曲线.

解　已知 $f(z)=\dfrac{z-a}{z+a}$ 在复平面以 $z=-a$ 为奇点, 故在 $|z|<|a|$ 内解析. 积分曲线 C 落在圆周 $|z|=|a|$ 内, 由高阶导数公式及泰勒展开定理可知

$$\oint_C\frac{f(z)}{z^{n+1}}\mathrm{d}z=\frac{2\pi\mathrm{i}}{n!}f^{(n)}(0)=2\pi\mathrm{i}\frac{f^{(n)}(0)}{n!}=2\pi\mathrm{i}\alpha_n$$

其中 α_n 为函数 $f(z)$ 在解析区域 $|z|<|a|$ 内的泰勒系数. 进而将函数 $f(z)=\dfrac{z-a}{z+a}$ 在 $|z|<|a|$ 内展开为泰勒级数

$$f(z)=\frac{z-a}{z+a}=1-\frac{2a}{z+a}=1-2\frac{1}{1+z/a}=1-2\sum_{n=0}^{\infty}\left(-\frac{z}{a}\right)^n$$

$$=-1+\sum_{n=1}^{\infty}\frac{2}{a^n}(-1)^{n-1}z^n,\quad |z|<|a|$$

由展开式可得泰勒系数 α_n

$$\alpha_n=\begin{cases}-1, & n=0\\ (-1)^{n-1}\dfrac{2}{a^n}, & n=1,2,\cdots\end{cases}$$

进而可知所求积分为

$$\oint_C\frac{f(z)}{z^{n+1}}\mathrm{d}z=\begin{cases}-2\pi\mathrm{i}, & n=0\\ (-1)^{n-1}\dfrac{4\pi\mathrm{i}}{a^n}, & n=1,2,\cdots\end{cases}$$

例 4.3.5 $f(z)$ 在复平面上解析, 而且 $|f(z)| \leqslant |z|^n (n \geqslant 1$ 为一个整数), 求证 $f(z) = az^n, |a| \leqslant 1$.

证 由泰勒展开定理, $f(z) = \sum\limits_{k=0}^{\infty} a_k z^k$, 其中

$$a_k = \frac{1}{2\pi i} \oint_{|z|=R} \frac{f(z)}{z^{k+1}} dz, \quad \forall n \geqslant 0, \quad \forall R > 0$$

从而

$$|a_k| \leqslant \frac{1}{2\pi} \oint_{|z|=R} \frac{|f(z)|}{|z|^{k+1}} ds \leqslant \frac{1}{2\pi} \oint_{|z|=R} \frac{1}{|z|^{k-n+1}} ds = \frac{1}{R^{k-n}}$$

令 $k = n$, 则 $|a_n| \leqslant 1$. 当 $k > n$ 时, 令 $R \to \infty$, 则 $a_k = 0$. 当 $k < n$ 时, 令 $R \to 0$, 则 $a_k = 0$.

4.4 洛 朗 级 数

本节我们讨论一种比幂级数稍微复杂的含有正、负幂项的级数——洛朗 (Laurent) 级数. 从这种级数的结构上看, 它是幂级数的推广, 同时它也是一种相对简单的函数项级数. 另一方面, 从 4.3 节的讨论中我们知道, 若函数 $f(z)$ 在 z_0 点解析, 那么 $f(z)$ 在 z_0 点的附近可用幂级数表示. 然而在实际问题中, 常遇到函数 $f(z)$ 在 z_0 点不解析, 但却在以点 z_0 为心的某个圆环域内解析. 此时 $f(z)$ 不能仅用含有 $z - z_0$ 的正幂项的级数表示. 在本节中, 我们将看到这种在圆环域内解析的函数可用某个洛朗级数表示, 因而洛朗级数也是研究解析函数的重要工具, 尤其在研究解析函数局部性质方面扮演了重要角色.

1. 洛朗级数

定义 4.4.1 称形如

$$\sum_{n=-\infty}^{\infty} a_n(z - z_0)^n \tag{4.4.1}$$

的级数为**洛朗级数**, 其中 $z_0, a_n, n = 0, \pm 1, \pm 2, \cdots$ 均为复常数.

显然在洛朗级数的定义中当 $a_{-1} = a_{-2} = \cdots = a_{-n} = \cdots = 0$, 式 (4.4.1) 就是幂级数.

我们把洛朗级数 (4.4.1) 分成含有正幂项和负幂项的级数:

$$\sum_{n=0}^{\infty} a_n(z - z_0)^n = a_0 + a_1(z - z_0) + a_2(z - z_0)^2 + \cdots + a_n(z - z_0)^n + \cdots$$

$$\tag{4.4.2}$$

$$\sum_{n=1}^{\infty} a_{-n}(z-z_0)^{-n} = a_{-1}(z-z_0)^{-1} + a_{-2}(z-z_0)^{-2} + \cdots + a_{-n}(z-z_0)^{-n} + \cdots$$

$$(4.4.3)$$

若级数 (4.4.2) 和 (4.4.3) 同时在点 z 处收敛, 称洛朗级数 (4.4.1) 在点 z 处是收敛的. 这样根据定义, 有

$$\sum_{n=-\infty}^{\infty} a_n(z-z_0)^n = \lim_{n\to\infty} \sum_{k=0}^{n} a_k(z-z_0)^k + \lim_{m\to\infty} \sum_{k=1}^{m} a_{-k}(z-z_0)^{-k} \qquad (4.4.4)$$

下面讨论洛朗级数 (4.4.1) 在 z 平面上的敛散情况. 级数 (4.4.2) 是一个幂级数, 设其收敛半径为 R_2. 若 $R_2 > 0$, 则根据幂级数的性质, 级数 (4.4.2) 在 $|z-z_0| < R_2$ 内收敛并且绝对收敛, 它的和函数在 $|z-z_0| < R_2$ 内解析. 对于级数 (4.4.3), 若令 $\zeta = \dfrac{1}{z-z_0}$, 则将级数 (4.4.3) 化为幂级数

$$\sum_{n=1}^{\infty} a_{-n}\zeta^n = a_{-1}\zeta + a_{-2}\zeta^2 + \cdots + a_{-n}\zeta^n + \cdots \qquad (4.4.5)$$

设其收敛半径为 r_1, 若 $r_1 > 0$, 则幂级数 (4.4.5) 在 $|\zeta| < r_1$ 内收敛并且绝对收敛, 它的和函数在 $|\zeta| < r_1$ 内解析. 因此级数 (4.4.3) 在 $R_1 < |z-z_0| < +\infty$ ($R_1 = 1/r_1$) 内收敛并且绝对收敛, 它的和函数在 $R_1 < |z-z_0| < +\infty$ 内解析. 显然当且仅当 $R_1 < R_2$ 时, 级数 (4.4.2) 与 (4.4.3) 才能有公共的收敛域. 因此, 洛朗级数 (4.4.1) 的收敛域是圆环域: $R_1 < |z-z_0| < R_2$. 在特殊情况, 这个圆环域的内圆周的半径 R_1 可能等于零, 外圆周的半径 R_2 可能等于 $+\infty$. 综上所述, 我们有如下定理.

定理 4.4.1 若洛朗级数 (4.4.1) 有收敛域, 则该域必为圆环域

$$D: R_1 < |z-z_0| < R_2 \quad (0 \leqslant R_1 < R_2 \leqslant +\infty)$$

且级数 (4.4.1) 在 D 内绝对收敛, 在闭圆环域 $D': R_1' \leqslant |z-z_0| \leqslant R_2'$ ($R_1 < R_1' < R_2' < R_2$) 上一致收敛, 和函数在 D 内解析, 而且可以逐项积分, 逐项求导.

图 4.4.1 表示当 $z_0 = 0$ 时洛朗级数收敛圆环域的所有类型.

例 4.4.1 求洛朗级数 $\displaystyle\sum_{n=1}^{\infty} \frac{2^n}{(z-5)^n} + \sum_{n=0}^{\infty} (-1)^n \left(1-\frac{z}{5}\right)^n$ 的收敛圆环域.

解 由于

$$\sum_{n=1}^{\infty} \frac{2^n}{(z-5)^n} + \sum_{n=0}^{\infty} (-1)^n \left(1-\frac{z}{5}\right)^n$$

$$= \sum_{n=1}^{\infty} 2^n(z-2)^{-n} + \sum_{n=0}^{\infty} \frac{1}{5^n}(z-5)^n$$

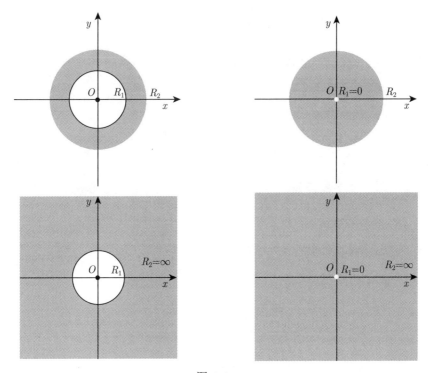

图 4.4.1

由此知

$$R_1 = \lim_{n\to\infty} \sqrt[n]{2^n} = 2$$

$$R_2 = 1 \left/ \left(\lim_{n\to\infty} \sqrt[n]{\frac{1}{5^n}} \right) \right. = 5$$

故原级数的收敛圆环为 $2 < |z - 5| < 5$.

若洛朗级数 $\displaystyle\sum_{n=-\infty}^{\infty} a_n(z - z_0)^n$ 在圆环域 $R_1 < |z - z_0| < R_2$ 内收敛, 记

$$\varphi(z) = a_0 + a_1(z - z_0) + \cdots + a_n(z - z_0)^n + \cdots$$

$$\psi(z) = a_{-1}(z - z_0)^{-1} + a_{-2}(z - z_0)^{-2} + \cdots + a_{-n}(z - z_0)^{-n} + \cdots$$

则 $\varphi(z)$ 在 $|z - z_0| < R_2$ 内解析. 因此我们称级数 (4.4.2) 为洛朗级数 (4.4.1) 的**解析部分**. 而 $\psi(z)$ 在 $R_1 < |z - z_0| < +\infty$ 内解析, 且当 $\psi(z) = 0$ 时洛朗级数 (4.4.1) 退化为幂级数. 所以, 我们称级数 (4.4.3) 为洛朗级数 (4.4.1) 的**主要部分**.

2. 洛朗展开定理

我们已经知道洛朗级数若有收敛区域则为圆环域, 其和函数在圆环域内解析.

现在我们讨论相反的问题——在圆环域内解析的函数可否表示成一个洛朗级数, 回答是肯定的.

定理 4.4.2(洛朗展开定理)   若函数 $f(z)$ 在圆环域

$$D : R_1 < |z - z_0| < R_2 \quad (0 \leqslant R_1 < R_2 \leqslant +\infty)$$

内解析, 则

$$f(z) = \sum_{n=-\infty}^{\infty} a_n(z - z_0)^n \tag{4.4.6}$$

其中

$$a_n = \frac{1}{2\pi i} \oint_C \frac{f(z)}{(z - z_0)^{n+1}} dz, \quad n = 0, \pm 1, \pm 2, \cdots \tag{4.4.7}$$

这里 C 为任意的圆周: $|z - z_0| = R, R_1 < R < R_2$.

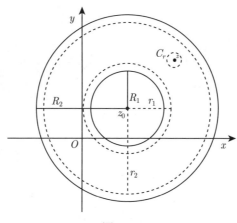

图 4.4.2

证   设 z 是圆环域 D 内的任意一点, 在 D 内作任意一个新圆环域

$$D' : r_1 < |z - z_0| < r_2$$

其内部包含点 z. 再做圆心为 z、半径为 r 的圆周 $C_r : |\zeta - z| = r$, 并且使 $C_r \subset D'$ (图 4.4.2). 根据柯西积分公式及复合闭路定理, 我们有

$$\begin{aligned}
f(z) &= \frac{1}{2\pi i} \oint_{C_r} \frac{f(\zeta)}{\zeta - z} d\zeta \\
&= \frac{1}{2\pi i} \oint_{C_{r_2}} \frac{f(\zeta)}{\zeta - z} d\zeta - \frac{1}{2\pi i} \oint_{C_{r_1}} \frac{f(\zeta)}{\zeta - z} d\zeta
\end{aligned} \tag{4.4.8}$$

其中 $C_{r_1} : |z - z_0| = r_1, C_{r_2} : |z - z_0| = r_2$.

在式 (4.4.8) 右端的第一个积分中, 当 $\zeta \in C_{r_2}$ 时有

$$\left| \frac{z - z_0}{\zeta - z_0} \right| = \frac{|z - z_0|}{r_2} = q < 1$$

得到

$$\frac{1}{\zeta - z} = \frac{1}{\zeta - z_0} \cdot \frac{1}{1 - \dfrac{z - z_0}{\zeta - z_0}} = \sum_{n=0}^{\infty} \frac{(z - z_0)^n}{(\zeta - z_0)^{n+1}} \tag{4.4.9}$$

级数 (4.4.9) 的一般项的模为

$$\left| \frac{(z - z_0)^n}{(\zeta - z_0)^{n+1}} \right| = \frac{1}{r_2} q^n \quad (0 < q < 1)$$

根据定理 4.1.4 知级数 (4.4.9) 在 C_{r_2} 上一致收敛. 将式 (4.4.9) 的两端同乘以解析函数 $\dfrac{f(\zeta)}{2\pi i}$, 所得级数仍然在 C_{r_2} 上一致收敛, 即有

$$\frac{1}{2\pi i} \cdot \frac{f(\zeta)}{\zeta - z} = \frac{1}{2\pi i} \sum_{n=0}^{\infty} \frac{f(\zeta)}{(\zeta - z_0)^{n+1}} (z - z_0)^n$$

根据一致收敛的函数项级数可以逐项积分的性质, 得到

$$\frac{1}{2\pi i} \oint_{C_{r_2}} \frac{f(\zeta)}{\zeta - z} \mathrm{d}\zeta = \sum_{n=0}^{\infty} \frac{1}{2\pi i} \oint_{C_{r_2}} \frac{f(\zeta)}{(\zeta - z_0)^{n+1}} \mathrm{d}\zeta (z - z_0)^n \tag{4.4.10}$$

转而计算式 (4.4.8) 右端的第二个积分. 当 $\zeta \in C_{r_1}$ 时有

$$\left| \frac{\zeta - z_0}{z - z_0} \right| = \frac{r_1}{|z - z_0|} = p < 1$$

得到

$$-\frac{1}{\zeta - z} = \frac{1}{z - z_0} \cdot \frac{1}{1 - \dfrac{\zeta - z_0}{z - z_0}} = \sum_{n=0}^{\infty} \frac{(\zeta - z_0)^n}{(z - z_0)^{n+1}} = \sum_{n=1}^{\infty} \frac{(z - z_0)^{-n}}{(\zeta - z_0)^{-n+1}} \tag{4.4.11}$$

级数 (4.4.11) 的一般项的模为

$$\left| \frac{(\zeta - z_0)^n}{(z - z_0)^{n+1}} \right| = \frac{1}{|z - z_0|} p^n \quad (0 < p < 1)$$

我们知级数 (4.4.11) 在 C_{r_1} 上一致收敛. 同理将式 (4.4.11) 两端同乘以解析函数 $f(\zeta)/(2\pi i)$ 而逐项积分, 得到

$$-\frac{1}{2\pi i} \oint_{C_{r_1}} \frac{f(\zeta)}{\zeta - z} \mathrm{d}\zeta = \sum_{n=1}^{\infty} \frac{1}{2\pi i} \oint_{C_{r_1}} \frac{f(\zeta)}{(\zeta - z_0)^{-n+1}} \mathrm{d}\zeta (z - z_0)^{-n} \tag{4.4.12}$$

在式 (4.4.10)、(4.4.12) 右端的积分中, 取任意圆周 $C : |z - z_0| = R, R_1 < R < R_2$. 根据复合闭路定理, 这些积分都可以转变成沿圆周 C 的积分, 即

$$\frac{1}{2\pi i} \oint_{C_{r_2}} \frac{f(\zeta)}{(\zeta - z_0)^{n+1}} d\zeta = \frac{1}{2\pi i} \oint_C \frac{f(\zeta)}{(\zeta - z_0)^{n+1}} d\zeta, \quad n = 0, 1, 2, \cdots$$

$$\frac{1}{2\pi i} \oint_{C_{r_1}} \frac{f(\zeta)}{(\zeta - z_0)^{-n+1}} d\zeta = \frac{1}{2\pi i} \oint_C \frac{f(\zeta)}{(\zeta - z_0)^{-n+1}} d\zeta, \quad n = 1, 2, \cdots \quad (4.4.13)$$

把求得的式 (4.4.10)、(4.4.12) 和 (4.4.13) 代入式 (4.4.8) 的右端, 我们得到了 $f(z)$ 关于任意的点 $z(R_1 < |z - z_0| < R_2)$ 的洛朗级数展开式

$$f(z) = \sum_{n=-1}^{-\infty} a_n(z - z_0)^n + \sum_{n=0}^{\infty} a_n(z - z_0)^n$$
$$= \sum_{n=-\infty}^{\infty} a_n(z - z_0)^n$$

其中

$$a_n = \frac{1}{2\pi i} \oint_C \frac{f(\zeta)}{(\zeta - z_0)^{n+1}} d\zeta, \quad n = 0, \pm 1, \pm 2, \cdots$$

从而完成了定理 4.4.2 的证明.

同幂级数情形一样, 在圆环域内解析的函数的洛朗级数展开式也具有唯一性, 即有下面的定理.

定理 4.4.3 若函数 $f(z)$ 在圆环域 $R_1 < |z - z_0| < R_2$ 内解析, 则 $f(z)$ 在这个圆环域内的洛朗级数展开是唯一的, 即, 若 $f(z)$ 在 $R_1 < |z - z_0| < R_2$ 内具有形如式 (4.4.6) 的展开式, 则其系数 a_n 只能由式 (4.4.7) 表达.

证 设 $f(z)$ 在圆环域: $R_1 < |z - z_0| < R_2$ 有洛朗级数展开式

$$f(z) = \sum_{n=-\infty}^{\infty} a_n(z - z_0)^n \quad (4.4.14)$$

C 为任意的圆周: $|z - z_0| = R, R_1 < R < R_2$. 在式 (4.4.14) 中令 $z = \zeta$, 有

$$f(\zeta) = \sum_{n=-\infty}^{\infty} a_n(\zeta - z_0)^n \quad (4.4.15)$$

当 $\zeta \in C$ 时, 以 $\dfrac{1}{(\zeta - z_0)^{m+1}} (m = 0, \pm 1, \pm 2, \cdots)$ 去乘式 (4.4.15) 的两端, 然后沿着 C 积分, 得到

$$\oint_C \frac{f(\zeta)}{(\zeta - z_0)^{m+1}} d\zeta = \sum_{n=-\infty}^{\infty} a_n \oint_C (\zeta - z_0)^{n-m-1} d\zeta = 2\pi i a_m$$

于是

$$a_m = \frac{1}{2\pi i} \oint_C \frac{f(\zeta)}{(\zeta - z_0)^{m+1}} d\zeta, \quad m = 0, \pm 1, \pm 2, \cdots$$

此为式 (4.4.7).

求在圆环域内解析的函数的洛朗展开式, 我们可以从式 (4.4.7) 出发, 直接通过计算洛朗展开式的系数来获得. 这要涉及复积分的计算, 通常计算是很复杂的. 因此, 一般求函数的洛朗展开式不是直接从式 (4.4.7) 出发, 而是利用洛朗展开式的唯一性, 通过其他方法来间接获得, 这往往是很便利的. 这就是定理 4.4.3 的意义所在.

3. 求解析函数的洛朗展开式的一些方法

例如求有理函数的洛朗展开式, 只需利用部分分式法把有理函数分解成多项式与若干个最简分式之和, 然后再利用已知的几何级数, 经计算把它们展开成需要的形式.

例 4.4.2 求下列函数在指定圆环域内的洛朗展开式.

(1) $f(z) = \dfrac{z+1}{z^2(z-1)}, 1 < |z| < \infty;$

(2) $f(z) = \dfrac{z^2 - 2z + 5}{(z^2+1)(z-2)}, 1 < |z| < 2.$

解 (1) 利用部分分式法可得

$$f(z) = \frac{z+1}{z^2(z-1)} = \frac{1}{z^2} \cdot \frac{z-1+2}{z-1} = \frac{1}{z^2} \cdot \left(1 + \frac{2}{z-1}\right)$$

当 $1 < |z| < \infty$ 时, 有 $\left|\dfrac{1}{z}\right| < 1$ 成立. 故有展开式

$$f(z) = \frac{1}{z^2} \cdot \left[1 + \frac{2}{z\left(1 - \frac{1}{z}\right)}\right] = \frac{1}{z^2} \cdot \left[1 + \frac{2}{z} \sum_{n=0}^{\infty} \left(\frac{1}{z}\right)^n\right] = \frac{1}{z^2} + \frac{2}{z^3} \sum_{n=0}^{\infty} \left(\frac{1}{z}\right)^n$$

$$= \frac{1}{z^2} + 2 \sum_{n=0}^{\infty} \frac{1}{z^{n+3}}, \quad 1 < |z| < \infty$$

(2) 首先利用部分分式法可得

$$f(z) = \frac{z^2 - 2z + 5}{(z^2+1)(z-2)} = \frac{1}{z-2} - \frac{2}{z^2+1}$$

当 $1 < |z| < 2$ 时, 有 $\left|\dfrac{z}{2}\right| < 1$, $\left|\dfrac{1}{z^2}\right| < 1$ 成立. 故可展开为

$$f(z) = \frac{z^2 - 2z + 5}{(z^2 + 1)(z - 2)} = -\frac{1}{2} \frac{1}{1 - \dfrac{z}{2}} - \frac{2}{z^2 \left(1 + \dfrac{1}{z^2}\right)}$$

$$= -\frac{1}{2} \sum_{n=0}^{\infty} \left(\frac{z}{2}\right)^n - \frac{2}{z^2} \sum_{n=0}^{\infty} (-1)^n \left(\frac{1}{z^2}\right)^n$$

$$= -\sum_{n=0}^{\infty} \frac{z^n}{2^{n+1}} + 2 \sum_{n=0}^{\infty} (-1)^{n+1} \frac{1}{z^{2n+2}}, \quad 1 < |z| < 2$$

再如求无理数函数及其他初等函数的洛朗展开式, 常常可以利用已知基本初等函数的泰勒展开式, 经代换、逐项求导、逐项积分等计算来获得.

例 4.4.3　求函数 $f(z) = z^2 e^{\frac{1}{z}}$ 在 $0 < |z| < +\infty$ 内的洛朗展开式.

解　注意到当 $|\zeta| < +\infty$ 时, 有

$$e^{\zeta} = 1 + \frac{1}{1!} \zeta + \frac{1}{2!} \zeta^2 + \cdots + \frac{1}{n!} \zeta^n + \cdots$$

而当 $0 < |z| < +\infty$ 时, $0 < \left|\dfrac{1}{z}\right| < +\infty$. 故在上式中令 $\zeta = 1/z$, 得

$$e^{\frac{1}{z}} = 1 + \frac{1}{1!} \cdot \frac{1}{z} + \frac{1}{2!} \cdot \frac{1}{z^2} + \cdots + \frac{1}{n!} \cdot \frac{1}{z^n} + \cdots$$

从而

$$z^2 e^{\frac{1}{z}} = z^2 + z + \frac{1}{2!} + \frac{1}{3!} \cdot \frac{1}{z} + \cdots + \frac{1}{(n+2)!} \cdot \frac{1}{z^n} + \cdots, 0 < |z| < +\infty$$

例 4.4.4　将函数 $f(z) = \sin \dfrac{1}{1 - z}$ 在圆环域 $0 < |z - 1| < 1$ 内展开成洛朗级数.

解　因为 $\sin z = \displaystyle\sum_{n=0}^{\infty} (-1)^n \frac{z^{2n+1}}{(2n+1)!}$, 所以

$$f(z) = \sin \frac{1}{1 - z} = \sum_{n=0}^{\infty} (-1)^n \frac{\left(\dfrac{1}{1 - z}\right)^{2n+1}}{(2n+1)!}$$

$$= \sum_{n=0}^{\infty} (-1)^n \frac{1}{(2n+1)!} (-1)^{2n+1} \left(\frac{1}{z - 1}\right)^{2n+1}$$

$$= \sum_{n=0}^{\infty} \frac{(-1)^{n+1}}{(2n+1)!(z - 1)^{2n+1}}, \quad 0 < |z - 1| < 1$$

例 4.4.5　已知 $0 < r < 1$, 求 $\displaystyle\sum_{n=0}^{\infty} r^n \cos(n+2)\theta$ 和 $\displaystyle\sum_{n=0}^{\infty} r^n \sin(n+2)\theta$.

证　利用洛朗级数. 对任意 $|z| > r$, 有

$$\frac{1}{z} \cdot \frac{1}{z-r} = \frac{1}{z^2} \cdot \frac{1}{1-r/z} = \frac{1}{z^2} \cdot \sum_{n=0}^{\infty} \frac{r^n}{z^n} = \sum_{n=0}^{\infty} \frac{r^n}{z^{n+2}}$$

令 $z = e^{i\theta}$, 则

$$\sum_{n=0}^{\infty} \frac{r^n}{z^{n+2}} = \sum_{n=0}^{\infty} \frac{r^n}{e^{(n+2)\theta i}} = \sum_{n=0}^{\infty} r^n e^{-(n+2)\theta i} = \sum_{n=0}^{\infty} r^n \cos(n+2)\theta - i \sum_{n=0}^{\infty} r^n \sin(n+2)\theta$$

另一方面

$$\frac{1}{z} \cdot \frac{1}{z-r} = \frac{(\cos\theta - i\sin\theta)}{\cos\theta - r + i\sin\theta} = \frac{(\cos\theta - i\sin\theta)(\cos\theta - r - i\sin\theta)}{1 - 2r\cos\theta + r^2}$$

$$= \frac{\cos 2\theta - r\cos\theta + i(r\sin\theta - \sin 2\theta)}{1 - 2r\cos\theta + r^2}$$

于是由上两式的实部和虚部, 得

$$\sum_{n=0}^{\infty} r^n \cos(n+2)\theta = \frac{\cos 2\theta - r\cos\theta}{1 - 2r\cos\theta + r^2}$$

$$\sum_{n=0}^{\infty} r^n \sin(n+2)\theta = \frac{\sin 2\theta - r\sin\theta}{1 - 2r\cos\theta + r^2}$$

这里 $0 < r < 1, -\infty < \theta < \infty$.

习　题　4

1. 求下列级数的收敛半径.

(1) $\displaystyle\sum_{n=1}^{\infty} nz^{n-1}$;　　(2) $\displaystyle\sum_{n=1}^{\infty} \frac{z^n}{n^2}$;　　(3) $\displaystyle\sum_{n=1}^{\infty} \frac{(-1)^n}{n!} z^n$.

2. 证明级数 $\displaystyle\sum_{n=0}^{\infty} \frac{z^n}{n^2}$ 在收敛圆内一致收敛.

3. 下列结论是否正确? 为什么?

(1) 每一个幂级数在它的收敛圆内与收敛圆周上皆收敛;

(2) 每一个幂级数收敛于一个解析函数;

(3) 每一个在 z_0 连续的函数一定可以在 z_0 的某个邻域内展开成泰勒级数.

4. 设级数 $\displaystyle\sum_{n=0}^{\infty} c_n$ 收敛, 而 $\displaystyle\sum_{n=0}^{\infty} |c_n|$ 发散, 证明 $\displaystyle\sum_{n=0}^{\infty} c_n z^n$ 的收敛半径为 1.

5. 如果 $\displaystyle\sum_{n=0}^{\infty} a_n z^n$ 的收敛半径为 R, 证明级数 $\displaystyle\sum_{n=0}^{\infty} (\text{Re}a_n)z^n$ 的收敛半径 $\geqslant R$.

6. 我们知道, 函数 $\dfrac{1}{1+x^2}$ 当 x 为任何实数时, 都有确定的值, 但它的泰勒展开式: $\dfrac{1}{1+x^2} = 1 - x^2 + x^4 - \cdots$ 仅当 $|x| < 1$ 时成立. 试说明其原因.

7. 设幂级数 $\displaystyle\sum_{n=0}^{\infty} a_n z^n$ 的收敛半径 $R > 0$, 和函数为 $f(z)$, 证明

$$|a_n| \leqslant \frac{M(r)}{r^n}, \quad n = 0, 1, 2, \cdots$$

其中 $0 < r < R, M(r) = \max\limits_{0 \leqslant \theta \leqslant 2\pi} |f(re^{i\theta})|$.

8. 求证如下不等式.

(1) 对任意的复数 z 有

$$|e^z - 1| \leqslant e^{|z|} - 1 \leqslant |z|e^{|z|}$$

(2) 当 $0 < |z| < 1$ 时, 证

$$\frac{1}{4}|z| < |e^z - 1| < \frac{7}{4}|z|$$

9. 设 $f(z) = \dfrac{z-a}{z+a}, a \neq 0$. 求 $\displaystyle\oint_C \dfrac{f(z)}{z^{n+1}}\mathrm{d}z$, 其中 C 为任一条包含原点且落在圆周: $|z| = |a|$ 内的简单闭曲线.

10. 把下列各函数展成 z 的幂级数, 并指出它们的收敛半径.

(1) $\dfrac{1}{1+z^3}$;

(2) $\dfrac{1}{(1-z)^2}$;

(3) $\mathrm{sh}z$;

(4) $\dfrac{1}{az+b}$(a, b 为复数, 且 $b \neq 0$).

11. 求下列函数在指定点 z_0 处的泰勒展开式, 并指出它们的收敛半径.

(1) $\dfrac{z-1}{z+1}, z_0 = 1$;

(2) $\dfrac{z}{(z+1)(z+2)}, z_0 = 2$;

(3) $\dfrac{1}{z^2}, z_0 = -1$;

(4) $\tan z, z_0 = \dfrac{\pi}{4}$;

(5) $f(z) = \displaystyle\int_0^z e^{\zeta^2}\mathrm{d}\zeta^2, \quad z_0 = 0$;

(6) $\sin(2z - z^2), \quad z_0 = 1$;

(7) $\ln z, \quad z_0 = \mathrm{i}$;

(8) $e^{\frac{1}{1-z}}, \quad z_0 = 0$.

12. 把下列各函数在指定的圆环域内展开成洛朗级数.

(1) $\dfrac{1}{(z^2+1)(z-2)}, \quad 1 < |z| < 2$;

(2) $\dfrac{1}{z^2(z-1)}, 1 < |z-1| < +\infty$;

(3) $\dfrac{1}{(z-1)(z-2)}, \quad 0 < |z-1| < 1, \quad 1 < |z-2| < +\infty$;

(4) $\sin\dfrac{1}{1-z}, \quad 0 < |z-1| < +\infty$.

第5章
留数及其应用

第 4 章讨论了解析函数的级数表示. 在此基础上, 本章对解析函数的孤立奇点进行分类并讨论其性质. 解析函数在孤立奇点处的留数是解析函数论中的重要概念之一, 本章简要地给出留数概念及其一般理论, 最后介绍留数理论的一些应用.

5.1 孤 立 奇 点

1. 解析函数的孤立奇点及分类

若函数 $f(z)$ 在 z_0 点的邻域内除去 z_0 点外是处处解析的, 即函数 $f(z)$ 在去心圆域 $D: 0 < |z - z_0| < \delta \, (\delta > 0)$ 内处处解析, 则称 z_0 点是 $f(z)$ 的一个**孤立奇点**. 我们可以在去心圆域 D 内将 $f(z)$ 展开成洛朗级数

$$
\begin{aligned}
f(z) = & \cdots + a_{-m}(z - z_0)^{-m} + \cdots + a_{-1}(z - z_0)^{-1} \\
& + a_0 + a_1(z - z_0) + \cdots + a_n(z - z_0)^n + \cdots, \quad z \in D
\end{aligned} \tag{5.1.1}
$$

根据函数 $f(z)$ 展开成洛朗级数的不同情况我们将孤立奇点作了如下的分类.

(1) 如果式 (5.1.1) 中的 $(z - z_0)$ 的负幂项系数 $a_{-1}, a_{-2}, \cdots, a_{-m}, \cdots$ 均为零, 那么孤立奇点 z_0 称为函数 $f(z)$ 的**可去奇点**.

此时, 由式 (5.1.1) 可知 $f(z)$ 在 z_0 点的邻域 D 内的洛朗级数实际上就是一个普通的幂级数, 即

$$
f(z) = a_0 + a_1(z - z_0) + \cdots + a_n(z - z_0)^n + \cdots, \quad z \in D \tag{5.1.2}
$$

若记式 (5.1.2) 右端的幂级数的和函数为 $F(z)$, 则 $F(z)$ 是在点 z_0 处解析的函数, 且当 $z \in D$ 时, $F(z) = f(z)$; 当 $z = z_0$ 时, $F(z_0) = a_0$. 但是, 我们注意到

$$
\lim_{z \to z_0} f(z) = \lim_{z \to z_0} F(z) = F(z_0) = a_0
$$

所以不论 $f(z)$ 在 z_0 点是否有定义, 如果我们令 $f(z_0) = a_0$, 那么在 $|z - z_0| < \delta$ 内就有

$$f(z) = F(z) = a_0 + a_1(z - z_0) + \cdots + a_n(z - z_0)^n + \cdots$$

从而函数 $f(z)$ 在 z_0 点就成为解析了. 正是这个原因, 所以点 z_0 被称为**可去奇点**.

例如, $z = 0$ 是函数 $\dfrac{e^z - 1}{z}$ 的可去奇点, 因为这个函数的洛朗级数

$$\frac{e^z - 1}{z} = \frac{1}{z}\left(z + \frac{z^2}{2!} + \cdots + \frac{z^n}{n!} + \cdots\right)$$

$$= 1 + \frac{z}{2!} + \cdots + \frac{z^{n-1}}{n!} + \cdots, \quad 0 < |z| < +\infty$$

中不含 z 的负幂项, 如果我们令 $\dfrac{e^z - 1}{z}$ 在 $z = 0$ 的值为 1, $\dfrac{e^z - 1}{z}$ 在 $z = 0$ 就成为解析的了.

(2) 如果式 (5.1.1) 中只有有限个 $(z - z_0)$ 的负幂项的系数不为零, 那么孤立奇点 z_0 称为函数 $f(z)$ 的极点. 特别关于 $(z - z_0)^{-1}$ 的最高幂为 m, 即

$$f(z) = a_{-m}(z - z_0)^{-m} + \cdots + a_{-2}(z - z_0)^{-2} + a_{-1}(z - z_0)^{-1}$$
$$+ a_0 + a_1(z - z_0) + \cdots + a_n(z - z_0)^n + \cdots \quad (m \geqslant 1, \ a_{-m} \neq 0) \quad (5.1.3)$$

那么孤立奇点 z_0 称为函数 $f(z)$ 的 m**阶极点.** 上式也可写成

$$f(z) = \frac{1}{(z - z_0)^m} g(z) \tag{5.1.4}$$

其中 $g(z) = a_{-m} + a_{-m+1}(z - z_0) + \cdots + a_0(z - z_0)^m + a_1(z - z_0)^{m+1} + \cdots$ 在 $|z - z_0| < \delta$ 内是解析的函数, 且 $g(z_0) \neq 0$. 反过来, 当任何一个函数 $f(z)$ 能表示成式 (5.1.4) 的形式时, 将 $g(z)$ 展开成幂级数, 代入式 (5.1.4) 中, 可见 $f(z)$ 有形如式 (5.1.3) 的展开式, 故 z_0 必为 $f(z)$ 的 m 阶极点. 所以, 我们有如下结论.

定理 5.1.1 设函数 $f(z)$ 在 $0 < |z - z_0| < \delta$ 内解析, 则 z_0 是 $f(z)$ 的 m 阶极点的充要条件是 $f(z)$ 在 $0 < |z - z_0| < \delta$ 内可表示成

$$f(z) = \frac{1}{(z - z_0)^m} g(z)$$

的形式, 其中函数 $g(z)$ 在 $|z - z_0| < \delta$ 内解析且 $g(z_0) \neq 0$.

例如, 函数 $f(z) = \dfrac{\cos z}{z^3(z - 1)^4}$ 在点 $z = 0$ 处有三阶极点, 这是因为

$$f(z) = \frac{1}{z^3} g(z)$$

其中 $g(z) = \dfrac{\cos z}{(z-1)^4}$ 在 $z = 0$ 点解析且 $g(0) = \cos 0 = 1 \neq 0$. 根据定理 5.1.1 有上述结论. 同理, 可得 $z = 1$ 是 $f(z)$ 的四阶极点.

(3) 如果式 (5.1.1) 中 $(z - z_0)$ 的负幂项系数有无穷多个不为零, 那么孤立奇点 z_0 称之为 $f(z)$ 的本性奇点.

例如, 函数 $f(z) = \mathrm{e}^{1/z}$ 在 $z = 0$ 点的邻域 $0 < |z| < +\infty$ 内的洛朗展开式为

$$\mathrm{e}^{\frac{1}{z}} = 1 + z^{-1} + \frac{1}{2!}z^{-2} + \cdots + \frac{1}{m!}z^{-m} + \cdots$$

可见式中含有的 z 的负幂项系数有无穷多个不为零, 故 $z = 0$ 为 $\mathrm{e}^{1/z}$ 的本性奇点.

2. 解析函数在有限孤立奇点的性质

我们先证明定理 5.1.2.

定理 5.1.2　设函数 $f(z)$ 在 $0 < |z - z_0| < \delta$ 内解析, 则 z_0 是 $f(z)$ 的可去奇点的充要条件是: 存在着有限极限 $\lim\limits_{z \to z_0} f(z)$.

证　必要性. 由假设, 在 $0 < |z - z_0| < \delta$ 内, $f(z)$ 有洛朗展开式

$$f(z) = a_0 + a_1(z - z_0) + \cdots + a_n(z - z_0)^n + \cdots$$

因为上式右边幂级数的收敛半径至少应是 δ, 所以它的和函数在 $|z - z_0| < \delta$ 内解析. 显然 $\lim\limits_{z \to z_0} f(z) = a_0$ 且 a_0 为有限数.

充分性. 设在 $0 < |z - z_0| < \delta$ 内, $f(z)$ 的洛朗展开式是式 (5.1.1), 由假设, 存在两个正数 M 及 $\rho_0 < \delta$, 使得在 $0 < |z - z_0| < \rho_0$ 内存在

$$|f(z)| < M$$

那么由洛朗级数系数的积分表达式可知

$$|a_n| = \frac{1}{2\pi} \left| \oint_C \frac{f(\zeta)}{(\zeta - z_0)^{n+1}} \mathrm{d}\zeta \right| \leqslant \frac{1}{2\pi} \oint_C \frac{|f(\zeta)|}{\rho^{n+1}} \mathrm{d}s$$
$$\leqslant \frac{1}{2\pi\rho^{n+1}} \oint_C M \mathrm{d}s = \frac{M}{2\pi\rho^{n+1}} 2\pi\rho = \frac{M}{\rho^n} \quad (n = 0, \pm 1, \pm 2, \cdots) \quad (5.1.5)$$

这里, $C: |z - z_0| = \rho \ (0 < \rho < \rho_0)$. 由于当 $n = -1, -2, -3, \cdots$ 时, 在式 (5.1.5) 中令 $\rho \to 0$, 就得到 $a_n = 0 \ (n = -1, -2, -3, \cdots)$. 可见 z_0 是 $f(z)$ 的可去奇点, 条件的充分性得证.

我们知道 $z = 0$ 是函数 $\dfrac{\mathrm{e}^z - 1}{z}$ 的可去奇点, 我们通过绘制这个函数的地形图来直观地了解在 0 附近函数值的极限行为. 所谓复变函数 $f(z)$ 的地形图是指这样一个二元函数

$$g(x, y) = |f(z)| = |f(x + \mathrm{i}y)|$$

的图像, 复变函数的连续性和可微性会对这个图像的形状施加影响. 图 5.1.1 是 $\dfrac{\mathrm{e}^z-1}{z}$ 的地形图, 大家可以看出, 在 0 附近, 函数值都是趋近于 1 的.

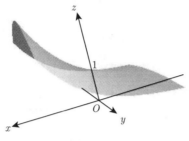

图 5.1.1

定理 5.1.3   设函数 $f(z)$ 在 $0<|z-z_0|<\delta\ (0<\delta\leqslant+\infty)$ 内解析, 则 z_0 是 $f(z)$ 的极点的充要条件是 $\lim\limits_{z\to z_0}f(z)=\infty$.

证   必要性. 因为从式 (5.1.4) 立即可得

$$\lim_{z\to z_0}f(z)=\lim_{z\to z_0}\frac{1}{(z-z_0)^m}g(z)=\infty$$

这里 $g(z)$ 在 z_0 点解析且 $g(z_0)\neq 0$, $m=1,2,\cdots$.

充分性. 若 $\lim\limits_{z\to z_0}f(z)=\infty$, 则一定存在着某一正数 $\rho_0\leqslant\delta$, 使得当 $0<|z-z_0|<\rho_0$ 时, $f(z)$ 不等于 0, 于是 $F(z)=1/f(z)$ 在 $0<|z-z_0|<\rho_0$ 内解析且 $\lim\limits_{z\to z_0}F(z)=\lim\limits_{z\to z_0}\dfrac{1}{f(z)}=0$. 由定理 5.1.2 知 $F(z)$ 在 z_0 点有可去奇点, 因而 $F(z)$ 在 $0<|z-z_0|<\rho_0$ 内有展开式

$$F(z)=a_0+a_1(z-z_0)+a_2(z-z_0)^2+\cdots$$

而 $a_0=\lim\limits_{z\to z_0}F(z)=0$ 且 $F(z)$ 在 $0<|z-z_0|<\rho_0$ 内不恒为 0, 故上式关于 $(z-z_0)$ 幂的系数中至少有一个不为 0. 不妨设 $a_0=a_1=\cdots=a_{m-1}=0,a_m\neq 0$, 则

$$F(z)=a_m(z-z_0)^m+a_{m+1}(z-z_0)^{m+1}+\cdots$$
$$=(z-z_0)^m[a_m+a_{m+1}(z-z_0)+\cdots]=(z-z_0)^m G(z)$$

这里, $G(z)=a_m+a_{m+1}(z-z_0)+\cdots$ 在 $|z-z_0|<\rho_0$ 内解析且 $G(z_0)=a_m\neq 0$, 从而

$$f(z)=\frac{1}{(z-z_0)^m}\cdot\frac{1}{G(z)}=\frac{1}{(z-z_0)^m}g(z)$$

这里, $g(z)=1/G(z)$ 在 $|z-z_0|<\rho_0$ 内解析且 $g(z_0)=\dfrac{1}{G(z_0)}=\dfrac{1}{a_m}\neq 0$, 由定理

5.1.1 知 z_0 是 $f(z)$ 的极点, 充分性得证. 图 5.1.2 是 $\tan(z)$ 的地形图, 易见 $\pm\pi/2$ 是极点, 请同学们确定它们的阶数.

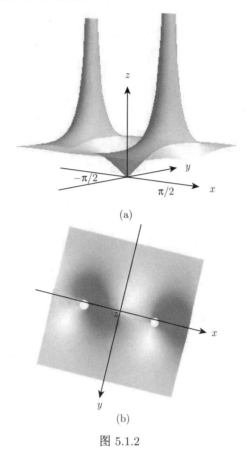

图 5.1.2

同学们可以很容易的想到, 极点附近的地形图就像高耸入云的山.

综合定理 5.1.2 和定理 5.1.3, 可得如下结论.

定理 5.1.4 设函数 $f(z)$ 在 $0 < |z - z_0| < \delta \, (0 < \delta \leqslant +\infty)$ 内解析, 那么 z_0 是 $f(z)$ 的本性奇点的充要条件是: 不存在有限或无穷的极限 $\lim\limits_{z \to z_0} f(z)$.

图 5.1.3 是从三个不同角度观察 $\sin(1/z)$ 的地形图, 请同学们仔细观察.

同学们一定注意到了这个图像显得很难以捉摸, 这是因为在 0 附近, 函数 $\sin(1/z)$ 的极限行为异常复杂, 所以导致了图像有很多尖锐的突出部分和像火山一样高耸的地方, 还有的地方是粘连的 (这是极限行为的复杂性和计算机的绘图能力的局限性导致的). 请同学们自己找几个收敛到 0 的复数列, 使得对应的函数值序列有的收敛到不同的复数, 有的函数值趋向于无穷.

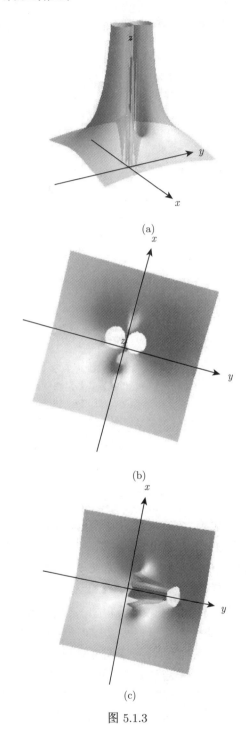

(a)

(b)

(c)

图 5.1.3

例 5.1.1 讨论下列各函数在有限 z 平面上有何种奇点.

(1) $\dfrac{\ln(z+1)}{z}$;   (2) $\dfrac{1}{z(z^2+1)^2}$;   (3) $\mathrm{e}^{\frac{1}{z-1}}$.

解 (1) 注意到 $\dfrac{\ln(z+1)}{z}$ 在 $0<|z|<1$ 内解析, 因而 $z=0$ 是它的孤立奇点, 而

$$\lim_{z\to 0}\frac{\ln(1+z)}{z}=1$$

由定理 5.1.2 知 $z=0$ 是 $\dfrac{\ln(z+1)}{z}$ 的可去奇点.

(2) 因为分母 $z(z^2+1)^2=z(z-\mathrm{i})^2(z+\mathrm{i})^2$ 以 $z=0$, $z=\pm\mathrm{i}$ 为零点, 所以 $\dfrac{1}{z(z^2+1)^2}$ 有奇点. 根据定理 5.1.1 可判断出它们分别是 $\dfrac{1}{z(z^2+1)^2}$ 的一阶极点和二级极点.

(3) 因为 $\mathrm{e}^{1/(z-1)}$ 在 $0<|z-1|<+\infty$ 内解析, 故 $z=1$ 是 $\mathrm{e}^{1/(z-1)}$ 的孤立奇点. 而

$$\lim_{z=x\to 1^+}\mathrm{e}^{1/(z-1)}=\infty,\qquad \lim_{z=x\to 1^-}\mathrm{e}^{1/(z-1)}=0$$

所以 $\lim\limits_{x\to 1}\mathrm{e}^{1/(z-1)}$ 不存在. 由定理 5.1.4 知 $z=1$ 是 $\mathrm{e}^{1/(z-1)}$ 的本性奇点, 这个结论也可由 $\mathrm{e}^{1/(z-1)}$ 的洛朗展开式的形式获得, 由展开式 $\mathrm{e}^{\frac{1}{z-1}}=1+\dfrac{1}{z-1}+\dfrac{1}{2!}\dfrac{1}{(z-1)^2}+\cdots+\dfrac{1}{n!}\dfrac{1}{(z-1)^n}+\cdots$, $0<|z-1|<+\infty$, 含有无穷多个负幂项, 因此, $z=1$ 为 $\mathrm{e}^{\frac{1}{z-1}}$ 的本性奇点.

3. 解析函数的零点与极点的关系

设函数 $f(z)$ 在 z_0 的邻域 $N(z_0,\delta)=\{z:|z-z_0|<\delta\}$ 内解析, 并且 $f(z_0)=0$, 那么点 z_0 称为解析函数 $f(z)$ 的一个**零点**. 设 $f(z)$ 在 $N(z_0,\delta)$ 内的泰勒展开式为

$$f(z)=a_1(z-z_0)+a_2(z-z_0)^2+\cdots+a_n(z-z_0)^n+\cdots$$

如果 $a_n=0$, $n=1,2,\cdots$, 那么 $f(z)$ 在 $N(z_0,\delta)$ 内恒等于零.

如果 $a_1,a_2,\cdots,a_n,\cdots$ 中不全为零, 则存在正整数 m, $a_m\neq 0$, 而对于 $n=1,2,\cdots,m-1$, $a_n=0$, 那么称 z_0 是 $f(z)$ 的 m**阶零点**. 于是

$$f(z)=(z-z_0)^m\varphi(z) \tag{5.1.6}$$

其中, $\varphi(z)=a_m+a_{m+1}(z-z_0)+a_{m+2}(z-z_0)^2+\cdots$ 在 $N(z_0,\delta)$ 内解析且 $\varphi(z_0)\neq 0$. 因而可以找到一个正数 ε, 使得当 $0<|z-z_0|<\varepsilon$ 时, $\varphi(z)\neq 0$, 于是 $f(z)\neq 0$. 换句话说, 存在着 z_0 的一个邻域, 其中 z_0 是 $f(z)$ 的唯一零点.

例 5.1.2 $z = 0$ 与 $z = 1$ 均为函数 $f(z) = z(z-1)^3$ 的零点, 又注意到

$$f(z) = z(z-1)^3 = -z + 3z^2 - 3z^3 + z^4, \quad |z| < +\infty$$

$$f(z) = z(z-1)^3 = [1 + (z-1)](z-1)^3$$
$$= (z-1)^3 + (z-1)^4, \quad |z-1| < +\infty$$

可知 $z = 0, 1$ 分别是 $f(z)$ 的一阶和三阶零点.

定理 5.1.5 函数 $f(z)$ 在点 z_0 处解析, 则 z_0 是 $f(z)$ 的 m 阶零点的充分必要条件是: $f(z_0) = f'(z_0) = \cdots = f^{(m-1)}(z_0) = 0$, $f^{(m)}(z_0) \neq 0$.

注意到解析函数的泰勒展开式的系数与导数之间的关系及解析函数零点的定义, 定理 5.1.5 是显然的, 所以证明从略.

解析函数的零点与极点, 有下面的关系.

定理 5.1.6 z_0 是 $f(z)$ 的 m 阶极点的充分必要条件是: z_0 是 $\dfrac{1}{f(z)}$ 的 m 阶零点.

证 必要性. 如果 z_0 是 $f(z)$ 的 m 阶极点, 有

$$f(z) = a_{-m}(z-z_0)^{-m} + \cdots + a_1(z-z_0)^{-1} + a_0$$
$$+ a_1(z-z_0) + \cdots + a_n(z-z_0)^n + \cdots \quad (a_{-m} \neq 0)$$

得到

$$(z-z_0)^m f(z) = a_{-m} + \cdots + a_1(z-z_0)^{m-1} + a_0(z-z_0)^m$$
$$+ a_1(z-z_0)^{m+1} + \cdots + a_n(z-z_0)^{m+n} + \cdots$$

令 $g(z)$ 为上式的右端幂级数的和函数, 则 $g(z)$ 在 z_0 点解析且 $g(z_0) = a_{-m} \neq 0$. 因此存在 z_0 的一个邻域 $N(z_0, \delta)$, 使得 $g(z)$ 在 $N_\delta(z_0)$ 内解析且 $g(z)$ 不等于 0, 从而 $\dfrac{1}{g(z)}$ 也在 $N(z_0, \delta)$ 内解析且 $\dfrac{1}{g(z_0)} = \dfrac{1}{a_{-m}} \neq 0$. 设解析函数 $\dfrac{1}{g(z)}$, 有幂级数展开式 $\dfrac{1}{g(z)} = \sum\limits_{n=0}^{\infty} \beta_n(z-z_0)^n, |z-z_0| < \delta$. 从而

$$\frac{1}{f(z)} = (z-z_0)^m \frac{1}{g(z)} = (z-z_0)^m[\beta_0 + \beta_1(z-z_0) + \cdots]$$
$$= \beta_0(z-z_0)^m + \beta_1(z-z_0)^{m+1} + \cdots$$

$\left(\text{其中}\beta_0 = \dfrac{1}{g(z_0)} = \dfrac{1}{a_{-m}} \neq 0\right)$ 在 $N_\delta(z_0)$ 内解析, 并在点 z_0 处有一个 m 阶零点.

对于充分性的证明只要将上述步骤反推回去即可.

例 5.1.3 试求函数的有限孤立奇点.

(1) $f(z) = \dfrac{1}{\sin z}$; (2) $f(z) = \dfrac{1}{(1+z^2)(1+\mathrm{e}^{\pi z})\sin\left(\frac{\pi}{z}\right)}$.

解 (1) 函数 $\dfrac{1}{\sin z}$ 的奇点显然是使 $\sin z = 0$ 的点. 这些奇点是 $z = k\pi$, $k = 0, \pm 1, \pm 2, \cdots$. 因为从 $\sin z = \dfrac{\mathrm{e}^{\mathrm{i}z} - \mathrm{e}^{-\mathrm{i}z}}{2\mathrm{i}} = 0$ 得 $\mathrm{e}^{2\mathrm{i}z} = 1$, 从而有 $2\mathrm{i}z = 2k\pi\mathrm{i}$, $z = k\pi$. 它们是 $\dfrac{1}{\sin z}$ 的孤立奇点. 再由于

$$(\sin z)'\big|_{z=k\pi} = \cos(k\pi) = (-1)^k \neq 0$$

所以 $z = k\pi$ 都是 $\sin z$ 的一阶零点, 从而也就是 $1/\sin z$ 的一阶极点.

应当注意的是, 我们在求函数的奇点时, 决不能一看函数的表面形式就急于作出判断. 像函数 $(\cos z - 1)/z^4$, 似乎 $z = 0$ 是它的四阶极点, 其实是二阶极点. 因为

$$\frac{\cos z - 1}{z^4} = \frac{1}{z^4}\left(1 - \frac{z^2}{2!} + \frac{z^4}{4!} - \frac{z^6}{6!} + \cdots - 1\right)$$

$$= -\frac{1}{2!}z^{-2} + \frac{1}{4!} - \frac{1}{6!}z^2 + \cdots$$

(2) 因为 $(1+z^2)\big|_{z=\pm\mathrm{i}} = 0$, $(1+z^2)'\big|_{z=\pm\mathrm{i}} \neq 0$, 故 $z = \pm\mathrm{i}$ 是 $1+z^2$ 的一阶零点. 同理可证 $z_k = (2k+1)\mathrm{i}$, $k = 0, \pm, \pm 2, \cdots$ 是 $1+\mathrm{e}^{\pi z}$ 的一阶零点, $z_k = \dfrac{1}{k}$, $k = \pm 1, \pm 2, \cdots$ 是 $\sin\dfrac{\pi}{z}$ 的一阶零点. 又 $z_k = (2k+1)\mathrm{i}$ 当 $k = 0$ 和 -1 时为 $\pm\mathrm{i}$, 所以, $z = \pm\mathrm{i}$ 是 $f(z)$ 的二阶极点, $z_k = (2k+1)\mathrm{i}$, $k = 1, \pm 2, \cdots$ 及 $z_k = \dfrac{1}{k}$, $k = \pm 1, \pm 2, \cdots$ 均为 $f(z)$ 的一阶极点.

又 $z = 0$ 是 $\sin\dfrac{\pi}{z}$ 的奇点, 故也是 $f(z)$ 的奇点, 但 $f(z)$ 的极点 $z_k = \dfrac{1}{k}$ 当 $k \to \infty$ 时, 以 $z = 0$ 为极限, 所以 $z = 0$ 不是 $f(z)$ 的孤立奇点, 事实上 $z = 0$ 是 $f(z)$ 的极点 $z_k = \dfrac{1}{k}$, 当 $k \to \infty$ 的极限点.

4. 解析函数在无穷孤立奇点的性质

以上讨论了有限孤立奇点邻域内函数的性质, 现在我们来讨论解析函数在无穷远点邻域内的性质.

若函数 $f(z)$ 在域 $D: R < |z| < +\infty$ $(R > 0)$ 内解析, 则称 $z = \infty$ 为 $f(z)$ 的一个孤立奇点.

设 $z = \infty$ 是 $f(z)$ 的一个孤立奇点. 为了研究 $f(z)$ 在 $z = \infty$ 邻域内的性质, 我们作变换 $\zeta = 1/z$, 将 $z = \infty$ 的邻域变为点 $\zeta = 0$ 的邻域, 函数

$$g(\zeta) = f\left(\frac{1}{\zeta}\right)$$

在 $D': 0 < |\zeta| < \dfrac{1}{R}$ 内解析, $\zeta = 0$ 是它的一个孤立奇点.

我们规定如果 $\zeta = 0$ 是函数 $g(\zeta)$ 的可去奇点, $(m$ 阶$)$ 极点或本性奇点, 则 $z = \infty$ 是函数 $f(z)$ 的可去奇点、$(m$ 阶$)$ 极点或本性奇点.

由于 $f(z)$ 在区域 $D: R < |z| < +\infty$ 内解析, 所以它在 D 内可以展开成洛朗级数, 我们有

$$f(z) = \sum_{n=1}^{\infty} a_{-n} z^{-n} + a_0 + \sum_{n=1}^{\infty} a_n z^n$$

$$a_n = \frac{1}{2\pi i} \oint_C \frac{f(\zeta)}{\zeta^{n+1}} \mathrm{d}\zeta, \quad n = 0, \pm 1, \pm 2, \cdots \qquad (5.1.7)$$

其中 C 为在 D 内绕原点的任何一条正向简单闭曲线. 因此 $g(\zeta)$ 在圆环域 $D': 0 < |\zeta| < \dfrac{1}{R}$ 内的洛朗级数可根据式 (5.1.7) 得到, 即

$$g(\zeta) = \sum_{n=1}^{\infty} a_{-n} \zeta^n + a_0 + \sum_{n=1}^{\infty} a_n \zeta^{-n} \qquad (5.1.8)$$

我们知道, 如果在级数 (5.1.8) 中, 不含负幂项、含有有限多的负幂项并且 $a_m \zeta^{-m}$ 为出现的最高负幂项和有无限多的负幂项, 那么 $\zeta = 0$ 是 $g(\zeta)$ 的可去奇点, m 阶极点和本性奇点. 这样根据上面的规定, 我们有

(1) 当 $a_n = 0$, $n = 1, 2, \cdots$ 时, $z = \infty$ 是函数 $f(z)$ 的可去奇点;

(2) 当 $a_m \neq 0$, $a_{m+1} = a_{m+2} = \cdots = 0$ $(m \in \mathbb{N})$, $z = \infty$ 是函数 $f(z)$ 的 m 阶极点;

(3) 当有穷多个自然数 n, 使得 $a_n \neq 0$, $z = \infty$ 是函数 $f(z)$ 的本性奇点.

与级数 (5.1.8) 的情形相对应, 级数

$$\varphi(z) = \sum_{n=0}^{\infty} \frac{a_{-n}}{z^n}, \quad \psi(z) = \sum_{n=1}^{\infty} a_{-n} z^n$$

分别称为洛朗级数 (5.1.7) 的解析部分和主要部分.

注意到 $\lim\limits_{z \to \infty} f(z) = \lim\limits_{\zeta \to 0} \varphi(\zeta)$, 定理 5.1.2~ 定理 5.1.4 可以立即转移到无穷远点的情形.

定理 5.1.7 设 $z = \infty$ 是函数 $f(z)$ 的孤立奇点, 则 $z = \infty$ 是 $f(z)$ 的可去奇点、极点或本性奇点的充分必要条件是: 极限 $\lim\limits_{z \to \infty} f(z)$ 存在有限、无穷大或不存在也不为无穷大.

例如, 函数 $f(z) = \dfrac{1}{z - z^3}$ 在圆环域 $1 < |z| < +\infty$ 内可以展开成

$$f(z) = \frac{1}{z - z^3} = -\frac{1}{z^3} \cdot \frac{1}{1 - \dfrac{1}{z^2}} = -\frac{1}{z^3} - \frac{1}{z^5} - \frac{1}{z^7} - \cdots$$

它的正幂项系数全部为零, 所以 ∞ 是 $f(z)$ 的可去奇点.

又如, 函数 $f(z) = a_0 + a_1 z + \cdots + a_k z^k$, $a_k \neq 0$, 含有正幂项, 且 $f(z)$ 含有的关于 z 的最高正幂项为 $a_k z^k$, 所以 $z = \infty$ 为它的 k 阶极点. 函数 $f(z) = \dfrac{1}{1+z}$ 在 $z = \infty$ 处为可去奇点. 函数 $\cos z$ 的展开式

$$\cos z = 1 - \frac{z^2}{2!} + \frac{z^4}{4!} - \cdots + (-1)^m \frac{z^{2m}}{(2m)!} + \cdots, \quad |z| < +\infty$$

它的正幂项的系数有无穷多个不为零, 所以 ∞ 是它的本性奇点. 函数 $f(z) = \mathrm{e}^{\frac{1}{1-z}}$, 令 $z = \dfrac{1}{\zeta}$, 得 $g(\zeta) = f\left(\dfrac{1}{\zeta}\right) = \mathrm{e}^{\frac{1}{1-\frac{1}{\zeta}}} = \mathrm{e}^{\frac{\zeta}{\zeta-1}}$, 而 $\displaystyle\lim_{\zeta \to 0} g(\zeta) = \lim_{\zeta \to 0} \mathrm{e}^{\frac{\zeta}{\zeta-1}} = \mathrm{e}^0 = 1$, 所以 $\zeta = 0$ 是 $g(\zeta)$ 的可去奇点, 故 $z = \infty$ 是 $f(z) = \mathrm{e}^{\frac{1}{1-z}}$ 的可去奇点. 又函数 $f(z) = \cot z = \dfrac{\cos z}{\sin z}$, $z_n = n\pi$ $(n = 0, \pm 1, \cdots)$ 是其孤立奇点. 当 $n \to \infty$ 时, $z = \infty$ 是 z_n 的极限点, 所以 $z = \infty$ 不是 $f(z) = \cot z$ 的孤立奇点.

5.2　留　　数

1. 留数的定义及其计算规则

设函数 $f(z)$ 在 z_0 点的去心邻域 $D: 0 < |z - z_0| < \delta$ 内解析, z_0 是 $f(z)$ 的孤立奇点. 函数 $f(z)$ 在孤立奇点 z_0 的留数定义为

$$\frac{1}{2\pi \mathrm{i}} \oint_C f(z) \mathrm{d}z \tag{5.2.1}$$

记作 $\mathrm{Res}[f(z), z_0]$. 其中 C 包含在 D 内且围绕 z_0 的任何一条正向简单闭曲线.

根据定理 $f(z)$ 在 D 内可展开为洛朗级数

$$f(z) = \sum_{n=-\infty}^{\infty} a_n (z - z_0)^n$$

其中

$$a_n = \frac{1}{2\pi \mathrm{i}} \oint_C \frac{f(z)}{(z - z_0)^{n+1}} \mathrm{d}z, \quad n = 0, \pm 1, \pm 2, \cdots$$

因此

$$\mathrm{Res}[f(z), z_0] = \frac{1}{2\pi \mathrm{i}} \oint_C f(z) \mathrm{d}z = a_{-1} \tag{5.2.2}$$

若 $z = \infty$ 是 $f(z)$ 的孤立奇点, 即 $f(z)$ 在 $R < |z| < +\infty$ 内解析, 我们定义 $f(z)$ 在 $z = \infty$ 的留数为

$$\mathrm{Res}[f(z), \infty] = -\frac{1}{2\pi \mathrm{i}} \oint_C f(z) \mathrm{d}z = \frac{1}{2\pi \mathrm{i}} \oint_{C^-} f(z) \mathrm{d}z \tag{5.2.3}$$

其中, C 为包含在区域 D: $R < |z| < +\infty$ 内且围绕原点的任意一条正向简单闭曲线.

由于 $f(z)$ 在 $R < |z| < +\infty$ 内可展开为洛朗级数

$$f(z) = \sum_{n=-\infty}^{\infty} a_n z^n$$

其中

$$a_n = \frac{1}{2\pi i} \oint_C \frac{f(z)}{z^{n+1}} dz, \quad n = 0, \pm 1, \pm 2, \cdots$$

所以

$$\text{Res}[f(z), \infty] = -\frac{1}{2\pi i} \oint_C f(z) dz = -a_{-1} \tag{5.2.4}$$

于是, 如果我们知道函数 $f(z)$ 在孤立奇点 z_0(有限点或无穷远点) 附近的洛朗展开式, 那么我们就知道了 $f(z)$ 在 z_0 点的留数.

通过上面的讨论可知, 若 z_0 是 $f(z)$ 的可去奇点, 且 $z_0 \neq \infty$, 则 $\text{Res}[f(z), z_0] = 0$; 但是若 $z_0 = \infty$, 那么 $\text{Res}[f(z), \infty]$ 不一定为零. 比如 $f(z) = 1 + 1/z$, 显见 $z = \infty$ 是 $f(z) = 1 + \dfrac{1}{z}$ 的可去奇点. 可是根据式 (5.2.4), 知 $\text{Res}\left[1 + \dfrac{1}{z}, \infty\right] = -1 \neq 0$.

下面我们讨论留数的计算.

定理 5.2.1　如果 $z_0 \in \mathbb{C}$ 为 $f(z)$ 的 m 阶极点, 则

$$\text{Res}[f(z), z_0] = \frac{1}{(m-1)!} \lim_{z \to z_0} \frac{d^{m-1}}{dz^{m-1}} \{(z - z_0)^m f(z)\} \tag{5.2.5}$$

证　由于

$$f(z) = a_{-m}(z - z_0)^{-m} + \cdots + a_{-2}(z - z_0)^{-2}$$
$$+ a_{-1}(z - z_0)^{-1} + a_0 + a_1(z - z_0) + \cdots$$

以 $(z - z_0)^m$ 乘上式的两端, 得

$$(z - z_0)^m f(z) = a_{-m} + \cdots + a_{-2}(z - z_0)^{m-2} + a_{-1}(z - z_0)^{m-1}$$
$$+ a_0(z - z_0)^m + a_1(z - z_0)^{m+1} + \cdots$$

两边求 $(m-1)$ 阶导数, 得

$$\frac{d^{m-1}}{dz^{m-1}} \{(z - z_0)^m f(z)\} = (m-1)! a_{-1} + \{\text{含有} (z - z_0) \text{正幂的项}\}$$

令 $z \to z_0$, 两端求极限, 右端的极限是 $(m-1)! a_{-1}$, 根据式 (5.2.2), 除以 $(m-1)!$, 就得 $\text{Res}[f(z), z_0]$, 即式 (5.2.5).

推论 5.2.1 如果 $z_0 \in \mathbb{C}$ 为 $f(z)$ 的一级极点, 那么

$$\mathrm{Res}[f(z), z_0] = \lim_{z \to z_0} (z - z_0) f(z). \tag{5.2.6}$$

证 在式 (5.2.5) 中取 $m = 1$ 即得式 (5.2.6).

推论 5.2.2 设 $f(z) = P(z)/Q(z)$, $P(z)$ 及 $Q(z)$ 在 $z_0 \in \mathbb{C}$ 点解析, 如果 $P(z_0) \neq 0$, $Q(z_0) = 0$, $Q'(z_0) \neq 0$, 那么 z_0 为 $f(z)$ 的一阶极点, 并且

$$\mathrm{Res}[f(z), z_0] = \frac{P(z_0)}{Q'(z_0)} \tag{5.2.7}$$

证 因为 $Q(z_0) = 0$ 及 $Q'(z_0) \neq 0$, 所以 z_0 为 $Q(z)$ 的一阶零点, 从而 z_0 为 $1/Q(z)$ 的一阶极点. 因此

$$\frac{1}{Q(z)} = \frac{1}{z - z_0} \varphi(z)$$

其中 $\varphi(z)$ 在 z_0 点解析, 且 $\varphi(z_0) \neq 0$. 于是

$$f(z) = \frac{1}{z - z_0} g(z)$$

这里, $g(z) = \varphi(z) P(z)$ 在 z_0 解析, 且 $g(z_0) = \varphi(z_0) P(z_0) \neq 0$. 故 z_0 为 $f(z)$ 的一阶极点.

由推论 5.2.1, $\mathrm{Res}[f(z), z_0] = \lim\limits_{z \to z_0} (z - z_0) f(z)$, 而 $Q(z_0) = 0$, 所以

$$(z - z_0) f(z) = \frac{P(z)}{\dfrac{Q(z) - Q(z_0)}{z - z_0}}$$

令 $z \to z_0$, 即得式 (5.2.7).

以上我们讨论了有限点 z_0 为可去奇点、极点的留数的计算问题. 对于求解析函数在本性奇点的留数 (当然也不排斥极点的情形), 通常将函数在该点的去心邻域内展开成洛朗级数, 其负一次幂项系数 a_{-1} 即为所求. 关于求解析函数在无穷孤立奇点处的留数的计算问题将在下一段讨论.

例 5.2.1 函数 $f(z) = \dfrac{\mathrm{e}^{\mathrm{i}z}}{1 + z^2}$ 有两个一阶极点 $z = \pm\mathrm{i}$, 记 $P(z) = \mathrm{e}^{\mathrm{i}z}, Q(z) = 1 + z^2$, 这时

$$P(z)/Q'(z) = \frac{1}{2z} \mathrm{e}^{\mathrm{i}z}$$

由式 (5.2.7), 得

$$\mathrm{Res}[f(z), \mathrm{i}] = -\frac{\mathrm{i}}{2\mathrm{e}}, \quad \mathrm{Res}[f(z), -\mathrm{i}] = \frac{\mathrm{i}}{2}\mathrm{e}$$

例 5.2.2　函数 $f(z) = \dfrac{z+1}{z^2 - 2z}$ 有两个一阶极点, 由推论 5.2.1 得

$$\mathrm{Res}\left[f\left(z\right), 0\right] = \lim_{z \to 0} z f\left(z\right) = \lim_{z \to 0} \frac{z+1}{z-2} = -\frac{1}{2}$$

$$\mathrm{Res}\left[f\left(z\right), 2\right] = \lim_{z \to 2} \left(z - 2\right) f\left(z\right) = \lim_{z \to 2} \frac{z+1}{z} = \frac{3}{2}$$

例 5.2.3　函数 $f(z) = \dfrac{1 - \mathrm{e}^{2z}}{z^4}$ 在 $z = 0$ 的去心邻域 $0 < |z| < \infty$ 内, 由展开式

$$\frac{1 - \mathrm{e}^{2z}}{z^4} = \frac{1}{z^4}\left\{1 - \left[1 + 2z + \frac{1}{2!}\left(2z\right)^2 + \frac{1}{3!}\left(2z\right)^3 + \cdots\right]\right\}$$

$$= -\frac{2}{z^3} - \frac{2}{z^2} - \frac{4}{3}\frac{1}{z} - \frac{2}{3} - \cdots$$

知 $z = 0$ 为 $\dfrac{1 - \mathrm{e}^{2z}}{z^4}$ 的三阶极点, 且 $\mathrm{Res}\left[f\left(z\right), 0\right] = -\dfrac{4}{3}$.

例 5.2.4　$f(z) = \cos\dfrac{1}{1-z}$, $z = 1$ 点是它的本性奇点, 由洛朗展开式

$$f(z) = \cos\frac{1}{1-z} = 1 - \frac{1}{2!\left(1-z\right)^2} + \frac{1}{4!\left(1-z\right)^4} - \cdots$$

可得 $\mathrm{Res}\left[\cos\dfrac{1}{1-z}, 1\right] = a_{-1} = 0$.

例 5.2.5　$f(z) = \dfrac{\mathrm{e}^{\frac{1}{z}}}{1-z}$, $z = 0$ 点是它的本性奇点, 由于

$$f(z) = \frac{\mathrm{e}^{\frac{1}{z}}}{1-z} = (1 + z + z^2 + \cdots + z^n + \cdots) \cdot \left(1 + \frac{1}{z} + \frac{1}{2!} \cdot \frac{1}{z^2} + \cdots + \frac{1}{n!} \cdot \frac{1}{z^n} + \cdots\right)$$

$$= \left(1 + \frac{1}{z} + \frac{1}{2!} \cdot \frac{1}{z^2} + \cdots + \frac{1}{n!} \cdot \frac{1}{z^n} + \cdots\right)$$

$$+ \left(z + 1 + \frac{1}{2!} \cdot \frac{1}{z} + \cdots + \frac{1}{n!} \cdot \frac{1}{z^{n-1}} + \cdots\right) + \cdots$$

$$+ \left(z^{n-1} + z^{n-2} + \cdots + \frac{1}{n!} \cdot \frac{1}{z} + \cdots\right) + \cdots$$

$$= \cdots + \left(1 + \frac{1}{2!} + \cdots + \frac{1}{n!} + \cdots\right)\frac{1}{z} + \left(1 + 1 + \frac{1}{2!} + \cdots + \frac{1}{n!} + \cdots\right)$$

$$+ \left(1 + 1 + \frac{1}{2!} + \cdots + \frac{1}{n!} + \cdots\right)z + \cdots$$

故

$$\mathrm{Res}\left[\frac{\mathrm{e}^{\frac{1}{z}}}{1-z}, 0\right] = 1 + \frac{1}{2!} + \cdots + \frac{1}{n!} + \cdots = \sum_{n=1}^{+\infty} \frac{1}{n!} = \mathrm{e} - 1$$

例 5.2.6 计算积分 $I = \oint_{|z|=\frac{1}{2}} \dfrac{\sin z}{z^2(1-\mathrm{e}^z)}\mathrm{d}z$.

解 由于 $f(z) = \dfrac{\sin z}{z^2(1-\mathrm{e}^z)}$ 在 $0 < |z| < 2\pi$ 内解析, 根据留数定义, 知 $I = 2\pi\mathrm{i}\mathrm{Res}[f(z),0]$. 另一方面, 由于

$$1 - \mathrm{e}^z = -\left(z + \frac{1}{2!}z^2 + \cdots + \frac{1}{n!}z^n + \cdots\right), \quad |z| < +\infty$$

$$\sin z = z - \frac{1}{3!}z^3 + \cdots + (-1)^n\frac{z^{2n+1}}{(2n+1)!} + \cdots$$

故

$$\frac{\sin z}{z^2(1-\mathrm{e}^z)} = \frac{z\left(1 - \frac{1}{3!}z^2 + \frac{1}{5!}z^4 - \cdots\right)}{-z^3\left(1 + \frac{1}{2!}z + \frac{1}{3!}z^2 + \cdots\right)} = \frac{1}{z^2}\varphi(z)$$

这里, $\varphi(z) = -\dfrac{1 - \frac{1}{3!}z^2 + \frac{1}{5!}z^4 - \cdots}{1 + \frac{1}{2!}z + \frac{1}{3!}z^2 + \cdots}$ 在 $z = 0$ 点解析, 且 $\varphi(0) = -1 \neq 0$. 根据定理

5.1.1 知 $z = 0$ 为 $f(z)$ 的二阶极点, 而

$$\mathrm{Res}[f(z), 0] = \lim_{z \to 0}\frac{\mathrm{d}}{\mathrm{d}z}z^2 f(z) = \lim_{z \to 0}\frac{\mathrm{d}}{\mathrm{d}z}\varphi(z)$$

$$= \lim_{z \to 0}\left[\frac{-\left(-\frac{2}{3!}z + \frac{4}{5!}z^3 - \cdots\right)\left(1 + \frac{1}{2!}z + \frac{1}{3!}z^2 + \cdots\right)}{\left(1 + \frac{1}{2!}z + \frac{1}{3!}z^2 + \cdots\right)^2}\right.$$

$$\left. + \frac{\left(1 - \frac{1}{3!}z^2 + \frac{1}{5!}z^4 - \cdots\right)\left(\frac{1}{2!} + \frac{2}{3!}z + \cdots\right)}{\left(1 + \frac{1}{2!}z + \frac{1}{3!}z^2 + \cdots\right)^2}\right] = \frac{1}{2}$$

于是

$$I = 2\pi\mathrm{i}\mathrm{Res}[f(z),\, 0] = \pi\mathrm{i}$$

2. 留数的基本定理

下面我们来叙述关于留数的基本定理.

定理 5.2.2 (留数基本定理) 设 C 是一条正向的简单闭曲线, 若函数 $f(z)$ 在 C 上及 C 的内部 D 除去有限个孤立奇点 $z_1, z_2, \cdots, z_n$ 外处处解析, 那么

$$\oint_C f(z)\mathrm{d}z = 2\pi\mathrm{i}\sum_{k=1}^{n}\mathrm{Res}[f(z), z_k] \tag{5.2.8}$$

证　在 D 内以 $z_k(k=1,2,\cdots,n)$ 为中心作小圆周 C_k, 使得每一个 C_k 都在其余圆周的外部 (图 5.2.1), 由复合闭路的柯西定理, 有

$$\oint_C f(z)\mathrm{d}z = \sum_{k=1}^{n} \oint_{C_k} f(z)\mathrm{d}z$$

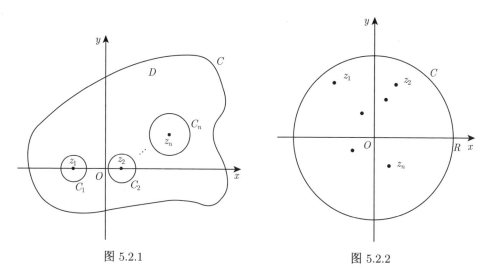

图 5.2.1　　　　　　　　　　　　　　　　　图 5.2.2

由留数的定义, 得

$$\oint_C f(z)\mathrm{d}z = 2\pi\mathrm{i}\sum_{k=1}^{n}\mathrm{Res}[f(z),z_k]$$

所以式 (5.2.8) 得证.

定理 5.2.3 (推广的留数基本定理)　如果函数 $f(z)$ 在扩充的复平面内只有有限个孤立奇点, 那么 $f(z)$ 在各孤立奇点 (包括 ∞ 点) 的留数之和等于零.

证　设 $f(z)$ 的有限孤立奇点为 z_k $(k=1,2,\cdots,n)$. 以原点为中心, 作半径为 R 的充分大的圆周 C, 使得 C 的内部包含 $z_1,z_2,\cdots,z_n$ (图 5.2.2), 从而由留数基本定理

$$\oint_C f(z)\mathrm{d}z = 2\pi\mathrm{i}\sum_{k=1}^{n}\mathrm{Res}[f(z),\ z_k]$$

又因

$$\frac{1}{2\pi\mathrm{i}}\oint_C f(z)\mathrm{d}z = -\mathrm{Res}[f(z),\ \infty]$$

所以

$$\mathrm{Res}[f(z),\ \infty] + \sum_{k=1}^{n}\mathrm{Res}[f(z),\ z_k]$$

$$= -\frac{1}{2\pi i}\oint_C f(z)\mathrm{d}z+\frac{1}{2\pi i}\oint_C f(z)\mathrm{d}z = 0 \qquad (5.2.9)$$

利用留数基本定理, 可以得到如下的关于无穷远点的留数计算法则.

定理 5.2.4

$$\mathrm{Res}[f(z),\ \infty] = -\mathrm{Res}\left[f\left(\frac{1}{z}\right)\frac{1}{z^2},\ 0\right] \qquad (5.2.10)$$

证 在无穷远点的留数定义中, 取正向简单闭曲线 C 为半径足够大的正向圆周: $|z| = R$. 令 $z = 1/\zeta$, 并设 $z = Re^{i\varphi}$, $\zeta = re^{i\theta}$, 则 $R = 1/r$, $\varphi = -\theta$, 于是有

$$\begin{aligned}
\mathrm{Res}[f(z),\ \infty] &= -\frac{1}{2\pi i}\oint_C f(z)\mathrm{d}z = \frac{1}{2\pi i}\oint_{C^-} f(z)\mathrm{d}z\\
&= \frac{1}{2\pi i}\int_0^{-2\pi} f(Re^{i\varphi})Rie^{i\varphi}\mathrm{d}\varphi\\
&= \frac{1}{2\pi i}\int_0^{2\pi} f(Re^{-i\theta})Rie^{-i\theta}(-\mathrm{d}\theta)\\
&= \frac{-1}{2\pi i}\int_0^{2\pi} f\left(\frac{1}{re^{i\theta}}\right)\frac{1}{(re^{i\theta})^2}\mathrm{d}(re^{i\theta})\\
&= -\frac{1}{2\pi i}\oint_{|\zeta|=\frac{1}{R}} f\left(\frac{1}{\zeta}\right)\frac{1}{\zeta^2}\mathrm{d}\zeta \qquad (|\zeta|=1/R\text{为正向})
\end{aligned}$$

由于 $f(z)$ 在 $R \leqslant |z| < +\infty$ 内解析, 从而 $f(1/\zeta)$ 在 $0 < |\zeta| \leqslant 1/R$ 内解析, 因此 $f\left(\frac{1}{\zeta}\right)\frac{1}{\zeta^2}$ 在 $|\zeta| \leqslant 1/R$ 上除 $\zeta = 0$ 外没有其他奇点, 由留数定义, 得

$$\frac{1}{2\pi i}\oint_{|\zeta|=\frac{1}{R}} f\left(\frac{1}{\zeta}\right)\frac{1}{\zeta^2}\mathrm{d}\zeta = \mathrm{Res}\left[f\left(\frac{1}{\zeta}\right)\frac{1}{\zeta^2},\ 0\right]$$

所以式 (5.2.10) 成立.

例 5.2.7 $f(z) = \frac{1}{1+z^2}e^{imz}$, $m \neq 0$ 是实常数. $z = \pm i$ 是 $f(z)$ 的一阶极点, $z = \infty$ 是 $f(z)$ 的本性奇点.

$$\mathrm{Res}[f(z),\ i] = \lim_{z\to i}(z-i)\frac{e^{imz}}{z^2+1} = \left.\frac{e^{imz}}{z+i}\right|_{z=i} = \frac{e^{-m}}{2i} = -\frac{i}{2}e^{-m}$$

$$\mathrm{Res}[f(z),\ -i] = \frac{i}{2}e^m$$

再由定理 5.2.3 得

$$\mathrm{Res}[f(z),\ \infty] = \frac{i}{2}(e^{-m} - e^m)$$

例 5.2.8 $f(z) = \frac{e^{1/z}}{1-z}$, $z = 1$ 是 $f(z)$ 的一阶极点, $z = 0$ 是 $f(z)$ 的本性奇

点, $z = \infty$ 是 $f(z)$ 的可去奇点.

$$\text{Res}[f(z),\,1] = \lim_{z \to 1}(z-1)\frac{\mathrm{e}^{\frac{1}{z}}}{1-z} = -\mathrm{e}$$

由于当 $1 < |z| < \infty$ 时有

$$f(z) = \frac{\mathrm{e}^{\frac{1}{z}}}{1-z} = -\frac{1}{z} \cdot \frac{1}{1-\frac{1}{z}}\mathrm{e}^{\frac{1}{z}}$$

$$= -\frac{1}{z}\left(1 + \frac{1}{z} + \frac{1}{z^2} + \cdots\right)\left(1 + \frac{1}{1!}\cdot\frac{1}{z} + \frac{1}{2!}\cdot\frac{1}{z^2} + \cdots\right)$$

$$= -\frac{1}{z} + \cdots$$

所以

$$\text{Res}[f(z), \infty] = -a_{-1} = 1$$

$$\text{Res}[f(z), 0] = -\text{Res}[f(z),1] - \text{Res}[f(z), \infty] = \mathrm{e} - 1$$

这也是例 5.2.5 中的结果.

从上面几例看出, 如果函数 $f(z)$ 满足定理 5.2.3 中的条件, 当求 $f(z)$ 在各孤立奇点的留数时, 我们总是求出比较容易计算的孤立奇点的留数, 然后利用 (5.2.9) 式便可求出较难计算的留数. 当然如果有好几个点上的留数都比较难计算, 则可能无法利用式 (5.2.9).

下面几个例子展示了留数基本定理在计算复积分中的应用.

例 5.2.9 计算积分 $\oint_C \dfrac{z}{z^4-1}\mathrm{d}z$, C 为正向圆周: $|z| = 2$.

解 解法 1 被积函数 $f(z) = \dfrac{z}{z^4-1}$ 的四个一阶极点 $\pm 1, \pm\mathrm{i}$ 都在圆 $|z| = 2$ 内, 所以由留数基本定理有

$$\oint_C \frac{z}{z^4-1}\mathrm{d}z = 2\pi\mathrm{i}\{\text{Res}[f(z),\,1] + \text{Res}[f(z),\,-1] + \text{Res}[f(z),\mathrm{i}] + \text{Res}[f(z),\,-\mathrm{i}]\}$$

记 $P(z) = z$, $Q(z) = z^4 - 1$, $\dfrac{P(z)}{Q'(z)} = \dfrac{z}{4z^3} = \dfrac{1}{4z^2}$, 故由推论 5.2.2 得

$$\oint_C \frac{z}{z^4-1}\mathrm{d}z = 2\pi\mathrm{i}\left\{\frac{1}{4} + \frac{1}{4} - \frac{1}{4} - \frac{1}{4}\right\} = 0$$

解法 2 函数 $\dfrac{z}{z^4-1}$ 在 $|z| = 2$ 的外部, 除 ∞ 点外没有其他奇点, 因此根据定理 5.2.3 知

$$\text{Res}[f(z),1] + \text{Res}[f(z),-1] + \text{Res}[f(z),\mathrm{i}] + \text{Res}[f(z),-\mathrm{i}] + \text{Res}[f(z),\infty] = 0$$

从而

$$\oint_C \frac{z}{z^4-1}\mathrm{d}z = 2\pi\mathrm{i}\{\mathrm{Res}[f(z),1]+\mathrm{Res}[f(z),-1]+\mathrm{Res}[f(z),\mathrm{i}]+\mathrm{Res}[f(z),-\mathrm{i}]\}$$

$$= -2\pi\mathrm{Res}[f(z),\infty]=2\pi\mathrm{i}\mathrm{Res}\left[f\left(\frac{1}{z}\right)\frac{1}{z^2},\,0\right]$$

$$=2\pi\mathrm{i}\mathrm{Res}\left(\frac{z}{1-z^4},\,0\right)=0$$

例 5.2.10　计算积分 $\oint_C \dfrac{\mathrm{d}z}{(z+\mathrm{i})^{10}(z-1)^5(z-4)}$, C 为正向圆周: $|z|=2$.

解　除 ∞ 点外, 被积函数的奇点是: $-\mathrm{i}$, 1 与 4. 根据式 (5.2.9), 有

$$\mathrm{Res}[f(z),-\mathrm{i}]+\mathrm{Res}[f(z),1]+\mathrm{Res}[f(z),4]+\mathrm{Res}[f(z),\infty]=0$$

其中

$$f(z)=\frac{1}{(z+\mathrm{i})^{10}(z-1)^5(z-4)}$$

由于 $-\mathrm{i}$ 与 1 在 C 之内部, 由留数基本定理与推广的留数基本定理得到

$$\oint_C \frac{\mathrm{d}z}{(z+\mathrm{i})^{10}(z-1)^5(z-4)}$$
$$=2\pi\mathrm{i}\{\mathrm{Res}[f(z),-\mathrm{i}]+\mathrm{Res}[f(z),1]\}$$
$$=-2\pi\mathrm{i}\{\mathrm{Res}[f(z),4]+\mathrm{Res}[f(z),\infty]\}$$

另一方面

$$\mathrm{Res}[f(z),4]=\lim_{z\to4}(z-4)\frac{1}{(z+\mathrm{i})^{01}(z-1)^5(z-4)}=\frac{1}{3^5(4+\mathrm{i})^{10}}$$

$$\mathrm{Res}[f(z),\infty]=\mathrm{Res}\left[\frac{1}{\left(\frac{1}{z}+\mathrm{i}\right)^{10}\left(\frac{1}{z}-1\right)^5\left(\frac{1}{z}-4\right)}\frac{1}{z^2},\,0\right]$$

$$=\mathrm{Res}\left[\frac{z^{14}}{(1+\mathrm{i}z)^{01}(1-z)^5(1-4z)},\,0\right]=0$$

从而

$$\oint_C \frac{\mathrm{d}z}{(z+\mathrm{i})^{10}(z-1)^5(z-4)}=-2\pi\mathrm{i}\left\{\frac{1}{3^5(4+\mathrm{i})^{10}}+0\right\}=\frac{-2\pi\mathrm{i}}{243(4+\mathrm{i})^{10}}$$

如果用上一段的方法, 由于 $-\mathrm{i}$ 是 $f(z)$ 的 10 阶极点, 1 是 $f(z)$ 的 5 阶极点, 并且均在 C 的内部, 它们的留数计算是十分繁琐的.

5.3 留数在定积分计算中的应用

这一节, 我们讲述如何应用留数基本定理计算某些类型实函数的积分. 这种方法的大致思想是: 为了求实函数 $f(x)$ 在实轴上或实轴上的某一线段 I 上的积分, 我们在 I 上适当附加某一曲线使其构成一简单闭曲线 C, 其内部为 D, 选取适当函数 $F(z)$(通常是将 $f(x)$ 的自变量 x 扩充到复平面上), 然后在 $\bar{D}$ 上对 $F(z)$ 应用留数定理, 这样就把实轴上 $f(x)$ 的积分转化为计算 $F(z)$ 在 D 内奇点的留数与那部分附加曲线上的积分, 将问题大大简化了. 当然利用留数计算积分也有其局限性, 不可能应用它来解决所有的复杂积分的计算问题. 下面我们来阐述怎样利用留数求某几种特殊形式的定积分的值.

1. 形如 $\displaystyle\int_0^{2\pi} R(\sin\theta,\ \cos\theta)\mathrm{d}\theta$ 积分

$R(\sin\theta,\ \cos\theta)$ 为 $\sin\theta$ 和 $\cos\theta$ 的有理函数且 $R(x,y)$ 在 $x^2+y^2=1$ 上无奇点. 这类积分可以化为单位圆周上的复积分. 设 $z=\mathrm{e}^{\mathrm{i}\theta}$, 则

$$\cos\theta = \frac{1}{2}(\mathrm{e}^{\mathrm{i}\theta}+\mathrm{e}^{-\mathrm{i}\theta}) = \frac{1}{2}\left(z+\frac{1}{z}\right) = \frac{1}{2z}(z^2+1)$$

$$\sin\theta = \frac{1}{2\mathrm{i}}(\mathrm{e}^{\mathrm{i}\theta}-\mathrm{e}^{-\mathrm{i}\theta}) = \frac{1}{2\mathrm{i}}\left(z-\frac{1}{z}\right) = \frac{1}{2\mathrm{i}z}(z^2-1)$$

$$\mathrm{d}\theta = \frac{1}{\mathrm{i}\mathrm{e}^{\mathrm{i}\theta}}\mathrm{d}\mathrm{e}^{\mathrm{i}\theta} = \frac{1}{\mathrm{i}z}\mathrm{d}z$$

于是

$$\int_0^{2\pi} R(\sin\theta,\ \cos\theta)\mathrm{d}\theta = \oint_{|z|=1} R\left[\frac{1}{2\mathrm{i}}\left(z-\frac{1}{z}\right),\ \frac{1}{2}\left(z+\frac{1}{z}\right)\right]\frac{\mathrm{d}z}{\mathrm{i}z}$$

设

$$F(z) = \frac{1}{\mathrm{i}z}R\left[\frac{1}{2\mathrm{i}}\left(z-\frac{1}{z}\right),\ \frac{1}{2}\left(z+\frac{1}{z}\right)\right]$$

$F(z)$ 是 z 的有理函数. 若 $a_1,a_2,\cdots,a_n$ 是 $F(z)$ 在圆 $|z|<1$ 内的极点, 则由留数的基本定理, 得

$$\int_0^{2\pi} R(\sin\theta,\ \cos\theta)\mathrm{d}\theta = 2\pi\mathrm{i}\sum_{k=1}^n \mathrm{Res}[F(z),\ a_k] \tag{5.3.1}$$

例 5.3.1 计算积分

$$I = \int_0^{2\pi} \frac{\sin^2\theta}{a+b\cos\theta}\mathrm{d}\theta \quad (a>b>0)$$

解 设 $z = \mathrm{e}^{\mathrm{i}\theta}$, 则

$$\frac{\sin^2\theta}{a + b\cos\theta} = \left(\frac{z^2-1}{2\mathrm{i}z}\right)^2 \frac{1}{a + \dfrac{b}{2z}(z^2+1)} = \frac{(z^2-1)^2}{-2bz\left(z^2 + \dfrac{2a}{b}z + 1\right)}$$

于是

$$I = \int_0^{2\pi} \frac{\sin^2\theta}{a + b\cos\theta}\mathrm{d}\theta = \oint_{|z|=1} \frac{(z^2-1)^2}{-2bz\left(z^2 + \dfrac{2a}{b}z + 1\right)}\frac{\mathrm{d}z}{\mathrm{i}z}$$

$$= \frac{\mathrm{i}}{2b}\oint_{|z|=1} \frac{(z^2-1)}{z^2\left(z^2 + 2\dfrac{a}{b}z + 1\right)}\mathrm{d}z = \oint_{|z|=1} F(z)\mathrm{d}z$$

其中, $F(z) = \dfrac{(z^2-1)\mathrm{i}}{z^2\left(z^2 + 2\dfrac{a}{b}z + 1\right)2b} = \dfrac{(z^2-1)\mathrm{i}}{z^2(z-\alpha)(z-\beta)2b}$, α, β 是方程 $z^2 + \dfrac{2a}{b}z + 1 = 0$ 的两个根, 即

$$\alpha = \frac{-a + \sqrt{a^2 - b^2}}{b}, \quad \beta = \frac{-a - \sqrt{a^2 - b^2}}{b}, \quad \alpha \cdot \beta = 1$$

$F(z)$ 在圆 $|z| < 1$ 内有两个孤立奇点: $z = 0$, $z = \alpha$. 它们分别是 $F(z)$ 的二阶极点和一阶极点. 并且

$$\begin{aligned}
\operatorname{Res}[F(z),\,0] &= \lim_{z\to 0}\frac{\mathrm{d}}{\mathrm{d}z}\left\{z^2\frac{(z^2-1)^2\mathrm{i}}{z^2(z-\alpha)(z-\beta)2b}\right\}\\
&= \lim_{z\to 0}\frac{\mathrm{d}}{\mathrm{d}z}\left\{\frac{(z^2-1)^2\mathrm{i}}{(z-\alpha)(z-\beta)2b}\right\}\\
&= \lim_{z\to 0}\frac{\mathrm{d}}{\mathrm{d}z}\left\{\frac{1}{\alpha-\beta}(z^2-1)^2\left(\frac{1}{z-\alpha} - \frac{1}{z-\beta}\right)\frac{\mathrm{i}}{2b}\right\}\\
&= \lim_{z\to 0}\frac{\mathrm{d}}{\mathrm{d}z}\left\{\frac{1}{\alpha-\beta}(z^4 - 2z^2 + 1)\cdot\left[\left(\frac{1}{\beta} - \frac{1}{\alpha}\right) + \left(\frac{1}{\beta^2} - \frac{1}{\alpha^2}\right)z + \cdots\right]\frac{\mathrm{i}}{2b}\right\}\\
&= \frac{1}{\alpha-\beta}\left(\frac{1}{\beta^2} - \frac{1}{\alpha^2}\right)\frac{\mathrm{i}}{2b} = \frac{\mathrm{i}}{2b}(\alpha+\beta)
\end{aligned}$$

$$\begin{aligned}
\operatorname{Res}[F(z),\alpha] &= \lim_{z\to\alpha}\left\{(z-\alpha)\frac{(z^2-1)^2\mathrm{i}}{z^2(z-\alpha)(z-\beta)2b}\right\}\\
&= \frac{(\alpha^2-1)^2\mathrm{i}}{\alpha^2(\alpha-\beta)2b} = \frac{\alpha^2(\alpha-\beta)^2\mathrm{i}}{\alpha^2(\alpha-\beta)2b} = \frac{\mathrm{i}}{2b}(\alpha-\beta)
\end{aligned}$$

由式 (5.3.1), 得到

$$I = 2\pi\mathrm{i}\{\mathrm{Res}[F(z),\,0] + \mathrm{Res}[F(z),\,\alpha]\}$$
$$= 2\pi\mathrm{i}\frac{\mathrm{i}}{2b}[(\alpha+\beta)+(\alpha-\beta)] = -\frac{2\pi}{b}\alpha = \frac{2\pi}{b^2}(a - \sqrt{a^2-b^2})$$

例 5.3.2　计算 $I = \displaystyle\int_0^{2\pi} \frac{\cos 2\theta}{1 - 2p\cos\theta + p^2}\mathrm{d}\theta\ (0 < p < 1)$ 的值.

解　由于 $0 < p < 1$, 被积函数的分母 $1 - 2p\cos\theta + p^2 = (1-p)^2 + 2p(1-\cos\theta)$ 在 $0 \leqslant \theta \leqslant 2\pi$ 上不为零, 因而积分是有意义的. 设 $z = \mathrm{e}^{\mathrm{i}\theta}$, 则

$$\cos 2\theta = \frac{1}{2}(\mathrm{e}^{2\mathrm{i}\theta} + \mathrm{e}^{-2\mathrm{i}\theta}) = \frac{1}{2}(z^2 + z^{-2})$$

$$I = \oint_{|z|=1} \frac{z^2 + z^{-2}}{2} \cdot \frac{1}{1 - 2p\dfrac{z + z^{-1}}{2} + p^2} \cdot \frac{\mathrm{d}z}{\mathrm{i}z}$$

$$= \oint_{|z|=1} \frac{1 + z^4}{2\mathrm{i}z^2(1 - pz)(z - p)}\mathrm{d}z = \oint_{|z|=1} F(z)\mathrm{d}z$$

被积函数的三个极点中只有两个在圆 $|z| = 1$ 内, 其中 $z = 0$ 为二阶极点, $z = p$ 为一阶极点, 而

$$\mathrm{Res}[F(z),\,0] = \lim_{z\to 0} \frac{\mathrm{d}}{\mathrm{d}z}\left\{z^2 \frac{1 + z^4}{2\mathrm{i}z^2(1 - pz)(z - p)}\right\}$$
$$= \lim_{z\to 0} \frac{(z - pz^2 - p + p^2 z)4z^3 - (1 + z^4)(1 - 2pz + p^2)}{2\mathrm{i}(z - pz^2 - p + p^2 z)^2}$$
$$= -\frac{1 + p^2}{2\mathrm{i}p^2}$$

$$\mathrm{Res}[F(z),\,p] = \lim_{z\to p}\left[(z - p)\cdot\frac{1 + z^4}{2\mathrm{i}z^2(1 - pz)(z - p)}\right] = \frac{1 + p^4}{2\mathrm{i}p^2(1 - p^2)}$$

从而

$$I = 2\pi\mathrm{i}\{\mathrm{Res}[F(z),\,0] + \mathrm{Res}[F(z),\,p]\}$$
$$= 2\pi\mathrm{i}\left\{-\frac{1 + p^2}{2\mathrm{i}p^2} + \frac{1 + p^4}{2\mathrm{i}p^2(1 - p^2)}\right\} = \frac{2\pi p^2}{1 - p^2}$$

2. 形如 $\displaystyle\int_{-\infty}^{+\infty} R(x)\mathrm{d}x$ 的积分

当被积函数 $R(x)$ 是 x 的有理函数, 而分母的次数至少比分子的次数高二次, 并且 $R(x)$ 在实轴上没有奇点时, 积分是存在的. 若设 $R(z)$ 在上半平面 $\mathrm{Im}z > 0$ 的极点为 $a_1, a_2, \cdots, a_p$, 则

$$\int_{-\infty}^{+\infty} R(x)\mathrm{d}x = 2\pi\mathrm{i}\sum_{k=1}^{p} \mathrm{Res}[R(z),\,a_k] \tag{5.3.2}$$

事实上, 不失一般性, 设

$$R(z) = \frac{z^n + a_1 z^{n-1} + \cdots + a_n}{z^m + b_1 z^{m-1} + \cdots + b_m}, \quad m - n \geqslant 2$$

我们取积分路线如图 5.3.1 所示, 其中 C_R 是以原点为中心、R 为半径的在上半平面的半圆周, 取 R 适当大, 使 $R(z)$ 所有的在上半平面 $\mathrm{Im}\, z > 0$ 的极点 $a_1, a_2, \cdots, a_p$ 都包含在这积分路线之内. 根据留数基本定理, 得

$$\int_{-R}^{R} R(x)\mathrm{d}x + \int_{C_R} R(z)\mathrm{d}z = 2\pi\mathrm{i} \sum_{k=1}^{p} \mathrm{Res}[R(z),\, a_k] \qquad (5.3.3)$$

这个等式, 不因 C_R 半径 R 不断增大而有所改变. 又注意到

$$|R(z)| = \frac{1}{|z|^{m-n}} \cdot \frac{|1 + a_1 z^{-1} + \cdots + a_n z^{-n}|}{|1 + b_1 z^{-1} + \cdots + b_m z^{-m}|}$$

$$\leqslant \frac{1}{|z|^{m-n}} \cdot \frac{1 + |a_1 z^{-1} + \cdots + a_n z^{-n}|}{1 - |b_1 z^{-1} + \cdots + b_m z^{-m}|}$$

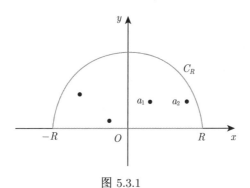

图 5.3.1

而当 $|z|$ 充分大时, 总可使

$$|a_1 z^{-1} + \cdots + a_n z^{-n}| < \frac{1}{2}, \quad |b_1 z^{-1} + \cdots + b_m z^{-m}| < \frac{1}{2}$$

由于 $m - n \geqslant 2$, 故有

$$|R(z)| < \frac{1}{|z|^{m-n}} \cdot \frac{1 + \dfrac{1}{2}}{1 - \dfrac{1}{2}} < \frac{3}{|z|^2}$$

因此, 在半径 R 充分大的 C_R 上, 有

$$\left| \int_{C_R} R(z)\mathrm{d}z \right| \leqslant \int_{C_R} |R(z)|\mathrm{d}s \leqslant \frac{3}{R^2}\pi R = \frac{3\pi}{R}$$

所以, 当 $R \to +\infty$ 时, $\int_{C_R} R(z)\mathrm{d}z \to 0$, 从而在式 (5.3.2) 中令 $R \to +\infty$, 得到式 (5.3.3). 特别地, 若 $R(x)$ 为偶函数, 那么

$$\int_0^{+\infty} R(x)\mathrm{d}x = \pi\mathrm{i} \sum_{k=1}^{p} \mathrm{Res}[R(z),\, a_k] \tag{5.3.4}$$

例 5.3.3 计算 $I_n = \displaystyle\int_0^{+\infty} \frac{\mathrm{d}x}{(1+x^2)^{n+1}}$ $(n=0,1,2,\cdots)$.

解 $R(z) = \dfrac{1}{(1+z^2)^{n+1}}$ 为偶函数, 且满足本段开头对 $R(z)$ 所提到的条件. $R(z)$ 在 $\mathrm{Im}z > 0$ 内以 $z=\mathrm{i}$ 为 $n+1$ 阶极点, 经计算

$$\begin{aligned}
\mathrm{Res}[R(z),\, \mathrm{i}] &= \frac{1}{n!} \lim_{z \to \mathrm{i}} \frac{\mathrm{d}^n}{\mathrm{d}z^n} \left\{ (z-\mathrm{i})^{n+1} \frac{1}{(1+z^2)^{n+1}} \right\} \\
&= \frac{1}{n!} \lim_{z \to \mathrm{i}} \frac{\mathrm{d}^n}{\mathrm{d}z^n} (z+\mathrm{i})^{-n-1} \\
&= \frac{(-1)^n(n+1)(n+2)\cdots(2n)}{n!(2\mathrm{i})^{2n+1}} = \frac{(2n)!}{2^{2n}(n!)^2 2\mathrm{i}}
\end{aligned}$$

由式 (5.3.4), 知

$$I_n = \pi\mathrm{i}\,\mathrm{Res}[R(z),\, \mathrm{i}] = \pi\mathrm{i}\frac{(2n)!}{2^{2n}(n!)^2 2\mathrm{i}} = \frac{\pi}{2} \cdot \frac{(2n-1)!!}{(2n)!!}, \quad n \in \mathbb{N}$$

$$I_0 = \int_0^{+\infty} \frac{\mathrm{d}x}{1+x^2} = \frac{\pi}{2}$$

例 5.3.4 计算积分 $I = \displaystyle\int_0^{+\infty} \frac{\mathrm{d}x}{(x^2+4)(x^2+1)^2}$ 的值.

解 由被积函数是偶函数, 有

$$\int_0^{+\infty} \frac{\mathrm{d}x}{(x^2+4)(x^2+1)^2} = \frac{1}{2} \int_{-\infty}^{+\infty} \frac{\mathrm{d}x}{(x^2+4)(x^2+1)^2}$$

在上半平面有二阶极点 $z=\mathrm{i}$, 一阶极点 $z=2\mathrm{i}$, 分母幂次数高于分子两次以上, 实轴上无奇点, 所以由式 (5.3.1), 得

$$\begin{aligned}
I &= \frac{1}{2} \times 2\pi\mathrm{i} \left\{ \mathrm{Res}\left[R(z), \mathrm{i}\right] + \mathrm{Res}\left[R(z), 2\mathrm{i}\right] \right\} \\
&= \pi\mathrm{i} \left\{ \lim_{z \to 2\mathrm{i}} (z-2\mathrm{i}) \frac{1}{(z^2+4)(z^2+1)^2} + \lim_{z \to \mathrm{i}} \frac{\mathrm{d}}{\mathrm{d}z} \left[(z-\mathrm{i})^2 \frac{1}{(z^2+4)(z^2+1)^2} \right] \right\} \\
&= \pi\mathrm{i} \left(\frac{1}{36\mathrm{i}} - \frac{\mathrm{i}}{36} \right) = \frac{\pi}{18}
\end{aligned}$$

习 题 5

1. 问下列各函数在有限 z-平面内有哪些孤立奇点? 各属于哪一类型? 如果是极点, 指出它的阶数.

(1) $\dfrac{1}{z\left(z^2+1\right)^2}$;   (2) $\dfrac{1}{1+\sin z}$;   (3) $\dfrac{\mathrm{e}^z}{z^2}$;

(4) $\dfrac{\sin z - z}{z^3}$;   (5) $\dfrac{1}{z^3-z^2-z+1}$;   (6) $\dfrac{\ln(z+1)}{z}$.

2. 指出下列函数在无穷远点的性质.

(1) $\dfrac{1}{z-z^3}$;   (2) $\dfrac{z^4}{1+z^4}$;

(3) $\dfrac{1}{\mathrm{e}^z-1}-\dfrac{1}{z}$;   (4) $\dfrac{z^6}{\left(z^2-3\right)^2}\cos\dfrac{1}{z-2}$.

3. 讨论下列各函数在扩充的复平面上有哪些孤立奇点? 各属于哪一种类型? 如果是极点, 请指出它的阶数.

(1) $\sin\dfrac{z}{z+1}$;   (2) $\mathrm{e}^{z+\frac{1}{z}}$;   (3) $\sin z\cdot\sin\dfrac{1}{z}$;

(4) $\dfrac{\mathrm{sh}\,z}{\mathrm{ch}\,z}$;   (5) $\sin\left[\dfrac{1}{\sin\dfrac{1}{z}}\right]$;   (6) $\tan^2 z$.

4. 若 $f(z)$ 与 $g(z)$ 分别以 $z=z_0$ 为 m 级与 n 阶极点, 试问下列函数在 $z=z_0$ 点有何性质?

(1) $f(z)+g(z)$;   (2) $f(z)\cdot g(z)$;   (3) $f(z)/g(z)$.

5. 若 $f(z)$ 在 z_0 解析, $g(z)$ 在 z_0 点有本性奇点, 试问

(1) $f(z)+g(z)$;   (2) $f(z)\cdot g(z)$.

在 z_0 有何性质?

6. 求证: 如果 z_0 是 $f(z)$ 的 m $(m\geqslant 2)$ 阶零点, 那么 z_0 是 $f'(z)$ 的 $m-1$ 阶零点.

7. 函数 $f(z)=\dfrac{1}{(z-1)(z-2)^3}$ 在 $z=2$ 处有一个三阶极点, 这个函数又有如下的洛朗展开式

$$\frac{1}{(z-1)(z-2)^3}=\cdots+\frac{1}{(z-2)^6}-\frac{1}{(z-2)^5}+\frac{1}{(z-2)^4},\quad |z-2|>1$$

所以 "$z=2$ 又是 $f(z)$ 的一个本性奇点". 又因上式不含有 $(z-2)^{-1}$ 幂项, 因此 $\mathrm{Res}[f(z),\,2]=0$. 这些结论对否?

8. 求下列各函数 $f(z)$ 在孤立奇点 (不考虑无穷远点) 的留数.

(1) $\dfrac{1}{z^3-z^5}$;

(2) $\dfrac{1}{z^2-2z+5}$;

(3) $\dfrac{z^2+1}{z-2}$;

(4) $\dfrac{\mathrm{e}^2}{z\,(z-\pi\mathrm{i})^4}$.

9. 计算下列各积分 (利用留数).

(1) $\oint_C \dfrac{z\mathrm{d}z}{(z-1)(z-2)^2},\ C:|z-2|=\dfrac{1}{2}$;

(2) $\oint_C \dfrac{\mathrm{d}z}{1+z^4},\ C:x^2+y^2=2x$;

(3) $\oint_C \dfrac{\sin z}{z}\mathrm{d}z,\ C:|z|=\dfrac{3}{2}$;

(4) $\oint_C \dfrac{3z^3+2}{(z-1)(z^2+9)}\mathrm{d}z,\ C:|z|=4$.

10. 判定 $z=\infty$ 是下列各函数的什么奇点? 并求出在 ∞ 的留数.

(1) $\mathrm{e}^{\frac{1}{z^2}}$;

(2) $\cos z-\sin z$;

(3) $\dfrac{2z}{3+z^2}$.

11. 设函数 $f(z)$ 在 $z=\infty$ 有可去奇点, 求 $\mathrm{Res}[f^2(z),\,\infty]$.

12. 计算下列各积分, C 为正向圆周.

(1) $\oint_C \dfrac{\mathrm{d}z}{z^3(z^{10}-2)},C:|z|=2$;

(2) $\oint_C \dfrac{z^3}{1+z}\mathrm{e}^{\frac{1}{z}}\mathrm{d}z,\ C:|z|=2$.

13. 试求下列各积分的值.

(1) $\displaystyle\int_0^{2\pi}\dfrac{1}{5+3\sin\theta}\mathrm{d}\theta$;

(2) $\displaystyle\int_{-\infty}^{+\infty}\dfrac{\cos x}{x^2+4x+5}\mathrm{d}x$;

(3) $\displaystyle\int_{-\infty}^{+\infty}\dfrac{\mathrm{d}x}{(1+x^2)^2}$;

(4) $\displaystyle\int_{-\infty}^{+\infty}\dfrac{x\mathrm{d}x}{(1+x^2)(x^2+2x+2)}$.

14. 假设解析函数 $f(z)$ 在 z_0 点有 m 阶零点, 试问函数 $F(z)=\displaystyle\int_{z_0}^z f(\xi)\mathrm{d}\xi$ 在点 z_0 的性质如何?

15. 设 $f(z)$ 在 z 平面上解析, $f(z)=\displaystyle\sum_{n=0}^{\infty}a_n z^n$, 则对任一正数 k, 求 $\mathrm{Res}\left[\dfrac{f(z)}{z^k},\,0\right]$.

16. 若 $f(z)$ 和 $g(z)$ 在点 z_0 处解析, 而且 $f(z_0)\neq 0$, $g(z)$ 以 z_0 为二阶零点, 证明:

$$\mathrm{Res}\left[\dfrac{f(z)}{g(z)},\,z_0\right]=\dfrac{a_1b_2-a_0b_3}{b_2^2}$$

其中 $a_k=\dfrac{1}{k!}f^{(k)}(z_0)$, $b_k=\dfrac{1}{k!}g^{(k)}(z_0)$, $k=0,1,2,3$.

17. 设 $\varphi(z)$ 在 z_0 处解析, $\varphi(z_0)\neq 0$. 证明:

(1) 若 $f(z)$ 在 z_0 的邻域内解析, 且以 z_0 为 n 阶零点, 则

$$\mathrm{Res}\left[\dfrac{\varphi(z)f'(z)}{f(z)},z_0\right]=n\varphi(z_0)$$

(2) 若 $f(z)$ 在 z_0 的邻域内除以 z_0 为 n 阶极点外处处解析, 则

$$\mathrm{Res}\left[\dfrac{\varphi(z)f'(z)}{f(z)},z_0\right]=-n\varphi(z_0)$$

18. 函数 $f(z) = \dfrac{1}{z(z-1)^2}$ 在 $z = 1$ 处有一个二阶极点; 这个函数又有下列洛朗展开式:

$$\frac{1}{z(z-1)^2} = \cdots + \frac{1}{(z-1)^5} - \frac{1}{(z-1)^4} + \frac{1}{(z-1)^3}, \quad |z-1| > 1$$

所以 "$z = 1$ 又是 $f(z)$ 的本性奇点"; 又其中不含 $(z-1)^{-1}$ 幂, 因此 $\mathrm{Res}\,[f(z), 1] = 0$, 这些说法对吗?

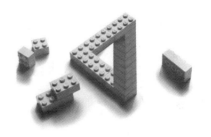

第6章
傅里叶变换

在自然科学和工程技术中为了把较复杂的运算转化为较简单的运算, 人们常常采用所谓变换的方法来达到目的. 例如在初等数学中, 数量的乘积和商可以通过对数变换化为较简单的加法和减法运算. 在工程数学里积分变换能够将分析运算 (如微分、积分) 转化为代数运算. 正是积分变换的这一特性, 使得它在微分方程和其他方程的求解中成为重要方法之一. 积分变换的理论和方法不仅在数学的诸多分支中得到广泛应用, 而且在许多科学技术领域中, 例如在物理学、力学、无线电技术以及信号处理等方面, 作为一种研究工具无论是过去还是现在都在发挥着极为重要的作用.

所谓积分变换起源于 19 世纪的运算微积, 英国著名的无线电工程师赫维赛德 (Heaviside) 在用它求解电工学、物理学等领域中的线性微分方程的过程中逐步形成一种所谓的符号法, 后来符号法又演变成今天的积分变换法. 所谓积分变换, 就是通过积分运算把属于某函数类 A 的函数 $f(t)$, 通过含参变量 τ 的积分

$$F(\tau) = \int_a^b f(t)K(t,\tau)\mathrm{d}t$$

变为另一函数类 B 中的函数 $F(\tau)$, 这里 $K(t,\tau)$ 是一个确定的二元函数, 通常称为该积分变换的核, $f(t)$ 称为像原函数, $F(\tau)$ 称为 $f(t)$ 的像函数. 当选取不同的积分域和核函数时, 就得到不同名称的积分变换. 特别当核函数 $K(t,\omega) = \mathrm{e}^{-\mathrm{i}\omega t}$, $a = -\infty$, $b = +\infty$ 时, 即

$$F(\omega) = \int_{-\infty}^{\infty} f(t)\mathrm{e}^{-\mathrm{i}\omega t}\mathrm{d}t$$

称为函数 $f(t)$ 的傅里叶 (Fourier) 变换.

本章就一维情形介绍傅里叶变换的定义、存在条件及其简单性质.

6.1 傅里叶积分与傅里叶积分定理

在工科数学分析中, 我们曾经讨论函数的傅里叶展开问题. 如果一个以 T 为周期的函数 $f_T(t)$ 在 $\left[-\dfrac{T}{2}, \dfrac{T}{2}\right]$ 上满足狄利克雷 (Dirichlet) 条件, 即

(1) 除去有限个第一类间断点外, 处处连续;

(2) 分段单调, 单调区间的个数有限,

则 $f_T(x)$ 的傅里叶级数

$$f_T(t) \sim \frac{a_0}{2} + \sum_{n=1}^{\infty} [a_n \cos(n\omega t) + b_n \sin(n\omega t)] \tag{6.1.1}$$

在 $\left[-\dfrac{T}{2}, \dfrac{T}{2}\right]$ 上处处收敛, 且在 $f_T(t)$ 的连续点处级数 (6.1.1) 收敛于 $f_T(t)$, 其中

$$\omega = \frac{2\pi}{T}, \quad a_0 = \frac{2}{T} \int_{-T/2}^{T/2} f_T(t)\mathrm{d}t$$

$$a_n = \frac{2}{T} \int_{-T/2}^{T/2} f_T(t) \cos(n\omega t)\mathrm{d}t \quad (n = 1, 2, 3, \cdots)$$

$$b_n = \frac{2}{T} \int_{-T/2}^{T/2} f_T(t) \sin(n\omega t)\mathrm{d}t \quad (n = 1, 2, 3, \cdots)$$

在电子技术中为了方便起见, 常利用欧拉公式

$$\cos t = (\mathrm{e}^{\mathrm{i}t} + \mathrm{e}^{-\mathrm{i}t})/2, \quad \sin t = (\mathrm{e}^{\mathrm{i}t} + \mathrm{e}^{-\mathrm{i}t})/(2\mathrm{i}) \tag{6.1.2}$$

把函数 $f_T(t)$ 的傅里叶级数改写成复数形式, 将式 (6.1.2) 代入式 (6.1.1) 中, 则在 $f_T(t)$ 的连续点处

$$
\begin{aligned}
f_T(t) &= \frac{a_0}{2} + \sum_{n=1}^{\infty} [a_n \cos(n\omega t) + b_n \sin(n\omega t)] \\
&= \frac{a_0}{2} + \sum_{n=1}^{\infty} \left[\frac{a_n}{2}(\mathrm{e}^{\mathrm{i}n\omega t} + \mathrm{e}^{-\mathrm{i}n\omega t}) - \frac{\mathrm{i}b_n}{2}(\mathrm{e}^{\mathrm{i}n\omega t} + \mathrm{e}^{-\mathrm{i}n\omega t}) \right] \\
&= \frac{a_0}{2} + \sum_{n=1}^{\infty} \left(\frac{a_n - \mathrm{i}b_n}{2}\mathrm{e}^{\mathrm{i}n\omega t} + \frac{a_n + \mathrm{i}b_n}{2}\mathrm{e}^{-\mathrm{i}n\omega t} \right)
\end{aligned}
$$

若记

$$C_0 = \frac{a_0}{2}, \quad C_n = \frac{a_n - \mathrm{i}b_n}{2}, \quad C_{-n} = \frac{a_n + \mathrm{i}b_n}{2} \quad (n = 1, 2, 3, \cdots)$$

则得到 $f_T(t)$ 的傅里叶级数的指数形式

$$f_T(t) = C_0 + \sum_{n=1}^{\infty} (C_n \mathrm{e}^{\mathrm{i}n\omega t} + C_{-n}\mathrm{e}^{-\mathrm{i}n\omega t}) = \sum_{n=-\infty}^{\infty} C_n \mathrm{e}^{\mathrm{i}n\omega t} \qquad (6.1.3)$$

这里

$$C_0 = \frac{a_0}{2} = \frac{1}{2}\frac{2}{T}\int_{-T/2}^{T/2} f_T(t)\mathrm{d}t = \frac{1}{T}\int_{-T/2}^{T/2} f_T(t)\mathrm{d}t$$

$$C_n = \frac{a_n - \mathrm{i}b_n}{2}$$

$$= \frac{1}{2}\frac{2}{T}\left[\int_{-T/2}^{T/2} f_T(t)\cos(n\omega t)\mathrm{d}t - \mathrm{i}\int_{-T/2}^{T/2} f_T(t)\sin(n\omega t)\mathrm{d}t\right]$$

$$= \frac{1}{T}\int_{-T/2}^{T/2} f_T(t)[\cos(n\omega t) - \mathrm{i}\sin(n\omega t)]\mathrm{d}t$$

$$= \frac{1}{T}\int_{-T/2}^{T/2} f_T(t)\mathrm{e}^{-\mathrm{i}n\omega t}\mathrm{d}t \quad (n = 1, 2, 3, \cdots)$$

同理

$$C_{-n} = \frac{1}{T}\int_{-T/2}^{T/2} f_T(t)\mathrm{e}^{\mathrm{i}n\omega t}\mathrm{d}t \quad (n = 1, 2, 3, \cdots)$$

上面三式可以统一写成一个式子

$$C_n = \frac{1}{T}\int_{-T/2}^{T/2} f_T(t)\mathrm{e}^{-\mathrm{i}n\omega t}\mathrm{d}t \quad (n = 0, \pm1, \pm2, \pm3, \cdots)$$

若记

$$\omega_n = n\omega \quad (n = 0, \pm1, \pm2, \pm3, \cdots)$$

则式 (6.1.3) 也可写

$$f_T(t) = \frac{1}{T}\sum_{n=-\infty}^{\infty}\left[\int_{-T/2}^{T/2} f_T(t)\mathrm{e}^{-\mathrm{i}\omega_n t}\mathrm{d}t\right]\mathrm{e}^{\mathrm{i}\omega_n t} \qquad (6.1.4)$$

　　下面我们讨论定义在整个实轴上, 但是非周期函数的展开问题. 希望对后面引入的傅里叶积分能有个直观认识.

　　设函数 $f(t)$ 在实轴上处处有定义, 我们把这个函数在 $-\dfrac{T}{2}$ 与 $\dfrac{T}{2}$ 之间的一部分独立出来, 而在 $\left[-\dfrac{T}{2}, \dfrac{T}{2}\right]$ 之外, 将不是 $f(t)$, 而是把独立出来的 $f(t)$ 在 $\left[-\dfrac{T}{2}, \dfrac{T}{2}\right]$ 内的一部分按照周期 T 向右向左延拓后而获得的函数, 见图 6.1.1. 如果记这个由 $f(t)$ 所产生的函数为 $f_T(t)$, 则显然 $f_T(t)$ 是一个以 T 为周期的周期函数. 当 T 越大, 则 $f_T(t)$ 与 $f(t)$ 相等的范围也越大. 当 T 趋向于 $+\infty$ 时, 则以 T 为周期的函数 $f_T(t)$ 的极限转化为 $f(t)$, 即

$$\lim_{T\to\infty} f_T(t) = f(t)$$

综上所述, 任何一个非周期函数 $f(t)$ 都可以看成是由以 T 为周期的函数 $f_T(t)$ 当 T 趋向于 $+\infty$ 时转化而来的. 这个结论为我们将非周期函数展开为无穷多个周期函数的叠加提供了途径. 究竟一个非周期函数 $f(t)$ 在什么样的条件下可以用傅氏积分公式表示, 请看下面的定理.

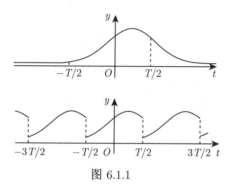

图 6.1.1

定理 6.1.1 (傅氏积分定理) 如果定义在 $(-\infty, +\infty)$ 上的函数 $f(t)$ 满足下列条件:

(1) $f(t)$ 在任一有限区间上满足狄利克雷条件;

(2) $f(t)$ 在 $(-\infty, +\infty)$ 上绝对可积, 即

$$\int_{-\infty}^{+\infty} |f(t)|\mathrm{d}t < +\infty$$

则 $f(t)$ 如下的傅里叶积分公式收敛, 且

$$\frac{1}{2\pi} \int_{-\infty}^{+\infty} \left[\int_{-\infty}^{+\infty} f(t)\mathrm{e}^{-\mathrm{i}\omega t}\mathrm{d}t \right] \mathrm{e}^{\mathrm{i}\omega t}\mathrm{d}\omega^{①}$$

$$= \begin{cases} f(t), & t \text{ 是} f(t) \text{的连续点} \\ \dfrac{f(t+0) + f(t-0)}{2}, & t \text{ 是} f(t) \text{的第一类间断点} \end{cases} \quad (6.1.5)$$

例 6.1.1 设单个方脉冲函数

$$f(t) = \begin{cases} 0, & -\infty < t \leqslant -\tau/2 \\ E, & -\tau/2 < t < \tau/2 \qquad (\tau, E > 0) \\ 0, & \tau/2 \leqslant t < +\infty \end{cases}$$

---

① 式 (6.1.5) 中的广义积分是柯西 (Cauchy) 主值意义下的积分, 即

$$\int_{-\infty}^{+\infty} f(t)\mathrm{d}t = \lim_{P \to +\infty} \int_{-P}^{P} f(t)\mathrm{d}t$$

求 $f(t)$ 的傅氏积分.

解　函数 $f(t)$ 满足傅氏积分定理的条件, 所以

$$f(t) = \frac{1}{2\pi} \int_{-\infty}^{+\infty} \left[\int_{-\infty}^{+\infty} f(t) \mathrm{e}^{-\mathrm{i}\omega t} \mathrm{d}t \right] \mathrm{e}^{\mathrm{i}\omega t} \mathrm{d}\omega = \frac{1}{2\pi} \int_{-\infty}^{+\infty} \left[\int_{-\tau/2}^{\tau/2} E \mathrm{e}^{-\mathrm{i}\omega t} \mathrm{d}t \right] \mathrm{e}^{\mathrm{i}\omega t} \mathrm{d}\omega$$

$$= \frac{1}{2\pi} \int_{-\infty}^{+\infty} - \left. \frac{E\mathrm{e}^{-\mathrm{i}\omega t}}{\mathrm{i}\omega} \right|_{-\tau/2}^{\tau/2} \mathrm{e}^{\mathrm{i}\omega t} \mathrm{d}\omega = \frac{E}{\pi} \int_{-\infty}^{+\infty} \frac{\sin \dfrac{\omega\tau}{2}}{\omega} \mathrm{e}^{\mathrm{i}\omega t} \mathrm{d}\omega$$

这就是函数 $f(t)$ 的傅氏积分表达式.

式 (6.1.5) 是 $f(t)$ 的傅氏积分公式的指数形式, 但是在实际应用中, 常利用欧拉公式把它转化成三角形式, 事实上

$$f(t) = \frac{1}{2\pi} \int_{-\infty}^{+\infty} \left[\int_{-\infty}^{+\infty} f(\tau) \mathrm{e}^{-\mathrm{i}\omega\tau} \mathrm{d}\tau \right] \mathrm{e}^{\mathrm{i}\omega t} \mathrm{d}\omega$$

$$= \frac{1}{2\pi} \int_{-\infty}^{+\infty} \left[\int_{-\infty}^{+\infty} f(\tau) \mathrm{e}^{\mathrm{i}\omega(t-\tau)} \mathrm{d}\tau \right] \mathrm{d}\omega$$

$$= \frac{1}{2\pi} \int_{-\infty}^{+\infty} \left[\int_{-\infty}^{+\infty} f(\tau) \cos\omega(t-\tau) \mathrm{d}\tau + \mathrm{i} \int_{-\infty}^{+\infty} f(\tau) \sin\omega(t-\tau) \mathrm{d}\tau \right] \mathrm{d}\omega$$

因为

$$\int_{-\infty}^{+\infty} f(\tau) \sin\omega(t-\tau) \mathrm{d}\tau$$

是 ω 的奇函数, 所以

$$\int_{-\infty}^{+\infty} \left[\int_{-\infty}^{+\infty} f(\tau) \sin\omega(t-\tau) \mathrm{d}\tau \right] \mathrm{d}\omega = 0$$

又因为

$$\int_{-\infty}^{+\infty} f(\tau) \cos\omega(t-\tau) \mathrm{d}\tau$$

是 ω 的偶函数, 所以

$$\int_{-\infty}^{+\infty} \left[\int_{-\infty}^{+\infty} f(\tau) \cos\omega(t-\tau) \mathrm{d}\tau \right] \mathrm{d}\omega = 2 \int_{0}^{+\infty} \left[\int_{-\infty}^{+\infty} f(\tau) \cos\omega(t-\tau) \mathrm{d}\tau \right] \mathrm{d}\omega$$

从而

$$f(t) = \frac{1}{\pi} \int_{0}^{+\infty} \left[\int_{-\infty}^{+\infty} f(\tau) \cos\omega(t-\tau) \mathrm{d}\tau \right] \mathrm{d}\omega \tag{6.1.6}$$

这就是 $f(t)$ 的傅氏积分公式的三角形式. 如果记

$$a(\omega) = \frac{1}{\pi} \int_{-\infty}^{+\infty} f(t) \cos\omega t \mathrm{d}t$$

$$b(\omega) = \frac{1}{\pi} \int_{-\infty}^{+\infty} f(t) \sin \omega t \mathrm{d}t$$

利用三角公式, 式 (6.1.6) 又可以写成

$$
\begin{aligned}
f(t) &= \frac{1}{\pi} \int_0^{+\infty} \left[\int_{-\infty}^{+\infty} f(\tau)(\cos \omega t \cos \omega \tau + \sin \omega t \sin \omega \tau) \mathrm{d}\tau \right] \mathrm{d}\omega \\
&= \int_0^{\infty} \left\{ \left[\frac{1}{\pi} \int_{-\infty}^{+\infty} f(\tau) \cos \omega \tau \mathrm{d}\tau \right] \cos \omega t + \left[\frac{1}{\pi} \int_{-\infty}^{+\infty} f(\tau) \sin \omega \tau \mathrm{d}\tau \right] \sin \omega t \right\} \mathrm{d}\omega \\
&= \int_0^{+\infty} [a(\omega) \cos \omega t + b(\omega) \sin \omega t] \mathrm{d}\omega
\end{aligned}
\tag{6.1.7}
$$

这就是类似于傅氏级数形式的傅氏积分展开式.

例 6.1.2 求指数衰减函数

$$
f(t) = \begin{cases} 0, & t < 0 \\ \mathrm{e}^{-\beta t}, & t > 0 \end{cases} \qquad (\beta > 0)
$$

的傅氏积分公式的三角形式.

解 由于

$$
\begin{aligned}
\int_{-\infty}^{+\infty} f(\tau) \cos \omega(t - \tau) \mathrm{d}\tau &= \int_0^{+\infty} \mathrm{e}^{-\beta \tau} \cos \omega(t - \tau) \mathrm{d}\tau \\
&= \frac{\beta}{\beta^2 + \omega^2} \cos \omega t + \frac{\omega}{\beta^2 + \omega^2} \sin \omega t
\end{aligned}
$$

于是 $f(t)$ 的傅氏积分公式的三角形式为

$$
f(t) = \frac{1}{\pi} \int_0^{+\infty} \frac{\beta \cos \omega t}{\beta^2 + \omega^2} \mathrm{d}\omega + \frac{1}{\pi} \int_0^{+\infty} \frac{\omega \sin \omega t}{\beta^2 + \omega^2} \mathrm{d}\omega
$$

由工科数学分析知, 上式第一个积分为 $t < 0$ 时等于 $\frac{1}{2}\mathrm{e}^{\beta t}$, 而当 $t > 0$ 时等于 $\frac{1}{2}\mathrm{e}^{-\beta t}$. 第二个积分为 $t < 0$ 时, 等于 $-\frac{1}{2}\mathrm{e}^{\beta t}$, 而当 $t > 0$ 时等于 $\frac{1}{2}\mathrm{e}^{-\beta t}$. 于是它们的和当 $t < 0$ 时等于零, 而在 $t > 0$ 时等于 $\mathrm{e}^{-\beta t}$. 于是重新得到了函数 $f(t)$.

6.2 傅里叶变换与傅里叶逆变换

定义 6.2.1 设函数 $f(t)$ 满足傅氏积分定理条件. 称表达式

$$
F(\omega) = \int_{-\infty}^{+\infty} f(t) \mathrm{e}^{-\mathrm{i}\omega t} \mathrm{d}t
\tag{6.2.1}
$$

为 $f(t)$ 的**傅氏变换式**, 记作 $F(\omega) = \mathcal{F}[f(t)]$, 称函数 $F(\omega)$ 为 $f(t)$ 的**傅氏变换**. 称表达式

$$f(t) = \frac{1}{2\pi} \int_{-\infty}^{+\infty} F(\omega) \mathrm{e}^{\mathrm{i}\omega t} \mathrm{d}\omega \tag{6.2.2}$$

为 $F(\omega)$ 的**傅氏逆变换式**, 记作 $f(t) = \mathcal{F}^{-1}[F(\omega)]$, 称函数 $f(t)$ 为 $F(\omega)$ 的**傅氏逆变换**.

在定义 6.2.1 中的公式 (6.2.1), (6.2.2) 下, 原来的函数就可由连续做两次变换而得到. 然而, 公式 (6.2.2) 定义的变换与公式 (6.2.1) 定义的变换并不完全一样. 这就是我们用傅氏变换与傅氏逆变换区分这两种变换的理由. 有时也称 $F(\omega)$ 为 $f(t)$ 的傅氏变换的**像函数**, $f(t)$ 为 $F(\omega)$ 的**像原函数**, 即像函数 $F(\omega)$ 与像原函数 $f(t)$ 构成了一对傅氏变换对.

在定义 6.2.1 中我们要求函数 $f(t)$ 满足傅氏积分定理的条件, 保证了公式 (6.2.1) 和 (6.2.2) 中的广义积分收敛, 即 $f(t)$ 的傅氏变换 $F(\omega)$ 存在, 且 $F(\omega)$ 的逆变换也同时存在, 事实上根据傅氏积分定理, 有

$$\frac{1}{2\pi} \int_{-\infty}^{+\infty} F(\omega) \mathrm{e}^{\mathrm{i}\omega t} \mathrm{d}\omega = \begin{cases} f(t), & t \text{ 为} f(t) \text{的连续点} \\ \frac{1}{2}[f(t+0) + f(t-0)], & t \text{ 为} f(t) \text{的不连续点} \end{cases}$$

换言之, 只要 $f(t)$ 满足傅氏积分定理条件, 则 $F(\omega)$ 存在, 且 $f(t)$ 与 $F(\omega)$ 可通过相应的积分相互表达, 略去间断点方能有 (6.2.2) 式成立.

傅氏变换还有另外两种常见的定义, 即

$$F_1(\omega) = \int_{-\infty}^{+\infty} f(t) \mathrm{e}^{-\mathrm{i}2\pi\omega t} \mathrm{d}t$$

$$f(t) = \int_{-\infty}^{+\infty} F_1(\omega) \mathrm{e}^{\mathrm{i}2\pi\omega t} \mathrm{d}\omega$$

和

$$F_2(\omega) = \frac{1}{\sqrt{2\pi}} \int_{-\infty}^{+\infty} f(t) \mathrm{e}^{-\mathrm{i}\omega t} \mathrm{d}t$$

$$f(t) = \frac{1}{\sqrt{2\pi}} \int_{-\infty}^{+\infty} F_2(\omega) \mathrm{e}^{\mathrm{i}\omega t} \mathrm{d}\omega$$

经计算 $F(\omega)$, $F_1(\omega)$ 和 $F_2(\omega)$ 三者之间存在以下关系:

$$F(\omega) = F_1\left(\frac{\omega}{2\pi}\right) = \sqrt{2\pi} F_2(\omega) \tag{6.2.3}$$

上述不同形式的定义, 在很大程度上由习惯所决定. 我们在实际应用中, 可根据具体问题选用. 本书将采用 (6.2.1) 和 (6.2.2) 规定的形式.

例 6.2.1 求指数衰减函数 $f(t) = \begin{cases} 0, & t < 0 \\ e^{-\beta t}, & t > 0 \end{cases}$ $(\beta > 0)$ 的傅氏变换.

解 根据式 (6.2.1), 得

$$F(\omega) = \mathcal{F}[f(t)] = \int_{-\infty}^{+\infty} f(t)e^{-i\omega t}dt = \int_{0}^{+\infty} e^{-\beta t}e^{-i\omega t}dt = \int_{0}^{+\infty} e^{-(\beta+i\omega)t}dt$$

$$= -\frac{1}{\beta+i\omega}e^{-(\beta+i\omega)t}\Big|_{0}^{+\infty} = \frac{1}{\beta+i\omega} = \frac{\beta-i\omega}{\beta^2+\omega^2}$$

例 6.2.2 求三角脉冲函数

$$f(t) = \begin{cases} \dfrac{2E}{\tau}\left(t+\dfrac{\tau}{2}\right), & -\dfrac{\tau}{2} < t < 0 \\ -\dfrac{2E}{\tau}\left(t-\dfrac{\tau}{2}\right), & 0 \leqslant t < \dfrac{\tau}{2} \\ 0, & |t| \geqslant \dfrac{\tau}{2} \end{cases}$$

的傅氏变换及其积分表达式, 其中 $E, \tau > 0$.

解 由于三角脉冲函数是偶函数, 所以

$$F(\omega) = \mathcal{F}[f(t)] = \int_{-\infty}^{+\infty} f(t)e^{-i\omega t}dt = \int_{-\infty}^{+\infty} f(t)\cos\omega t dt$$

$$= 2\int_{0}^{\tau/2}\left[-\frac{2E}{\tau}\left(t-\frac{\tau}{2}\right)\cos\omega t\right]dt$$

$$= -\frac{4E}{\tau}\left[\int_{0}^{\tau/2} t\cos\omega t dt - \frac{\tau}{2}\int_{0}^{\tau/2}\cos\omega t dt\right]$$

$$= -\frac{4E}{\tau}\frac{1}{\omega^2}\left(\cos\frac{\omega\tau}{2}-1\right) = \frac{8E}{\tau\omega^2}\sin^2\frac{\omega\tau}{4}$$

这便是三角脉冲函数的傅氏变换. 下面求三角脉冲函数的积分表达式.

根据式 (6.2.2), 并利用奇、偶函数的积分性质, 可得

$$f(t) = \mathcal{F}^{-1}[F(\omega)] = \frac{1}{2\pi}\int_{-\infty}^{+\infty} F(\omega)e^{i\omega t}d\omega = \frac{1}{2\pi}\int_{-\infty}^{+\infty}\frac{8E}{\tau\omega^2}\sin\frac{2\omega\tau}{4}e^{i\omega t}d\omega$$

$$= \frac{4E}{\pi\tau}\int_{-\infty}^{+\infty}\frac{\sin^2\dfrac{\omega\tau}{4}\cos\omega t}{\omega^2}d\omega = \frac{8E}{\pi\tau}\int_{0}^{+\infty}\frac{\sin^2\dfrac{\omega\tau}{4}\cos\omega t}{\omega^2}d\omega$$

例 6.2.3 求钟形脉冲函数 $f(t) = Ee^{-\beta t^2}$ 的傅氏变换及其积分表达式.

解 根据公式 (6.2.1), 得

$$F(\omega) = \mathcal{F}[f(t)] = \int_{-\infty}^{+\infty} Ee^{-\beta t^2}e^{-i\omega t}dt = E\int_{-\infty}^{+\infty} e^{-\beta\left(t^2+\frac{i\omega}{\beta}\right)}dt$$

$$= E \int_{-\infty}^{+\infty} \mathrm{e}^{-\beta\left[\left(t+\frac{\mathrm{i}\omega}{2\beta}\right)^2+\frac{\omega^2}{4\beta^2}\right]} \mathrm{d}t = E\mathrm{e}^{-\frac{\omega^2}{4\beta}} \int_{-\infty}^{+\infty} \mathrm{e}^{-\beta\left(t+\frac{\omega}{2\beta}\mathrm{i}\right)^2} \mathrm{d}t \quad (6.2.4)$$

在上式中, 令 $z = t + \mathrm{i}\dfrac{\omega}{2\beta}$, 则

$$\int_{-\infty}^{+\infty} \mathrm{e}^{-\beta\left(t+\mathrm{i}\frac{\omega}{2\beta}\right)^2} \mathrm{d}t = \int_{-\infty+\mathrm{i}\frac{\omega}{2\beta}}^{+\infty+\mathrm{i}\frac{\omega}{2\beta}} \mathrm{e}^{-\beta z^2} \mathrm{d}z \quad (6.2.5)$$

可见上式右端的积分为一复变函数积分. 欲求之, 注意到 $\mathrm{e}^{-\beta z^2}$ 在 z 平面上处处解析, 构造图 6.2.1 所示的闭围路 E: 矩形 $ABCDA$.

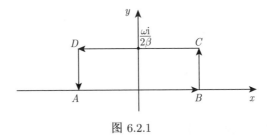

图 6.2.1

根据复变函数的柯西积分定理, 可得

$$\oint_E \mathrm{e}^{-\beta z^2} \mathrm{d}z = 0$$

注意到上式对任意正实数 R 恒成立, 必有

$$\lim_{R\to+\infty} \oint_E \mathrm{e}^{-\beta z^2} \mathrm{d}z = 0 \quad (6.2.6)$$

另一方面由复变函数积分性质, 知

$$\oint_E \mathrm{e}^{-\beta z^2} \mathrm{d}z = \int_{-R}^{R} \mathrm{e}^{-\beta t^2} \mathrm{d}t + \int_{R}^{R+\mathrm{i}\omega/(2\beta)} \mathrm{e}^{-\beta z^2} \mathrm{d}z$$
$$+ \int_{R+\mathrm{i}\omega/(2\beta)}^{-R+\mathrm{i}\omega/(2\beta)} \mathrm{e}^{-\beta z^2} \mathrm{d}z + \int_{-R+\mathrm{i}\omega/(2\beta)}^{-R} \mathrm{e}^{-\beta z^2} \mathrm{d}z \quad (6.2.7)$$

而

$$\lim_{R\to+\infty} \int_{-R}^{R} \mathrm{e}^{-\beta t^2} \mathrm{d}t = \int_{-\infty}^{+\infty} \mathrm{e}^{-\beta t^2} \mathrm{d}t = \sqrt{\frac{\pi}{\beta}}^{[1]}$$

---

[1] 此积分结果可由概率积分

$$\int_{-\infty}^{+\infty} \mathrm{e}^{-t^2} \mathrm{d}t = \sqrt{\pi}$$

$$\lim_{R\to+\infty}\left|\int_R^{R+\mathrm{i}\omega/(2\beta)}\mathrm{e}^{-\beta z^2}\mathrm{d}z\right|\leqslant\lim_{R\to+\infty}\int_R^{R+\mathrm{i}\omega/(2\beta)}|\mathrm{e}^{-\beta z^2}|\mathrm{d}s$$

推得

$$\lim_{R\to+\infty}\int_0^{\omega/(2\beta)}|\mathrm{e}^{-\beta(R+\mathrm{i}t)^2}|\mathrm{d}t\leqslant\lim_{R\to+\infty}\int_0^{\omega/(2\beta)}|\mathrm{e}^{-\beta R^2}\mathrm{e}^{\beta t^2}|\mathrm{d}t$$

$$=\lim_{R\to+\infty}\mathrm{e}^{-\beta R^2}\int_0^{\omega/(2\beta)}\mathrm{e}^{\beta t^2}\mathrm{d}t=0$$

从而

$$\lim_{R\to+\infty}\int_R^{R+\mathrm{i}\omega/(2\beta)}\mathrm{e}^{-\beta z^2}\mathrm{d}z=0$$

同理

$$\lim_{R\to+\infty}\int_{-R+\mathrm{i}\omega/(2\beta)}^{-R}\mathrm{e}^{-\beta z^2}\mathrm{d}z=0$$

结合式 (6.2.6) 和式 (6.2.7) 及上述结果, 可得

$$\sqrt{\frac{\pi}{\beta}}+\int_{+\infty+\mathrm{i}\omega/(2\beta)}^{-\infty+\mathrm{i}\omega/(2\beta)}\mathrm{e}^{-\beta z^2}\mathrm{d}z=0$$

或

$$\int_{-\infty+\mathrm{i}\omega/(2\beta)}^{+\infty+\mathrm{i}\omega/(2\beta)}\mathrm{e}^{-\beta z^2}\mathrm{d}z=\sqrt{\frac{\pi}{\beta}}$$

将上式代入式 (6.2.5), 于是

$$F(\omega)=\mathcal{F}[f(t)]=E\mathrm{e}^{-\omega^2/(4\beta)}\sqrt{\frac{\pi}{\beta}}$$

利用式 (6.2.2), 得

$$f(t)=E\mathrm{e}^{-\beta t^2}=\mathcal{F}^{-1}[F(\omega)]=\frac{1}{2\pi}\int_{-\infty}^{+\infty}E\mathrm{e}^{-\omega^2/(4\beta)}\sqrt{\frac{\pi}{\beta}}\mathrm{e}^{\mathrm{i}\omega t}\mathrm{d}\omega$$

$$=\frac{E}{2\sqrt{\beta\pi}}\int_{-\infty}^{+\infty}\mathrm{e}^{-\omega^2/(4\beta)}\cos\omega t\mathrm{d}\omega=\frac{E}{\sqrt{\beta\pi}}\int_0^{+\infty}\mathrm{e}^{-\omega^2/(4\beta)}\cos\omega t\mathrm{d}\omega$$

这便是钟形脉冲函数 $f(t)=E\mathrm{e}^{-\beta t^2}$ 的积分表达式.

由此还可以得到如下含参变量 t 广义积分的结果

$$\int_0^{+\infty}\mathrm{e}^{-\omega^2/(4\beta)}\cos\omega t\mathrm{d}\omega=\sqrt{\beta\pi}\mathrm{e}^{-\beta t^2}$$

由上面的例子可见求某些函数的傅氏变换可能相当复杂. 另一方面有些非常简单并且在工程上经常应用的函数由于不满足傅氏积分存在定理条件, 例如单位阶跃函数

$$u(t) = \begin{cases} 0, & t < 0 \\ 1, & t > 0 \end{cases}$$

的傅氏变换就不存在, 这样就限制了在本节定义下的傅氏变换的应用. 为了扩大傅氏变换的应用范围, 推广本节的傅氏变换的定义是必要的.

6.3   单位脉冲函数

1. 单位脉冲函数的概念

在物理学和工程技术问题中, 人们经常要考虑质量和能量在空间或时间上高度集中的各种现象, 即脉冲性质. 单位脉冲函数——δ-函数就是用来描述这类物理模型的数学工具. 为了能够比较自然地引进 δ-函数, 现举两个实例.

例 6.3.1   在原来电流为零的电路中, 在时间 $t = 0$ 的时刻进入一单位电量的脉冲, 现在要确定电路上的电流强度 $i = i(t)$.

解   以 $q(t)$ 表示电路中的电荷函数, 则

$$q(t) = \begin{cases} 0, & t \neq 0 \\ 1, & t = 0 \end{cases}$$

注意到电流强度 $i(t)$ 应为电荷函数 $q(t)$ 关于时间 t 的导数, 即

$$i(t) = q'(t) = \lim_{\Delta t \to 0} \frac{q(t + \Delta t) - q(t)}{\Delta t}$$

于是当 $t \neq 0$ 时, 有

$$i(t) = \lim_{\Delta t \to 0} \frac{q(t + \Delta t) - q(t)}{\Delta t} = \lim_{\Delta t \to 0} \frac{0}{\Delta t} = 0$$

当 $t = 0$ 时, 有

$$i(0) = \lim_{\Delta t \to 0} \frac{q(0 + \Delta t) - q(0)}{\Delta t} = \lim_{\Delta t \to 0} \left(-\frac{1}{\Delta t} \right) = \infty$$

此外, 如果记电路在 $t = 0$ 以后的总电量为 q, 还有

$$q = \int_{-\infty}^{+\infty} i(t)\mathrm{d}t = 1$$

例 6.3.2   设在 x 轴上点 $x = x_0$ 处集中分布一单位质量的物质, 而在其他点处都没有物质分布, 试确定 x 轴上各点处的物质分布密度函数 $\rho(x)$.

解 设 $m[a,b]$ 表示分布在区间 $[a,b]$ 上的物质总质量, 且 $x \in [a,b]$. 令 $\Delta = b - a$, 则

$$\rho(x) = \lim_{\Delta \to 0} \frac{m[a,b]}{\Delta} = \begin{cases} 0, & x \neq x_0 \\ \infty, & x = x_0 \end{cases}$$

且分布在整个 x 轴上的物质总质量

$$m(-\infty, \infty) = \int_{-\infty}^{+\infty} \rho(x)\mathrm{d}x = 1$$

观察例 6.3.1 和例 6.3.2, 函数 $i(t)$ 和 $\rho(x)$ 都反映了集中分布的物理量的物理特性. 显然类似的例子不胜枚举, 而所谓的 δ-函数正是将诸如例 6.3.1 和例 6.3.2 为物理背景的函数 $i(t)$ 和 $\rho(x)$ 等加以抽象概括而引入数学园地来的, 并反过来作为一个强有力的数学工具不仅在数学本身, 而且在工程技术领域中都得到了广泛的应用.

定义 6.3.1 称一个函数为 δ-函数, 并记之为 $\delta(t)$, 如果它满足

$$\delta(t) = \begin{cases} 0, & t \neq 0 \\ \infty, & t = 0 \end{cases} \tag{6.3.1}$$

$$\int_{-\infty}^{+\infty} \delta(t)\mathrm{d}t = 1 \tag{6.3.2}$$

从定义 6.3.1 可知, δ-函数已经不再是工科数学分析所论述的函数了. 因为在工科数学分析中, 所谓无穷大 "∞" 是指 "无限变大" 的意思, 而任何一个普遍函数, 都不会在其定义域内某一点处等于 ∞. 另一方面, 工科数学分析中的一个广为人知的结论: 对于黎曼可积的函数改变其有限个点处的函数值不会影响该函数的积分值. 就应该有

$$\int_{-\infty}^{+\infty} \delta(t)\mathrm{d}t = 0$$

此结果显然与 δ-函数的定义 6.3.1 的式 (6.3.2) 相矛盾. 这些都说明, δ-函数不能按 "逐点对应" 的普通函数来理解. 那么如何理解 δ-函数这个怪函数呢? 当然可以去学习为 δ-函数奠定了严格数学基础的广义函数理论. 但这部分内容已超出工科数学分析的教学范畴. 因此在本节, 除对 δ-函数的数学理论略作启示性介绍外, 我们尽量避免涉及广义函数论的知识, 以便具有工科数学分析基础知识的读者, 稍加努力就能掌握本章所涉及的基本内容. 基于此种考虑, 关于 δ-函数的性质, 我们只好在普通函数的范围内, 采取初等 "证明". 但是 δ-函数毕竟不是普通函数, 因此, 这些 "证明" 也只能当作示意性的说明.

下面将进一步指出, δ-函数可视为普通函数的弱极限, 这将给我们进一步讨论 δ-函数的性质和推广傅氏变换带来方便.

定义 6.3.2　设依赖于参数 λ 的函数族 $\{\varphi_\lambda(t)\}$ 中的每一个函数均在区间 (a,b) 内有定义, 如果对于任意的在 (a,b) 内连续的函数 $f(t)$, 恒有

$$\lim_{\lambda \to \lambda_0} \int_a^b f(t)\varphi_\lambda(t)\mathrm{d}t = \int_a^b f(t)\varphi(t)\mathrm{d}t \tag{6.3.3}$$

成立, 则称函数族 $\{\varphi_\lambda(t)\}$ 在 (a,b) 内, 当 λ 趋向于 λ_0 时**弱收敛**于函数 $\varphi(t)$, 或者称函数 $\varphi(t)$ 为函数族 $\{\varphi_\lambda(t)\}$ 在 (a,b) 内, 当 λ 趋向于 λ_0 时的**弱极限**, 记作

$$\lim_{\lambda \to \lambda_0} \varphi_\lambda(t) \overset{弱}{=} \varphi(t), \quad a < t < b \tag{6.3.4}$$

或

$$\varphi_\lambda(t) \xrightarrow[\lambda \to \lambda_0]{弱} \varphi(t), \quad a < t < b \tag{6.3.5}$$

值得注意的是

(1) $\lim\limits_{\lambda \to \lambda_0} \varphi_\lambda(t) \overset{弱}{=} \varphi(t)$ 实际上是函数族 $\{\varphi_\lambda(t)\}$ 带 "权函数" $f(t)$ 的积分平均收敛. 权函数 $f(t)$ 并非某一特定的函数, 而是在 (a,b) 内连续的任一函数. 此外一个明显的事实是在定义 6.3.2 的意义下函数族 $\{\varphi_\lambda(t)\}$ 在 (a,b) 内弱收敛于 $\varphi(t)$ 并不能保证在普通意义下函数族 $\{\varphi_\lambda(t)\}$ 在 (a,b) 内逐点收敛于 $\varphi(t)$.

(2) 函数族 $\{\varphi_\lambda(t)\}$ 所依赖的参数 λ, 既可以是连续参数, 也可以是离散参数; λ_0 既可以是有限点, 也可以是无穷远点.

(3) 区间 (a,b) 也可以是半无穷或无穷区间, 此时权函数 $f(t)$ 除了要求连续性外, 往往还要附加有界性等其他限制条件.

例 6.3.3　设单个方脉冲函数

$$\delta_\lambda(t) = \begin{cases} 0, & \lambda < 0 \\ \dfrac{1}{\lambda}, & 0 \leqslant t \leqslant \lambda \quad (\lambda > 0) \\ 0, & t > \lambda \end{cases}$$

求证

$$\lim_{\lambda \to 0} \delta_\lambda(t) \overset{弱}{=} \delta(t)$$

证　根据函数 $\delta_\lambda(t)$ 的定义及积分中值定理, 对于任意的在 $(-\infty, \infty)$ 上连续的函数 $f(t)$ 恒有

$$\int_{-\infty}^{+\infty} f(t)\delta_\lambda(t)\mathrm{d}t = \int_0^\lambda f(t)\frac{1}{\lambda}\mathrm{d}t = \frac{1}{\lambda}f(\theta\lambda)\lambda \quad (0 < \theta < 1)$$

于是再根据 $f(t)$ 的连续性, 知

$$\lim_{\lambda \to 0} \int_{-\infty}^{\infty} f(t)\delta_\lambda(t)\mathrm{d}t = \lim_{\lambda \to 0} f(\theta\lambda) = f(0) = \int_{-\infty}^{\infty} f(t)\delta(t)\mathrm{d}t$$

从而根据定义 6.3.2, 知

$$\lim_{\lambda \to 0} \delta_\lambda(t) \overset{\text{弱}}{=} \delta(t)$$

然而无论如何也不能误认为 $\{\delta_\lambda(t)\}$ 逐点收敛于 $\delta(t)$. 事实上, 若形式地记成

$$\lim_{\lambda \to 0} \delta_\lambda(t) = \tilde{\delta}(t)$$

则显然

$$\tilde{\delta}(t) = \left\{ \begin{array}{ll} 0, & t \neq 0 \\ \infty, & t = 0 \end{array} \right.$$

因此, $\tilde{\delta}(t)$ 满足式 (6.3.1). 可是尽管有

$$\lim_{\lambda \to 0} \int_{-\infty}^{+\infty} \delta_\lambda(t)\mathrm{d}t = \lim_{\lambda \to 0} \int_0^\lambda \frac{1}{\lambda}\mathrm{d}t = 1$$

但上述极限不能取到积分号下, 因此, 不能得出

$$\int_{-\infty}^{+\infty} \tilde{\delta}(t)\mathrm{d}t = 1$$

可见 $\tilde{\delta}(t)$ 不能满足定义 6.3.1 的式 (6.3.2), 因此 $\tilde{\delta}(t)$ 不可能是 δ-函数, 从而 $\{\delta_\lambda(t)\}$ 并非逐点收敛于 δ-函数.

2. δ-函数的性质

为了便于读者接受, 对于下述属于广义函数的 δ-函数的性质, 本教材均采用工科数学分析中的方法, 给出形式上的 "证明".

定义 6.3.3　设 $f(t)$ 是定义在实轴上的实值函数, 即 $\forall t \in \mathbb{R}, f(t) \in \mathbb{R}$. 令

$$\mathrm{supp}f = \{t \in \mathbb{R}, f(t) \neq 0\}\text{的闭包}$$

称实数集合 $\mathrm{supp}\, f$ 为函数 f 的支集.

定义 6.3.4　C^∞ 表示在实轴上处处有定义且无限次连续可微函数的全体. 若 $f \in C^\infty$, 且 f 的支集 $\mathrm{supp}\, f$ 总是一个有界闭集, 称 f 是一个具有紧支集的 C^∞ 函数, 其全体记作 C_0^∞.

例 6.3.4　下列函数

$$f_1(t) = \left\{ \begin{array}{ll} 0, & t \leqslant -1, \\ \exp\left(\dfrac{-1}{t+1}\right), & t > -1; \end{array} \right. \qquad f_2(t) = \left\{ \begin{array}{ll} 0, & t \geqslant 1 \\ \exp\left(\dfrac{1}{t-1}\right), & t < 1 \end{array} \right.$$

均为在实轴上的无限次可微的 C^∞ 函数. 令

$$\tilde{f}(t) = f_1(t)f_2(t)$$

则 $f(t)$ 仍然是 C^∞ 函数. supp f 恰是闭区间 $[-1, 1]$, 且 $f(t) \geqslant 0$, $\int_{-\infty}^{\infty} f(t)\mathrm{d}t > 0$. 可见在实轴上确实存在具有紧支集的只取非实数值的不恒为零的 C^∞ 函数. $f(t)$ 各阶导数 $f^{(n)}(t)(n = 1, 2, \cdots)$ 和 $f(t)$ 的平移 $f(t - t_0)$ 等也都是具有紧支集的 C^∞ 函数.

对于任意一个连续可微函数 $\varphi(t)$ 和 $f(t) \in C_0^\infty$, 有

$$\int_{-\infty}^{+\infty} \varphi'(t)f(t)\mathrm{d}t = \varphi(t)f(t)|_{-\infty}^{+\infty} - \int_{-\infty}^{+\infty} \varphi(t)f'(t)\mathrm{d}t$$

$$= -\int_{-\infty}^{+\infty} \varphi(t)f'(t)\mathrm{d}t$$

这启示我们如何定义 δ-函数的导数, 使之成为连续可微函数的导数的推广.

定义 6.3.5 对于任意的函数 $f(t) \in C_0^\infty$, 定义 $\delta(t)$ 的导数为

$$\int_{-\infty}^{+\infty} \delta'(t)f(t)\mathrm{d}t = -\int_{-\infty}^{+\infty} \delta(t)f'(t)\mathrm{d}t \tag{6.3.6}$$

根据式 (6.3.6), 可定义 δ-函数的高阶导数如下:

$$\int_{-\infty}^{+\infty} \delta^{(n)}(t)f(t)\mathrm{d}t = (-1)^n \int_{-\infty}^{+\infty} \delta(t)f^{(n)}(t)\mathrm{d}t \tag{6.3.7}$$

这里 $n \in \mathbb{N}$.

定义 6.3.6 若对于任意的在 $(-\infty, +\infty)$ 上连续的函数 $f(t)$, 恒有

$$\int_{-\infty}^{+\infty} f(t)\varphi(t)\mathrm{d}t = \int_{-\infty}^{+\infty} f(t)\psi(t)\mathrm{d}t$$

则称函数 $\varphi(t)$ 与 $\psi(t)$ 在弱意义下是**相等**的. 记作 $\varphi(t) \overset{弱}{=} \psi(t)$, 或简记为 $\varphi(t) = \psi(t)$.

弱意义相等的概念是通常函数相等概念的推广, 事实上, 若 $\varphi(t), \psi(t) \in C(-\infty, \infty)$, 则此二函数在通常意义下相等, 必可推出它们在弱意义下的相等, 反之未必.

性质 6.3.1 设 $f(t)$ 是任意的连续函数, 则

$$\int_{-\infty}^{\infty} \delta(t)f(t)\mathrm{d}t = f(0) \tag{6.3.8}$$

证 由例 6.3.3 知

$$\int_{-\infty}^{\infty} \delta(t)f(t)\mathrm{d}t = \lim_{\lambda \to 0} \int_{-\infty}^{\infty} \delta_\lambda(t)f(t)\mathrm{d}t = \lim_{\lambda \to 0} \int_0^\lambda \frac{1}{\lambda}f(t)\mathrm{d}t$$

$$= \lim_{\lambda \to 0} \frac{1}{\lambda} \int_0^\lambda f(t)\mathrm{d}t = \lim_{\lambda \to 0} \frac{1}{\lambda}f(\theta\lambda)\lambda = f(0)$$

同理可证

$$\int_{-\infty}^{\infty} \delta(t - t_0)f(t)\mathrm{d}t = f(t_0) \quad (t_0 \neq 0) \tag{6.3.9}$$

这个性质表明, 尽管 δ-函数本身没有普通意义下的函数值, 但它与任何一个连续函数的乘积在 $(-\infty, \infty)$ 上的积分都有确定的值.

性质 6.3.2 设 $a \in \mathbb{R}, a \neq 0$, 则

$$\delta(at) = \frac{1}{|a|}\delta(t) \tag{6.3.10}$$

证 只需证明对于 $\forall f(t) \in C(-\infty, \infty)$, 恒有

$$\int_{-\infty}^{+\infty} f(t)\delta(at)\mathrm{d}t = \int_{-\infty}^{+\infty} f(t)\frac{1}{|a|}\delta(t)\mathrm{d}t \tag{6.3.11}$$

成立. 下面分两种情形证明式 (6.3.10).

当 $a > 0$ 时, 令 $x = at$, δ-函数的性质 6.3.1, 有

$$\int_{-\infty}^{+\infty} f(t)\delta(at)\mathrm{d}t = \int_{-\infty}^{+\infty} f\left(\frac{x}{a}\right)\delta(x)\frac{1}{a}\mathrm{d}x = \frac{1}{a}\int_{-\infty}^{+\infty} f\left(\frac{x}{a}\right)\delta(x)\mathrm{d}x$$
$$= \frac{1}{a}f(0) = \frac{f(0)}{|a|}$$

而

$$\int_{-\infty}^{+\infty} f(t)\frac{\delta(t)}{|a|}\mathrm{d}t = \frac{1}{|a|}\int_{-\infty}^{+\infty} f(t)\delta(t)\mathrm{d}t = \frac{f(0)}{|a|} \tag{6.3.12}$$

可知式 (6.3.11) 成立.

当 $a < 0$ 时, 令 $x = at$, 有

$$\int_{-\infty}^{+\infty} f(t)\delta(at)\mathrm{d}t = \int_{-\infty}^{+\infty} f\left(\frac{x}{a}\right)\delta(x)\frac{1}{a}\mathrm{d}x$$
$$= -\frac{1}{a}\int_{-\infty}^{+\infty} f\left(\frac{x}{a}\right)\delta(x)\mathrm{d}x$$
$$= -\frac{1}{a}f(0) = \frac{f(0)}{|a|}$$

再根据式 (6.3.12) 知也有式 (6.3.11) 成立, 于是

$$\delta(at) = \frac{1}{|a|}\delta(t)$$

性质 6.3.3 设 $n \in \mathbb{N}$, 则

$$\delta^{(n)}(-t) = (-1)^n\delta^{(n)}(t) \tag{6.3.13}$$

其中 $\delta^{(n)}(-t)$ 表示将函数 $\delta(-t)$ 关于 $-t$ 求 n 阶导数.

证 令 $\tau = -t$ 则根据式 (6.3.9) 和性质 6.3.1, 对于任意的 $f(t) \in D$, 恒有

$$\int_{-\infty}^{+\infty} \delta^{(n)}(-t)f(t)\mathrm{d}t = \int_{+\infty}^{-\infty} \delta^{(n)}(\tau)f(-\tau)(-\mathrm{d}\tau)$$

$$= \int_{-\infty}^{+\infty} \delta^{(n)}(\tau)f(-\tau)\mathrm{d}\tau = (-1)^n \frac{\mathrm{d}^n}{\mathrm{d}\tau^n}\{f(-\tau)\}\Big|_{\tau=0}$$

$$= (-1)^n(-1)^n f^{(n)}(-\tau)|_{\tau=0} = (-1)^n[(-1)^n f^{(n)}(0)]$$

$$= (-1)^n \int_{-\infty}^{+\infty} \delta^{(n)}(t)f(t)\mathrm{d}t = \int_{-\infty}^{+\infty} [(-1)^n\delta^{(n)}(t)]f(t)\mathrm{d}t$$

从而根据定义 6.3.6, 知在弱意义下

$$\delta^{(n)}(-t) = (-1)^n\delta^{(n)}(t)$$

性质 6.3.3 表明, 当 n 为偶数时, $\delta^{(n)}(t)$ 是偶函数; 当 n 为奇数时, $\delta^{(n)}(t)$ 为奇函数, 特别 $\delta(t)$ 为偶函数, $\delta'(t)$ 为奇函数, 这是以后经常用到的结论.

性质 6.3.4 设函数 $g(t)$ 在 $(-\infty, +\infty)$ 上连续, 则

$$g(t)\delta(t - t_0) = g(t_0)\delta(t - t_0), t_0 \in (-\infty, +\infty) \tag{6.3.14}$$

证 对于任意的在 $(-\infty, +\infty)$ 上连续的函数 $f(t)$, 根据性质 6.3.1, 知

$$\int_{-\infty}^{+\infty} f(t)[g(t)\delta(t - t_0)]\mathrm{d}t = \int_{-\infty}^{+\infty} [f(t)g(t)]\delta(t - t_0)\mathrm{d}t = f(t_0)g(t_0)$$

$$= g(t_0)\int_{-\infty}^{\infty} f(t)\delta(t - t_0)\mathrm{d}t$$

$$= \int_{-\infty}^{\infty} f(t)[g(t_0)\delta(t - t_0)]\mathrm{d}t$$

从而根据定义 6.3.6, 式 (6.3.14) 在弱意义下成立.

例 6.3.5 设 $f(t) \in C_0^\infty$, 有

$$\int_{-\infty}^{\infty} \delta^{(n)}(t)f(t)\mathrm{d}t = (-1)^n f^{(n)}(0)$$

$$\int_{-\infty}^{\infty} \delta^{(n)}(t - t_0)f(t)\mathrm{d}t = (-1)^n f^{(n)}(t_0)$$

这里 $n = 1, 2, \cdots$.

解 由 δ-函数的导数定义式 (6.3.6) 和式 (6.3.7), 性质 6.3.1, 有

$$\int_{-\infty}^{\infty} \delta^{(n)}(t)f(t)\mathrm{d}t = (-1)^n \int_{-\infty}^{\infty} \delta(t)f^{(n)}(t)\mathrm{d}t = (-1)^n f^{(n)}(t_0)$$

这里 $n = 1, 2, \cdots$. 同理利用分部积分法, 并注意到 $f(t)$ 具有紧支集, 再利用性质 6.3.1, 有

$$\int_{-\infty}^{\infty} \delta^{(n)}(t-t_0)f(t)\mathrm{d}t = (-1)^n \int_{-\infty}^{\infty} \delta(t-t_0)f^{(n)}(t)\mathrm{d}t = (-1)^n f^{(n)}(t_0), n = 0, 1, 2, \cdots$$

6.4 广义傅里叶变换

在 6.2 节中我们定义的傅氏变换, 要求函数满足绝对可积条件. 那么对一些很简单、很常用的函数, 例如单位阶跃函数, 正、余弦函数等由于满足绝对可积条件都无法确定其傅氏变换. 这无疑限制了傅氏变换的应用. 傅氏变换在现代物理学及工程技术中得到广泛应用, 很大程度取决于广义傅氏变换的引入. 本书所涉及的广义傅氏变换是指 δ-函数及其相关函数的傅氏变换.

我们利用 δ-函数的性质, 可以很方便地求出

$$F(\omega) = \mathcal{F}[\delta(t)] = \int_{-\infty}^{+\infty} \delta(t)\mathrm{e}^{-\mathrm{i}\omega t}\mathrm{d}t = \mathrm{e}^{-\mathrm{i}\omega t}|_{t=0} = 1$$

可见 δ-函数的傅氏变换为常数 1, 那么 $\mathcal{F}^{-1}[1]$ 是否为 $\delta(t)$? 为此我们考察下列事实.

设 $f(t)$ 连续且傅氏变换存在, 记 $F(\omega) = \mathcal{F}[f(t)]$, 则

$$\begin{aligned}
\int_{-\infty}^{+\infty} \mathcal{F}^{-1}[1]f(t)\mathrm{d}t &= \int_{-\infty}^{+\infty} \left[\frac{1}{2\pi}\int_{-\infty}^{+\infty} \mathrm{e}^{\mathrm{i}\omega t}\mathrm{d}\omega\right]f(t)\mathrm{d}t = \frac{1}{2\pi}\int_{-\infty}^{+\infty}\left[\int_{-\infty}^{+\infty} f(t)\mathrm{e}^{\mathrm{i}\omega t}\mathrm{d}t\right]\mathrm{d}\omega \\
&= \frac{1}{2\pi}\int_{-\infty}^{+\infty} F(-\omega)\mathrm{d}\omega = \frac{1}{2\pi}\int_{-\infty}^{+\infty} F(\omega')\mathrm{d}\omega' \\
&= \frac{1}{2\pi}\int_{-\infty}^{+\infty} F(\omega')\mathrm{e}^{\mathrm{i}\omega'0}\mathrm{d}\omega' = f(0) = \int_{-\infty}^{\infty} \delta(t)f(t)\mathrm{d}t
\end{aligned}$$

这表明 $\mathcal{F}^{-1}[1]$ 在积分中的作用相当于 $\delta(t)$. 所以我们定义

$$\mathcal{F}^{-1}[1] = \delta(t)$$

即单位脉冲函数 $\delta(t)$ 与常数 1 构成了一个傅氏变换对. 同理

$$\mathcal{F}[\delta(t-t_0)] = \mathrm{e}^{-\mathrm{i}\omega t_0}, \quad \mathcal{F}^{-1}[\mathrm{e}^{-\mathrm{i}\omega t_0}] = \delta(t-t_0)$$

同时, 若知 $F_1(\omega) = 2\pi\delta(\omega)$ 或 $F_2(\omega) = 2\pi\delta(\omega - \omega_0)$, 则有

$$f_1(t) = \mathcal{F}^{-1}[F(\omega)] = \frac{1}{2\pi}\int_{-\infty}^{+\infty} 2\pi\delta(\omega)\mathrm{e}^{\mathrm{i}\omega t}\mathrm{d}\omega = \mathrm{e}^{\mathrm{i}\omega t}|_{\omega=0} = 1$$

和

$$f_2(t) = \mathcal{F}^{-1}[F(\omega)] = \frac{1}{2\pi} \int_{-\infty}^{+\infty} 2\pi\delta(\omega - \omega_0)e^{i\omega t}d\omega = e^{i\omega t}|_{\omega=\omega_0} = e^{i\omega_0 t}$$

立即可知

$$\mathcal{F}[1] = 2\pi\delta(\omega), \quad \mathcal{F}^{-1}[2\pi\delta(\omega)] = 1$$
$$\mathcal{F}[e^{i\omega_0 t}] = 2\pi\delta(\omega - \omega_0), \quad \mathcal{F}^{-1}[2\pi\delta(\omega - \omega_0)] = e^{i\omega_0 t}$$

以上运算中均涉及 δ-函数, 故积分已经不是 6.2 节的傅氏变换定义中的广义积分, 所以称上述函数的傅氏变换为 **广义傅氏变换**. 以后为了方便起见, 我们把古典的和广义的傅氏变换统称为傅氏变换.

例 6.4.1 证明符号函数

$$\text{sgn}(t) = \begin{cases} -1, & t < 0 \\ 1, & t > 0 \end{cases}$$

的傅氏变换为 $\dfrac{2}{i\omega}$.

解 注意 $F(\omega) = \dfrac{2}{i\omega}$ 的傅氏逆变换为

$$f(t) = \mathcal{F}^{-1}[F(\omega)] = \frac{1}{2\pi} \int_{-\infty}^{\infty} \frac{2}{i\omega}e^{i\omega t}d\omega = \frac{1}{\pi} \int_{-\infty}^{\infty} \frac{\cos\omega t + i\sin\omega t}{i\omega}d\omega$$
$$= \frac{1}{\pi}\left(\int_{-\infty}^{\infty} \frac{\sin\omega t}{\omega}d\omega - i\int_{-\infty}^{\infty} \frac{\cos\omega t}{\omega}d\omega \right)$$

上式的第二个积分的被积函数是关于积分变量 ω 的奇函数, 故积分值为零, 而第二个积分为狄利克雷积分, 知

$$\frac{1}{\pi} \int_{-\infty}^{+\infty} \frac{\sin\omega t}{\omega}d\omega = \begin{cases} -1, & t < 0 \\ 1, & t > 0 \end{cases}$$

故

$$\mathcal{F}[\text{sgn}(t)] = \frac{2}{i\omega}, \quad \mathcal{F}^{-1}\left[\frac{2}{i\omega} \right] = \text{sgn}(t)$$

例 6.4.2 求单位阶跃函数

$$u(t) = \begin{cases} 0, & t < 0 \\ 1, & t > 0 \end{cases}$$

的傅氏变换及其积分表达式.

解 注意到

$$u(t) = \frac{1}{2}[1 + \operatorname{sgn}(t)]$$

于是

$$F(\omega) = \mathcal{F}[u(t)] = \int_{-\infty}^{+\infty} \frac{1}{2}[1 + \operatorname{sgn}(t)]\mathrm{e}^{-\mathrm{i}\omega t}\mathrm{d}t$$

$$= \frac{1}{2}\left[\int_{-\infty}^{+\infty} 1 \cdot \mathrm{e}^{-\mathrm{i}\omega t}\mathrm{d}t + \int_{-\infty}^{+\infty} \operatorname{sgn}(t)\mathrm{e}^{-\mathrm{i}\omega t}\mathrm{d}t\right] = \frac{1}{2}\{\mathcal{F}[1] + \mathcal{F}[\operatorname{sgn}(t)]\}$$

$$= \frac{1}{2}\left[2\pi\delta(\omega) + \frac{2}{\mathrm{i}\omega}\right] = \frac{1}{\mathrm{i}\omega} + \pi\delta(\omega)$$

又因为

$$u(t) = \mathcal{F}^{-1}[F(\omega)] = \frac{1}{2\pi}\int_{-\infty}^{+\infty}\left[\frac{1}{\mathrm{i}\omega} + \pi\delta(\omega)\right]\mathrm{e}^{\mathrm{i}\omega t}\mathrm{d}\omega$$

$$= \frac{1}{2}\int_{-\infty}^{+\infty}\delta(\omega)\mathrm{e}^{\mathrm{i}\omega t}\mathrm{d}\omega + \frac{1}{2\pi}\int_{-\infty}^{+\infty}\frac{\sin\omega t}{\omega}\mathrm{d}\omega$$

$$= \frac{1}{2} + \frac{1}{\pi}\int_{0}^{+\infty}\frac{\sin\omega t}{\omega}\mathrm{d}\omega$$

这就是单位阶跃函数的积分表达式. 在上式中令 $t = 1$, 可得狄利克雷积分

$$\int_{0}^{+\infty}\frac{\sin\omega}{\omega}\mathrm{d}\omega = \frac{\pi}{2}$$

例 6.4.3 求余弦函数 $f(t) = \cos\omega_0 t$ 的傅氏变换.

解 由欧拉公式

$$\cos\omega_0 t = \frac{\mathrm{e}^{\mathrm{i}\omega_0 t} + \mathrm{e}^{-\mathrm{i}\omega_0 t}}{2}$$

及傅氏变换公式, 有

$$F(\omega) = \mathcal{F}[\cos\omega_0 t] = \int_{-\infty}^{+\infty}\cos\omega_0 t\,\mathrm{e}^{-\mathrm{i}\omega t}\mathrm{d}t$$

$$= \int_{-\infty}^{+\infty}\frac{\mathrm{e}^{\mathrm{i}\omega_0 t} + \mathrm{e}^{\mathrm{i}\omega t}}{2}\mathrm{e}^{-\mathrm{i}\omega t}\mathrm{d}t$$

$$= \frac{1}{2}\left[\int_{-\infty}^{+\infty} 1 \cdot \mathrm{e}^{-\mathrm{i}(\omega-\omega_0)t}\mathrm{d}t + \int_{-\infty}^{+\infty} 1 \cdot \mathrm{e}^{-\mathrm{i}(\omega+\omega_0)t}\mathrm{d}t\right]$$

$$= \frac{1}{2}[2\pi\delta(\omega - \omega_0) + 2\pi\delta(\omega + \omega_0)]$$

$$= \pi[\delta(\omega - \omega_0) + \delta(\omega + \omega_0)]$$

同理可求得

$$F(\omega) = \mathcal{F}[\sin\omega_0 t] = \mathrm{i}\pi[\delta(\omega + \omega_0) - \delta(\omega - \omega_0)]$$

6.5 傅里叶变换的性质

傅氏变换有许多重要性质, 掌握这些性质对于理解傅氏变换理论, 以及在工程技术中熟练运用这一有力工具是十分重要的. 为了叙述方便起见, 假定这里需要进行傅氏变换的函数都满足傅氏积分定理中的条件.

性质 6.5.1(线性性质) 设 $F_1(\omega) = \mathcal{F}[f_1(t)], F_2(\omega) = \mathcal{F}[f_2(t)], k_1, k_2$ 是常数, 则

$$\mathcal{F}[k_1 f_1(t) + k_2 f_2(t)] = k_1 \mathcal{F}[f_1(t)] + k_2 \mathcal{F}[f_2(t)] \tag{6.5.1}$$

同样道理, 傅氏逆变换也具有类似的线性性质, 即

$$\mathcal{F}^{-1}[k_1 F_1(\omega) + k_2 F_2(\omega)] = k_1 \mathcal{F}^{-1}[F_1(\omega)] + k_2 \mathcal{F}^{-1}[F_2(\omega)] \tag{6.5.2}$$

例 6.5.1 求下列函数的傅氏变换.
(1) $f(t) = A + B \cos \omega_0 t \ (A, B$ 均为常数);
(2) $f(t) = \begin{cases} 0, & t < 0, \\ E(1 - \mathrm{e}^{-t/(RC)}), & t \geqslant 0 \end{cases} \quad (E, R, C > 0);$
(3) $f(t) = \begin{cases} 0, & t < 0, \\ 5\mathrm{e}^{-3t} - 3\mathrm{e}^{-t}, & t \geqslant 0. \end{cases}$

解 (1) 利用线性性质及已知

$$\mathcal{F}[1] = 2\pi\delta(\omega)$$

$$\mathcal{F}[\cos \omega_0 t] = \pi[\delta(\omega + \omega_0) + \delta(\omega - \omega_0)]$$

可得

$$\mathcal{F}[A + B \cos \omega_0 t] = A\mathcal{F}[1] + B\mathcal{F}[\cos \omega_0 t]$$
$$= A2\pi\delta(\omega) + B\pi[\delta(\omega + \omega_0) + \delta(\omega + \omega_0)]$$

(2) 已知 $F[u(t)] = \dfrac{1}{\mathrm{i}\omega} + \pi\delta(\omega)$, 若记

$$g(t) = \begin{cases} 0, & t < 0 \\ \mathrm{e}^{-t/(RC)}, & t \geqslant 0 \end{cases}$$

$$\mathcal{F}[g(t)] = \frac{1}{1/(RC) + \mathrm{i}\omega}$$

及

$$f(t) = Eu(t) - Eg(t)$$

所以

$$\begin{aligned}
\mathcal{F}[f(t)] &= E\mathcal{F}[u(t)] - E\mathcal{F}[g(t)] \\
&= E\left[\frac{1}{\mathrm{i}\omega} + \pi\delta(\omega)\right] - E\left[\frac{1}{(1/(RC)) + \mathrm{i}\omega}\right] \\
&= E\left[\frac{1}{\mathrm{i}\omega(1 + \mathrm{i}RC\omega)} + \pi\delta(\omega)\right]
\end{aligned}$$

(3) 记

$$f_1(t) = \begin{cases} 0, & t < 0 \\ \mathrm{e}^{-3t}, & t \geqslant 0 \end{cases}$$

$$f_2(t) = \begin{cases} 0, & t < 0 \\ \mathrm{e}^{-t}, & t \geqslant 0 \end{cases}$$

则 $f(t) = 5f_1(t) - 3f_2(t)$, 由已知 $\mathcal{F}[f_1(t)] = \dfrac{1}{3 + \mathrm{i}\omega}, \mathcal{F}[f_2(t)] = \dfrac{1}{1 + \mathrm{i}\omega}$, 从而由线性性质得

$$\begin{aligned}
\mathcal{F}[f(t)] &= 5\mathcal{F}[f_1(t)] - 3\mathcal{F}[f_2(t)] \\
&= \frac{5}{3 + \mathrm{i}\omega} - \frac{3}{1 + \mathrm{i}\omega} = \frac{-4 + \mathrm{i}2\omega}{(3 - \omega^2) + \mathrm{i}4\omega}
\end{aligned}$$

例 6.5.2 求函数 $f(t) = \dfrac{1}{2}\left[\delta(t + a) + \delta(t - a) + \delta\left(t + \dfrac{a}{2}\right) + \delta\left(t - \dfrac{a}{2}\right)\right]$ 的傅氏变换, 其中 $a \in \mathbb{R}$.

解 根据性质 6.5.1, 知

$$\begin{aligned}
F(\omega) &= \mathcal{F}[f(t)] \\
&= \frac{1}{2}\left\{\mathcal{F}[\delta(t + a)] + \mathcal{F}[\delta(t - a)] + \mathcal{F}\left[\delta\left(t + \frac{a}{2}\right)\right] + \mathcal{F}\left[\delta\left(t - \frac{a}{2}\right)\right]\right\} \\
&= \frac{1}{2}(\mathrm{e}^{\mathrm{i}\omega a} + \mathrm{e}^{-\mathrm{i}\omega a}) + \frac{1}{2}(\mathrm{e}^{\mathrm{i}\omega\frac{a}{2}} + \mathrm{e}^{-\mathrm{i}\omega\frac{a}{2}}) = \cos\omega a + \cos\frac{\omega a}{2}
\end{aligned}$$

性质 6.5.2 (对称性质) 若已知 $F(\omega) = \mathcal{F}[f(t)]$, 则有

$$\mathcal{F}[F(t)] = 2\pi f(-\omega) \tag{6.5.3}$$

特别地, 若 $f(t)$ 为偶函数, 则式 (6.5.3) 变为

$$\mathcal{F}[F(t)] = 2\pi f(\omega) \tag{6.5.4}$$

从式 (6.5.4) 可知, 当 $f(t)$ 与 $F(\omega)$ 构成一个傅氏变换对且当 $f(t)$ 为偶函数时, $F(t)$ 的傅氏变换为 $2\pi f(\omega)$, 这反映了傅氏变换的某种对称性. 即使 $f(t)$ 不是偶函数, 由式 (6.5.3) 仍可见傅氏变换具有一定程度的对称性.

例 6.5.3　利用对称性质证明狄利克雷积分

$$\int_0^\infty \frac{\sin t}{t}\mathrm{d}t = \frac{\pi}{2}$$

证　设 $f(t)$ 为单个矩形脉冲函数, 即

$$f(t) = \begin{cases} E, & |t| \leqslant \tau/2 \\ 0, & |t| > \tau/2 \end{cases} \qquad (\tau > 0)$$

则有

$$F(\omega) = \mathcal{F}[f(t)] = \int_{-\infty}^{+\infty} f(t)\mathrm{e}^{-\mathrm{i}\omega t}\mathrm{d}t = \int_{-\tau/2}^{\tau/2} E\mathrm{e}^{-\mathrm{i}\omega t}\mathrm{d}t = \frac{2E}{\omega}\sin\frac{\omega\tau}{2}$$

又因为 $f(t)$ 为偶函数及式 (6.1.4), 可得

$$\mathcal{F}[F(t)] = \int_{-\infty}^{\infty} \frac{2E}{t}\sin\frac{\tau t}{2}\mathrm{e}^{-\mathrm{i}\omega t}\mathrm{d}t = 2\pi f(\omega)$$

即

$$2E\int_{-\infty}^{\infty} \frac{\sin\dfrac{\tau t}{2}\cos\omega t}{t}\mathrm{d}t = \begin{cases} 2\pi E, & |\omega| < \tau/2 \\ 0, & |\omega| > \tau/2 \end{cases}$$

在上式中令 $\omega = 0, \tau = 2$, 得

$$2E\int_{-\infty}^{+\infty} \frac{\sin t}{t}\mathrm{d}t = 2\pi E \quad \text{或} \quad \int_0^{+\infty} \frac{\sin t}{t}\mathrm{d}t = \frac{\pi}{2}$$

从而问题得证.

性质 6.5.3 (延迟性质)　设 $F[f(t)] = F(\omega)$, 则

$$\mathcal{F}[f(t \pm t_0)] = \mathrm{e}^{\pm\mathrm{i}\omega t_0}\mathcal{F}[f(t)] \tag{6.5.5}$$

$$\mathcal{F}^{-1}[F(\omega \pm \omega_0)] = \mathrm{e}^{\mp\mathrm{i}\omega_0 t}f(t) \tag{6.5.6}$$

性质 6.5.5 说明将函数 $f(t)$ 的自变量提前或延迟 t_0 时, 其傅氏变换相当于把 $f(t)$ 的傅氏变换 $F(\omega)$ 乘以因子 $\mathrm{e}^{\pm\mathrm{i}\omega t_0}$; 而函数 $F(\omega)$ 沿 ω 轴位移 ω_0 时, 其傅氏逆变换相当于把原来的函数 $f(t)$ 乘以因子 $\mathrm{e}^{\mp\mathrm{i}\omega_0 t}$. 这个性质在应用上的重要性是不言而喻的. 例如, 由位移性质, 立即可得如下推论.

推论 6.5.1　设 $\mathcal{F}[f(t)] = F(\omega)$, 则

$$\mathcal{F}[f(t)\cos\omega_0 t] = \frac{1}{2}[F(\omega + \omega_0) + F(\omega - \omega_0)] \tag{6.5.7}$$

$$\mathcal{F}[f(t)\sin\omega_0 t] = \frac{\mathrm{i}}{2}[F(\omega+\omega_0) - F(\omega-\omega_0)] \tag{6.5.8}$$

例 6.5.4 求矩形单脉冲函数

$$f(t) = \begin{cases} E, & 0 < t < \tau \\ 0, & \text{其他} \end{cases} \quad (E, \tau > 0)$$

的傅氏变换.

解 首先, 由傅氏变换定义, 得

$$F(\omega) = \mathcal{F}[f(t)] = \int_{-\infty}^{\infty} f(t)\mathrm{e}^{-\mathrm{i}\omega t}\mathrm{d}t$$

$$= E\int_0^\tau \mathrm{e}^{-\mathrm{i}\omega t}\mathrm{d}t = -\frac{E}{\mathrm{i}\omega}\mathrm{e}^{-\mathrm{i}\omega t}\Big|_0^\tau = \frac{2E}{\omega}\mathrm{e}^{-\mathrm{i}\omega\tau/2}\sin\frac{\omega\tau}{2}$$

又注意到, 记

$$f_1(t) = \begin{cases} E, & |t| < \tau/2 \\ 0, & \text{其他} \end{cases}$$

则 $F_1(\omega) = \mathcal{F}[f_1(t)] = \dfrac{2E}{\omega}\sin\dfrac{\omega\tau}{2}$, 且 $f(t) = f_1\left(t - \dfrac{\tau}{2}\right)$, 于是由位移性质知

$$F(\omega) = \mathcal{F}[f(t)] = \mathcal{F}\left[f_1\left(t - \frac{\tau}{2}\right)\right]$$

$$= \mathrm{e}^{-\mathrm{i}\omega\tau/2}F[f_1(t)] = \frac{2E}{\omega}\mathrm{e}^{-\mathrm{i}\omega\tau/2}\sin\frac{\omega\tau}{2}$$

这与上面计算的结果是一样的.

例 6.5.5 求指数衰减振荡函数

$$f(t) = \begin{cases} 0, & t < 0 \\ \mathrm{e}^{-\beta t}\sin\omega_0 t, & t \geqslant 0 \end{cases} \quad (\beta > 0)$$

的傅氏变换.

解 设

$$f_1(t) = \begin{cases} 0, & t < 0 \\ \mathrm{e}^{-\beta t}, & t \geqslant 0 \end{cases}$$

此为指数衰减函数, 且 $F_1(\omega) = \mathcal{F}[f_1(t)] = \dfrac{1}{\beta + \mathrm{i}\omega}$, 于是由式 (6.5.8), 可得 $f(t)$ 的傅氏变换

$$F(\omega) = \mathcal{F}[f(t)] = \mathcal{F}[f_1(t)\sin\omega_0 t]$$

$$= \frac{\mathrm{i}}{2}[F_1(\omega+\omega_0) - F(\omega-\omega_0)]$$

$$= \frac{i}{2}\left[\frac{1}{\beta + i(\omega + \omega_0)} - \frac{1}{\beta + i(\omega - \omega_0)}\right] = \frac{\omega_0}{\omega_0^2 + (\beta + i\omega)^2}$$

性质 6.5.4(相似性质)   设 a 是不等于零的实常数, 若 $\mathcal{F}[f(t)] = F(\omega)$, 则

$$\mathcal{F}[f(at)] = \frac{1}{|a|}F\left(\frac{\omega}{a}\right) \tag{6.5.9}$$

性质 6.5.5 (乘积定理)   若记 $F_1(\omega) = \mathcal{F}[f_1(t)], F_2(\omega) = F[f_2(t)]$, 则有

$$\int_{-\infty}^{+\infty} f_1(t)f_2(t)\mathrm{d}t = \frac{1}{2\pi}\int_{-\infty}^{+\infty} \overline{F_1(\omega)}F_2(\omega)\mathrm{d}\omega$$

$$= \frac{1}{2\pi}\int_{-\infty}^{+\infty} F_1(\omega)\overline{F_2(\omega)}\mathrm{d}\omega \tag{6.5.10}$$

其中 $\overline{F_1(\omega)}, \overline{F_2(\omega)}$ 分别表示 $F_1(\omega), F_2(\omega)$ 的复共轭函数.

性质 6.5.6 (帕塞瓦尔 (Parseval) 定理)   若记 $F(\omega) = F[f(t)]$, 则有

$$\int_{-\infty}^{+\infty} [f(t)]^2\mathrm{d}t = \frac{1}{2\pi}\int_{-\infty}^{+\infty} |F(\omega)|^2\mathrm{d}\omega \tag{6.5.11}$$

在实际应用中, 积分 $\displaystyle\int_{-\infty}^{+\infty} [f(t)]^2\mathrm{d}t$ 与积分 $\displaystyle\int_{-\infty}^{+\infty} |F(\omega)|^2\mathrm{d}\omega$ 都可以表示某种能量, 本定理表明, 对能量的计算既可在时间域进行, 也可在相应的频率域进行, 两者完全等价. 所以这个定理有时也称为能量积分和瑞利 (Rayleigh) 定理. 这个定理除了给出构成傅氏变换对的两个函数之间的一个重要关系外, 还可用来计算较为复杂的积分.

例 6.5.6   计算 $\displaystyle\int_{-\infty}^{+\infty} \frac{\sin^2 t}{t^2}\mathrm{d}t$.

解   记 $F(\omega) = \dfrac{\sin\omega}{\omega}$. 已知单个方脉冲函数

$$\tilde{f}(t) = \begin{cases} E, & |t| < \tau/2, \\ 0, & |t| \geqslant \tau/2 \end{cases} \quad (\tau > 0)$$

的傅氏变换 $\mathcal{F}[\tilde{f}(t)] = \dfrac{\sin\omega}{\omega}\sin\dfrac{\omega\tau}{2}$. 若令 $E = \dfrac{1}{2}, \tau = 2$, 可知如下单个矩形脉冲函数

$$f(t) = \begin{cases} 1/2, & |t| < 1 \\ 0, & |t| \geqslant 1 \end{cases}$$

的傅氏变换 $\mathcal{F}[f(t)] = \dfrac{\sin\omega}{\omega} = F(\omega)$. 再由能量积分公式

$$\int_{-\infty}^{+\infty} \frac{\sin^2 t}{t^2}\mathrm{d}t = \int_{-\infty}^{+\infty} \frac{\sin^2\omega}{\omega^2}\mathrm{d}\omega = 2\pi\int_{-\infty}^{+\infty} |f(t)|^2\mathrm{d}t$$

$$= 2\pi \int_{-1}^{1} (1/2)^2 \mathrm{d}t = 2\pi \cdot (1/2)^2 \cdot 2 = \pi$$

另一方面, 记 $F(t) = \dfrac{\sin t}{t}$, 再由傅氏变换的对称性, 知

$$\mathcal{F}[F(t)] = 2\pi f(-\omega)$$

又因为 $f(t)$ 为偶函数, 所以

$$\mathcal{F}[F(t)] = F\left[\frac{\sin t}{t}\right] = 2\pi f(\omega) = \begin{cases} 2\pi \cdot \dfrac{1}{2} = \pi, & |\omega| < 1 \\ 0, & |\omega| > 1 \end{cases}$$

再由能量积分公式, 有

$$\int_{-\infty}^{+\infty} \frac{\sin^2 t}{t^2} \mathrm{d}t = \frac{1}{2\pi} \int_{-\infty}^{+\infty} \left| \mathcal{F}\left[\frac{\sin t}{t}\right] \right|^2 \mathrm{d}\omega = \frac{1}{2\pi} \int_{-1}^{1} \pi^2 \mathrm{d}\omega = \frac{1}{2\pi} \pi^2 \cdot 2 = \pi$$

这个例子说明, 此类积分的被积函数具有 $[f(t)]^2$ 形式时, 把 $f(t)$ 看作像函数或像原函数都可以求得积分的结果.

例 6.5.7 计算 $\displaystyle\int_{-\infty}^{+\infty} \frac{\mathrm{d}t}{(1+t^2)^2}$.

解 已知指数衰减函数

$$f(t) = \begin{cases} 0, & t < 0 \\ \mathrm{e}^{-\alpha t}, & t \geqslant 0 \end{cases} \quad (\alpha > 0)$$

的傅氏变换 $F(\omega) = \mathcal{F}[f(t)] = \dfrac{1}{\alpha + \mathrm{i}\omega} = \dfrac{\alpha - \mathrm{i}\omega}{\alpha^2 + \omega^2}$. 另一方面,

$$F(\omega) = \int_{-\infty}^{+\infty} f(t)\mathrm{e}^{-\mathrm{i}\omega t}\mathrm{d}t = \int_{0}^{+\infty} \mathrm{e}^{-\alpha t}\mathrm{e}^{-\mathrm{i}\omega t}\mathrm{d}t = \int_{0}^{+\infty} \mathrm{e}^{-\alpha|t|}\mathrm{e}^{-\mathrm{i}\omega t}\mathrm{d}t$$

将上式中的 ω 换为 $-\omega$, 有

$$F(-\omega) = \int_{0}^{+\infty} \mathrm{e}^{-\alpha t}\mathrm{e}^{\mathrm{i}\omega t}\mathrm{d}t = \int_{0}^{-\infty} \mathrm{e}^{\alpha t}\mathrm{e}^{-\mathrm{i}\omega t}(-\mathrm{d}t) = \int_{-\infty}^{0} \mathrm{e}^{-\alpha|t|}\mathrm{e}^{-\mathrm{i}\omega t}\mathrm{d}t$$

于是得

$$\mathcal{F}[\mathrm{e}^{-\alpha|t|}] = \int_{-\infty}^{+\infty} \mathrm{e}^{-\alpha|t|}\mathrm{e}^{\mathrm{i}\omega t}\mathrm{d}t = F(\omega) + F(-\omega)$$

$$= \frac{\alpha - \mathrm{i}\omega}{\alpha^2 + \omega^2} + \frac{\alpha + \mathrm{i}\omega}{\alpha^2 + \omega^2} = \frac{2\alpha}{\alpha^2 + \omega^2}$$

再由能量积分公式, 得

$$\frac{1}{2\pi}\int_{-\infty}^{+\infty}\frac{4\alpha^2}{(\alpha^2+\omega^2)^2}\mathrm{d}\omega = \int_{-\infty}^{+\infty}\mathrm{e}^{-2\alpha|t|}\mathrm{d}t = 2\int_0^{+\infty}\mathrm{e}^{-2\alpha t}\mathrm{d}t$$
$$= 2\left(-\frac{1}{2\alpha}\mathrm{e}^{-\alpha t}\Big|_{+0}^{\infty}\right) = \frac{1}{\alpha}$$

在上式中令 $\alpha = 1$, 得

$$\int_{-\infty}^{+\infty}\frac{\mathrm{d}t}{(1+t^2)^2} = \frac{\pi}{2}$$

6.6 卷 积

卷积是由含参变量的广义积分定义的函数, 与傅氏变换有着密切联系. 它的运算性质使得傅氏变换在信号处理中得到更广泛的应用.

1. 卷积的概念

定义 6.6.1 给定定义在 $(-\infty, +\infty)$ 上的函数 $f_1(t)$ 与 $f_2(t)$, 称由含参变量 t 的广义积分所确定的函数

$$g(t) = \int_{-\infty}^{+\infty} f_1(\tau)f_2(t-\tau)\mathrm{d}\tau \tag{6.6.1}$$

为函数 $f_1(t)$ 与 $f_2(t)$ 的卷积, 记为

$$g(t) = f_1(t) * f_2(t)$$

对卷积从不同观点出发, 对其含义有不同的解释. 在图 6.6.1 中, 我们用图解法给出卷积含义的一种解释.

如图 6.6.1 所示, 进行卷积运算分别为 (a), (b) 中的两条曲线, (c), (d) 表明由式 (6.6.1) 所定义的卷积运算过程分解成如下几个步骤:

(1) 对函数 $f_1(t)$, 只需将自变量 t 换为积分变量 τ;

(2) 对函数 $f_2(t)$, 不仅要把自变量 t 换为积分变量 τ, 同时将 $f_2(\tau)$ 关于纵轴的镜像函数 $f_2(-\tau)$ 沿横轴向左或向右平行移动一个 $|t|$ 值距离, 即得 $f_2(t-\tau)$;

(3) 求 $f_1(\tau)$ 与 $f_2(t-\tau)$ 的乘积. 对任一给定的 t 值, 它是 τ 的函数, 画出 $f_1(\tau)f_1(t-\tau)$ 的图像;

(4) 求出 $f_1(\tau)f_2(t-\tau)$ 曲线下的面积, 即积分. 该面积为卷积 $g(t) = f_1(t)*f_2(t)$ 对应于给定的 t 的函数值 (图 6.6.1(d)).

例 6.6.1 设 $f_1(t) = \begin{cases} 0, & t < 0, \\ 1, & t \geqslant 0, \end{cases}$ $f_2(t) = \begin{cases} 0, & t < 0, \\ \mathrm{e}^{-t}, & t \geqslant 0, \end{cases}$ 求 $f_1(t) * f_2(t)$.

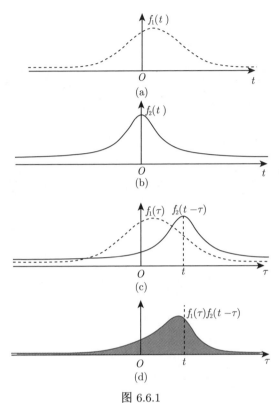

图 6.6.1

图中阴影面积表示 $g(t) = f_1(t) * f_2(t)$

解　如图 6.6.2(a), (c) 所示, 当 $t \leqslant 0$ 时, $f_1(\tau) f_2(t - \tau) = 0$, 从而

$$f_1(t) * f_2(t) = \int_{-\infty}^{+\infty} f_1(\tau) f_2(t - \tau) \mathrm{d}\tau = 0$$

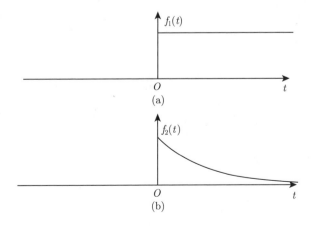

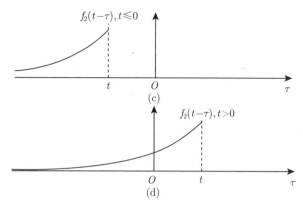

图 6.6.2

如图 6.6.2(a), (d) 所示, 因为 $t > 0$ 时, $f_1(\tau)f_2(t-\tau) \neq 0$ 的区间为 $[0,t]$, 所以

$$f_1(t) * f_2(t) = \int_{-\infty}^{+\infty} f_1(\tau)f_2(t-\tau)\mathrm{d}\tau = \int_0^t 1 \cdot \mathrm{e}^{-(t-\tau)}\mathrm{d}\tau$$

$$= \mathrm{e}^{-t} \int_0^t \mathrm{e}^\tau \mathrm{d}\tau = \mathrm{e}^{-t}(\mathrm{e}^t - 1) = 1 - \mathrm{e}^{-t}$$

即

$$f_1(t) * f_2(t) = \begin{cases} 0, & t \leqslant 0 \\ 1 - \mathrm{e}^{-t}, & t > 0 \end{cases}$$

例 6.6.2 设

$$f_1(t) = \begin{cases} 0, & t < 0 \\ 1-t, & 0 \leqslant t \leqslant 1 \\ 0, & t > 1 \end{cases}$$

$$f_2(t) = \begin{cases} 0, & t < 0 \\ 1, & 0 \leqslant t \leqslant 2 \\ 0, & t > 2 \end{cases}$$

求 $f_1(t) * f_2(t)$.

解 当 $t < 0$ 时, $f_1(\tau)f_2(t-\tau) = 0$, 从而

$$f_1(t) * f_2(t) = \int_{-\infty}^{+\infty} f_1(\tau)f_2(t-\tau)\mathrm{d}\tau = 0$$

当 $0 \leqslant t \leqslant 1$ 时, 卷积为

$$f_1(t) * f_2(t) = \int_0^t (1-\tau)\mathrm{d}\tau = t - \frac{t^2}{2}$$

当 $1 < t \leqslant 2$ 时, 卷积为

$$f_1(t) * f_2(t) = \int_0^1 (1-\tau)\mathrm{d}\tau = \frac{1}{2}$$

当 $2 < t \leqslant 3$ 时, 卷积为

$$f_1(t) * f_2(t) = \int_{t-2}^1 (1-\tau)\mathrm{d}\tau = \frac{9}{2} - 3t + \frac{t^2}{2}$$

当 $t > 3$ 时, 卷积为

$$f_1(t) * f_2(t) = 0$$

综上所述, 得

$$f_1(t) * f_2(t) = \begin{cases} 0, & t \leqslant 0 \text{ 或 } t > 3 \\ t - \dfrac{t^2}{2}, & 0 < t \leqslant 1 \\ \dfrac{1}{2}, & 1 < t \leqslant 2 \\ \dfrac{9}{2} - 3t + \dfrac{t^2}{2}, & 2 < t \leqslant 3 \end{cases}$$

以上两例虽然很简单, 但是具有典型性, 它给出了计算卷积的基本方法, 另外为了确定 $f_1(\tau)f_2(t-\tau) \neq 0$ 的区间, 还可以通过解不等式来实现, 例如在例 6.1.1 中, 要使

$$f_1(\tau)f_2(t-\tau) \neq 0$$

需

$$\begin{cases} \tau \geqslant 0, \\ t-\tau \geqslant 0, \end{cases} \quad \text{即} \quad \begin{cases} \tau \geqslant 0 \\ \tau \leqslant t \end{cases}$$

成立, 可见当 $t \geqslant 0$ 时, 使得 $f_1(\tau)f_2(t-\tau) \neq 0$ 的区间为 $[0,t]$, 于是也有

$$f_1(t) * f_2(t) = \begin{cases} 0, & t \leqslant 0 \\ \int_{-\infty}^{+\infty} f_1(\tau)f_2(t-\tau)\mathrm{d}\tau = \int_0^t 1 \cdot \mathrm{e}^{-(t-\tau)}\mathrm{d}\tau = 1 - \mathrm{e}^{-t}, & t > 0 \end{cases}$$

例 6.6.3 求证 $f(t) * \delta(t-t_0) = f(t-t_0)$.

证 根据 δ-函数的定义, 有

$$f(t) * \delta(t-t_0) = \int_{-\infty}^{+\infty} f(\tau)\delta(t-\tau-t_0)\mathrm{d}\tau = \int_{-\infty}^{+\infty} f(\tau)\delta[-(\tau-t+t_0)]\mathrm{d}\tau$$

$$= \int_{-\infty}^{+\infty} f(\tau)\delta(\tau-t+t_0)\mathrm{d}\tau = f(t-t_0)$$

例 6.6.3 表明函数 $f(t)$ 与 $\delta(t - t_0)$ 的卷积相当于把函数 $f(t)$ 本身延迟 t_0, 特别当 $t_0 = 0$ 时, 有

$$f(t) * \delta(t) = f(t)$$

2. 卷积的性质

性质 6.6.1 (交换性质)

$$f_1(t) * f_2(t) = f_2(t) * f_1(t) \tag{6.6.2}$$

性质 6.6.2 (结合性质)

$$[f_1(t) * f_2(t)] * f_3(t) = f_1(t) * [f_2(t) * f_3(t)] \tag{6.6.3}$$

性质 6.6.3 (线性性质)　设 k_1, k_2 是任意常数, 则有

$$[k_1 f_1(t) + k_2 f_2(t)] * g(t) = k_1 f_1(t) * g(t) + k_2 f_2(t) * g(t) \tag{6.6.4}$$

性质 6.6.4 (平移不变性质)　设 $f_1(t)$ 与 $f_2(t)$ 的卷积为

$$g(t) = f_1(t) * f_2(t) = \int_{-\infty}^{+\infty} f_1(\tau) f_2(t - \tau) \mathrm{d}\tau$$

则

$$f_1(t - \alpha) * f_2(t - \beta) = \int_{-\infty}^{+\infty} f_1(\tau - \alpha) f_2(t - \beta - \tau) \mathrm{d}\tau = g(t - \alpha - \beta) \tag{6.6.5}$$

性质 6.6.5 (相似性质)　设 $g(t) = f_1(t) * f_2(t)$, 则

$$f_1(at) * f_2(at) = \frac{1}{|a|} g(at) \quad (a \neq 0) \tag{6.6.6}$$

性质 6.6.6 (卷积定理)　若给定两个函数 $f_1(t), f_2(t)$, 记

$$F_1(\omega) = \mathcal{F}[f_1(t)], F_2(\omega) = \mathcal{F}[f_2(t)]$$

则

$$\mathcal{F}[f_1(t) * f_2(t)] = F_1(\omega) \cdot F_2(\omega) \tag{6.6.7}$$

$$\mathcal{F}[f_1(t) \cdot f_2(t)] = \frac{1}{2\pi} F_1(\omega) * F_2(\omega) \tag{6.6.8}$$

例 6.6.4　$f_1(t) = Ae^{-\alpha t^2}, f_2(t) = Be^{-\beta t^2} (A, B, \alpha, \beta > 0)$, 求

$$F[f_1(t) * f_2(t)]$$

解 记 $F_1(\omega) = \mathcal{F}[f_1(t)] = \mathcal{F}[Ae^{-\alpha t^2}] = A\sqrt{\pi/\alpha}e^{-\omega^2/(4\alpha)}$, $F_2(\omega) = \mathcal{F}[f_2(t)] = \mathcal{F}[Be^{-\beta t^2}] = B\sqrt{\pi/\beta}e^{-\omega^2/(4\beta)}$, 从而由卷积定理, 得

$$F[f_1(t) * f_2(t)] = F_1(\omega) \cdot F_2(\omega) = \frac{\pi AB}{\sqrt{\alpha\beta}}e^{-\frac{\omega^2(\alpha+\beta)}{4\alpha\beta}}$$

例 6.6.5 设 $f(t) = \begin{cases} E\cos\omega_0 t, & |t| < \tau/2 \\ 0, & |t| > \tau/2 \end{cases}$ $(E, \tau > 0)$, 求 $\mathcal{F}[f(t)]$.

解 设 $f_1(t) = \begin{cases} E, & |t| < \tau/2, \\ 0, & |t| > \tau/2, \end{cases}$ $f_2(t) = \cos\omega_0 t$, 则 $f(t) = f_1(t)f_2(t)$, 于是由式 (6.6.8) 及例 6.6.3, 得

$$\mathcal{F}[f(t)] = \mathcal{F}[f_1(t) \cdot f_2(t)] = \frac{1}{2\pi}\mathcal{F}[f_1(t)] * \mathcal{F}[f_2(t)]$$

$$= \frac{1}{2\pi}\left(\frac{2E}{\omega}\sin\frac{\omega\tau}{2}\right) * \pi[\delta(\omega+\omega_0) + \delta(\omega-\omega_0)]$$

$$= E\left[\left(\frac{\sin\frac{\omega\tau}{2}}{\omega}\right) * \delta(\omega+\omega_0) + \left(\frac{\sin\frac{\omega\tau}{2}}{\omega}\right) * \delta(\omega-\omega_0)\right]$$

$$= E\left\{\frac{\sin\left[(\omega+\omega_0)\frac{\tau}{2}\right]}{\omega+\omega_0} + \frac{\sin\left[(\omega-\omega_0)\frac{\tau}{2}\right]}{\omega-\omega_0}\right\}$$

习 题 6

1. 求下列函数的傅氏积分公式.

(1) $f(t) = \begin{cases} 1-t^2, & |t| < 1, \\ 0, & |t| \geqslant 1; \end{cases}$

(2) $f(t) = \begin{cases} 0, & t < 0, \\ e^{-t}\sin 2t, & t \geqslant 0; \end{cases}$

(3) $f(t) = \begin{cases} -1, & -1 < t < 0, \\ 1, & 0 < t < 1, \\ 0, & 其他. \end{cases}$

2. 求证如果 $f(t)$ 满足傅氏积分定理条件, 当 $f(t)$ 为奇函数时, 则有

$$f(t) = \int_0^{+\infty} b(\omega)\sin(\omega t)d\omega$$

其中

$$b(\omega) = \frac{2}{\pi}\int_0^{+\infty} f(t)\sin(\omega t)dt$$

当 $f(t)$ 为偶函数时, 则有

$$f(t) = \int_0^{+\infty} a(\omega) \cos(\omega t) \mathrm{d}\omega$$

其中

$$a(\omega) = \frac{2}{\pi} \int_0^{+\infty} f(t) \cos(\omega t) \mathrm{d}t$$

3. 利用第 2 题的结论, 设 $f(t) = \begin{cases} 1, & |t| < 1, \\ 0, & |t| > 1, \end{cases}$ 试算出 $a(\omega)$, 并推证

$$\int_0^{+\infty} \frac{\sin \omega \cos(\omega t)}{\omega} \mathrm{d}\omega = \begin{cases} \pi/2, & |t| < 1 \\ \pi/4, & |t| = 1 \\ 0, & |t| > 1 \end{cases}$$

4. 求下列函数的傅里叶变换.

(1) $f(t) = \begin{cases} 1 - |t|, & |t| \leqslant 1, \\ 0, & |t| > 1; \end{cases}$

(2) $f(t) = \begin{cases} E, & 0 \leqslant t \leqslant \tau \\ 0, & \text{其他} \end{cases}$ $(E, \tau > 0);$

(3) $f(t) = \begin{cases} \mathrm{e}^{-|t|} & |t| < 1/2, \\ 0, & |t| > 1/2; \end{cases}$

(4) $f(t) = \dfrac{1}{\sqrt{2\pi}\sigma} \mathrm{e}^{-\frac{t^2}{2\sigma^2}}$ (此函数称为高斯 (Gauss) 分布函数);

(5) $f(t) = \begin{cases} 0, & t \leqslant 0, \\ \mathrm{e}^{-t} \sin t, & t > 0; \end{cases}$

(6) $f(t) = \begin{cases} 0 & -\infty < t < -1, \\ -1, & -1 \leqslant t < 0, \\ 1, & 0 \leqslant t < 1, \\ 0, & 1 \leqslant t < +\infty; \end{cases}$

(7) $f(t) = \mathrm{sgn}\, t = \begin{cases} -1, & t < 0, \\ 1, & t > 0; \end{cases}$

(8) $f(t) = \begin{cases} |t|, & |t| \leqslant 1, \\ 0, & \text{其他}. \end{cases}$

5. 求下列函数的傅里叶变换, 并推证下列积分结果.

(1) $f(x) = \begin{cases} \sin t, & |t| \leqslant \pi, \\ 0, & |t| > \pi, \end{cases}$　证明

$$\int_0^{+\infty} \frac{\sin(\omega\pi)\sin(\omega t)}{1-\omega^2}\mathrm{d}\omega = \begin{cases} \dfrac{\pi}{2}\sin t, & |t| \leqslant \pi \\ 0, & |t| > \pi \end{cases}$$

(2) $f(t) = \begin{cases} 1-t^2, & |t| < 1, \\ 0, & |t| \geqslant 1, \end{cases}$　证明

$$\int_{-\infty}^{+\infty} \frac{t\cos t - \sin t}{t^3}\cos\frac{t}{2}\mathrm{d}t = -\frac{3}{16}\pi$$

6. 设 $f(t)$ 在 $(-\infty, \infty)$ 上连续可微, 求证

$$f(t)\delta'(t-t_0) = f(t_0)\delta'(t-t_0) - f'(t_0)\delta(t-t_0) \quad (-\infty < t < \infty)$$

7. 对于实常数 $a \neq 0$, 求证

$$\delta^{(n)}(at) = a^{-n}|a|^{-1}\delta^{(n)}(t)$$

8. 求证

$$\int_{-\infty}^{+\infty} \delta^{(n)}(t)\mathrm{d}t = 0, n \in \mathbb{N}$$

9. 计算下列积分.

(1) $\displaystyle\int_{-\infty}^{+\infty} \delta(t)\sin(\omega_0 t)f(t)\mathrm{d}t$; 　　　　(2) $\displaystyle\int_{-\infty}^{+\infty} \delta(t)\cos(\omega_0 t)f(t)\mathrm{d}t$;

(3) $\displaystyle\int_{-\infty}^{+\infty} \delta(t-3)(t^2+1)\mathrm{d}t$; 　　　　(4) $\displaystyle\int_{-\infty}^{+\infty} \delta''\left(t-\frac{\pi}{4}\right)\sin t\mathrm{d}t$.

10. 求下列函数的傅氏变换.

(1) $f(t) = u(t)\sin(\omega_0 t)$;

(2) $f(t) = u(t)\cos(\omega_0 t)$;

(3) $f(t) = u(t-\tau)$;

(4) $f(t) = \dfrac{1}{2}\left[\delta(t+t_0) + \delta(t-t_0) + \delta\left(t+\dfrac{t_0}{2}\right) + \delta\left(t-\dfrac{t_0}{2}\right)\right]$;

(5) $f(t) = \cos t\sin t$;

(6) $f(t) = \mathrm{e}^{-\alpha|t|} \quad (\alpha > 0)$.

11. 试利用傅氏变换的性质求下列函数的傅氏变换.

(1) $f_1(t) = \begin{cases} E, & |t| < 2, \\ 0, & |t| \geqslant 2, \end{cases}$

　　$f_2(t) = \begin{cases} -E, & |t| < 1, \\ 0, & |t| \geqslant 1, \end{cases} \quad E > 0,$

$$f(t) = 3f_1(t) + 4f_2(t);$$

(2) $f(t) = \dfrac{\alpha^2}{\alpha^2 + 4\pi t^2}$;

(3) $f(t) = \mathrm{e}^{-(\pi t)^2/\alpha}$;

(4) $f(t) = E\delta(t - t_0)$;

(5) $(t - 2)f(-2t)$;

(6) $f(2t - 5)$;

(7) $f(2t)$;

(8) $(t - 2)f(t)$;

(9) $f(1 - t)$.

12. 利用能量积分公式, 求下列积分的值.

(1) $\displaystyle\int_{-\infty}^{+\infty} \dfrac{1 - \cos t}{t^2}\mathrm{d}t$;

(2) $\displaystyle\int_{-\infty}^{+\infty} \left(\dfrac{1 - \cos t}{t}\right)^2 \mathrm{d}t$;

(3) $\displaystyle\int_{-\infty}^{+\infty} \dfrac{t^2}{(1 + t^2)^2}\mathrm{d}t$;

(4) $\displaystyle\int_{-\infty}^{+\infty} \dfrac{\sin^4 t}{t^2}\mathrm{d}t$.

13. 求下列函数的傅氏变换.

(1) $f(t) = \mathrm{e}^{-\alpha t}u(t) \cdot \sin\omega_0 t\,(\alpha > 0)$;

(2) $f(t) = \mathrm{e}^{-\alpha t}u(t)\cos\omega_0 t\,(\alpha > 0)$;

(3) $f(t) = \mathrm{e}^{\mathrm{i}\omega_0 t}u(t - t_0)$;

(4) $f(t) = \mathrm{e}^{\mathrm{i}\omega_0 t}u(t)$;

(5) $f(t) = \mathrm{e}^{\mathrm{i}\omega_0 t} \cdot t \cdot u(t)$.

14. 求下列函数 $f_1(t)$ 与 $f_2(t)$ 的卷积.

(1) $f_1(t) = u(t)$, $f_2(t) = \mathrm{e}^{-\omega t}u(t)$;

(2) $f_1(t) = \mathrm{e}^{-\omega t}u(t)$, $f_2(t) = \sin t \cdot u(t)$;

(3) $f_1(t) = \mathrm{e}^{-t}u(t)$, $f_2(t) = \begin{cases} \sin t, & 0 < t < \dfrac{\pi}{2} \\ 0, & \text{其他}. \end{cases}$

15. 求出 $f(t) = E\dfrac{\sin\omega_0 t}{t}$ 的频谱函数, 并画出它的频谱图.

16. 利用傅氏变换, 证明弦振动方程问题

$$\frac{\partial^2 u}{\partial t^2} = a^2 \frac{\partial^2 u}{\partial x^2} \quad (-\infty < x < \infty, t > 0)$$

$$u(x, 0) = \varphi(x), \qquad \left.\frac{\partial u}{\partial t}\right|_{(x,0)} = \psi(x) \quad (-\infty < x < \infty)$$

的解, 由达朗贝尔公式给出

$$u(x, t) = \frac{1}{2}[\varphi(x + at) + \varphi(x - at)] + \frac{1}{2a}\int_{x-at}^{x+at} \psi(\tau)\mathrm{d}\tau$$

第7章
拉普拉斯变换

拉普拉斯变换理论 (亦称为算子微积分) 是在 19 世纪末发展起来的. 首先是英国工程师赫维赛德发明了用运算法解决当时电工计算中出现的一些问题, 但是缺乏严密的数学论证. 后来由法国数学家拉普拉斯 (Laplace) 给出严密的数学定义, 称之为拉普拉斯变换 (简称拉氏变换) 方法. 此后, 拉氏变换的方法在电学、力学等众多的工程技术与科学研究领域中得到广泛的应用.

本章首先介绍拉氏变换的定义, 存在定理及一些重要性质; 讨论逆变换的求法. 作为拉氏变换的应用, 我们讨论了在解方程中的拉氏变换法.

7.1 拉普拉斯变换的概念

1. 拉氏变换的定义

第 6 章已经指出, 在古典意义下傅里叶变换存在的条件是 $f(t)$ 除满足狄利克雷条件以外, 还要在 $(-\infty, +\infty)$ 上绝对可积. 许多常见的初等函数, 例如常数函数、多项式、正弦与余弦函数等都不满足这个要求. 另外, 在物理、线性控制等实际应用中, 许多以时间 t 为自变量的函数, 往往当 $t < 0$ 时没有意义, 或者不需要知道 $t < 0$ 的情况. 因此, 傅里叶变换要求函数的条件比较强, 在实际应用中受到了一些限制.

为了解决上述问题, 人们发现对于任意一个不满足上述条件的函数 $\varphi(t)$, 经过适当地改造能够使其满足在古典意义下的傅氏变换. 首先我们将 $\varphi(t)$ 乘以单位阶跃函数.

$$u(t) = \begin{cases} 0, & t < 0 \\ 1, & t > 0 \end{cases}$$

得到

$$\mathcal{F}[\varphi(t)u(t)] = \int_{-\infty}^{+\infty} \varphi(t)u(t)\mathrm{e}^{-\mathrm{i}\omega t}\mathrm{d}t = \int_{0}^{+\infty} f(t)\mathrm{e}^{-\mathrm{i}\omega t}\mathrm{d}t$$

式中 $f(t) = \varphi(t)u(t)$. 这样当 $t < 0$ 时, $\varphi(t)$ 在没有定义或者不需要知道的情况下问题解决了. 但是仍不能回避 $f(t)$ 在 $[0, +\infty)$ 绝对可积的限制. 为此, 我们考虑当 $t \to +\infty$ 时, 衰减速度很快的函数, 即指数衰减函数 $\mathrm{e}^{-\beta t}(\beta > 0)$, 可得

$$\mathcal{F}[\varphi(t)u(t)\mathrm{e}^{-\beta t}] = \int_0^{+\infty} f(t)\mathrm{e}^{-\beta t}\mathrm{e}^{-\mathrm{i}\omega t}\mathrm{d}t = \int_0^{+\infty} f(t)\mathrm{e}^{-(\beta+\mathrm{i}\omega)t}\mathrm{d}t$$

$$= \int_0^{+\infty} f(t)\mathrm{e}^{-st}\mathrm{d}t \quad (s = \beta + \mathrm{i}\omega)$$

上式可写成

$$F(s) = \int_0^{+\infty} f(t)\mathrm{e}^{-st}\mathrm{d}t$$

这是由实函数 $f(t)$ 通过一种新的变换得到的复变函数, 这种变换就是本节要定义的拉普拉斯变换, 简称拉氏变换.

定义 7.1.1　设 $f(t)$ 在 $t \geqslant 0$ 上有定义, 且积分 $F(s) = \int_0^{+\infty} f(t)\mathrm{e}^{-st}\mathrm{d}t$ (s 是复参变量) 对复平面上某一范围的 s 收敛, 则由这个积分确定的函数

$$F(s) = \int_0^{+\infty} f(t)\mathrm{e}^{-st}\mathrm{d}t \tag{7.1.1}$$

称为函数 $f(t)$ 的**拉普拉斯变换**, 简称为 $f(t)$ 的**拉氏变换**, 并记作 $\mathcal{L}[f(t)]$, 即

$$F(s) = \mathcal{L}[f(t)] = \int_0^{+\infty} f(t)\mathrm{e}^{-st}\mathrm{d}t$$

在式 (7.1.1) 中的 $F(s)$ 称为 $f(t)$ 的**像函数**, $f(t)$ 称为 $F(s)$ 的**像原函数**.

若 $F(s)$ 是 $f(t)$ 的拉氏变换, 则称 $f(t)$ 为 $F(s)$ 的**拉氏逆变换**(或称为**像原函数**), 记为

$$f(t) = \mathcal{L}^{-1}[F(s)]$$

由式 (7.1.1) 可知, 函数 $f(t)$ $(t \geqslant 0)$ 的拉氏变换, 实际上就是函数 $f(t)u(t)\mathrm{e}^{-\beta t}$ 的傅氏变换.

例 7.1.1　求单位阶跃函数

$$u(t) = \begin{cases} 0, & t < 0 \\ 1, & t > 0 \end{cases}$$

的拉氏变换.

解　根据定义, 当 $\mathrm{Re}\, s > 0$ 时

$$\mathcal{L}[u(t)] = \int_0^{+\infty} \mathrm{e}^{-st}\mathrm{d}t = -\frac{1}{s}\mathrm{e}^{-st}\Big|_0^{+\infty} = \frac{1}{s} \quad (\mathrm{Re}\, s > 0)$$

故

$$\mathcal{L}[u(t)] = \frac{1}{s} \quad (\operatorname{Re}s > 0)$$

因为在拉氏变换中不必考虑 $t < 0$ 时的情况, 故经常记为 $\mathcal{L}[1] = \frac{1}{s}$.

例 7.1.2 求 $f(t) = \mathrm{e}^{kt}(k$ 为实数) 的拉氏变换.

解 由定义知

$$\mathcal{L}[\mathrm{e}^{kt}] = \int_0^{+\infty} \mathrm{e}^{kt}\mathrm{e}^{-st}\mathrm{d}t = \int_0^{+\infty} \mathrm{e}^{-(s-k)t}\mathrm{d}t$$

当 $\operatorname{Re}s > k$ 时, 此积分收敛, 且有

$$\int_0^{+\infty} \mathrm{e}^{-(s-k)t}\mathrm{d}t = \frac{1}{s-k}$$

于是

$$\mathcal{L}[\mathrm{e}^{kt}] = \frac{1}{s-k} \quad (\operatorname{Re}s > k)$$

2. 拉氏变换的存在定理

由上面的例子可知, 拉氏变换存在的条件要比傅氏变换存在的条件弱得多, 但是对一个函数作拉氏变换也还是要求有一定条件的, 这些条件就如以下定理所述.

定理 7.1.1 (拉氏变换存在定理) 设函数 $f(t)$ 在 $t \geqslant 0$ 的任何有限区间内按段连续, 当 $t \to +\infty$ 时 $f(t)$ 的增长速度不超过某一指数函数, 即存在常数 $M > 0$ 和 $c_0 > 0$, 使得在 $[0, +\infty)$ 上

$$|f(t)| \leqslant M\mathrm{e}^{c_0 t} \tag{7.1.2}$$

则在半平面 $\operatorname{Re}s > c_0$ 上 $\mathcal{L}[f(t)]$ 存在, 且 $F(s) = \mathcal{L}[f(t)]$ 是 s 的解析函数, 其中 c_0 称为 $f(t)$ 的**增长指数**. 此外, 式 (7.1.1) 中积分在 $\operatorname{Re}s > c_0$ 上绝对收敛, 在 $\operatorname{Re}s \geqslant c_1 > c_0$ 上一致收敛.

证 对任何 $\operatorname{Re}s > c_0$ 内的定点 s, 设 $\beta = \operatorname{Re}s > c_0$, 由式 (7.1.2) 对任意的 $t \geqslant 0$ 成立

$$|f(t)\mathrm{e}^{-st}| = |f(t)|\mathrm{e}^{-\beta t} \leqslant M\mathrm{e}^{-(\beta-c_0)t}$$

若令 ε 为小于 $\beta - c_0$ 的正数, 则

$$|f(t)\mathrm{e}^{-st}| \leqslant M\mathrm{e}^{-\varepsilon t}$$

所以就有

$$\int_0^{+\infty} |f(t)\mathrm{e}^{-st}|\mathrm{d}t \leqslant \int_0^{+\infty} M\mathrm{e}^{-\varepsilon t}\mathrm{d}t = \frac{M}{\varepsilon}$$

由此得出, 当 $\operatorname{Re}s > c_0$ 时, 式 (7.8.1) 中积分存在且为绝对收敛.

利用含参变量广义积分一致收敛的判别法则, 由 $\displaystyle\int_0^{+\infty} Me^{-\varepsilon t}\mathrm{d}t$ 收敛亦可判断 $\displaystyle\int_0^{+\infty} f(t)e^{-st}\mathrm{d}t$ 在 $\mathrm{Re}s \geqslant c_1 > c_0$ 上一致收敛. 不仅如此, 而且还能进一步证明 $\displaystyle\int_0^{+\infty} \frac{\mathrm{d}}{\mathrm{d}s}[f(t)e^{-st}]\mathrm{d}t$ 也在 $\mathrm{Re}s > c_0$ 上绝对收敛, 在 $\mathrm{Re}s \geqslant c_1 > c_0$ 上一致收敛.

事实上, 在 $\mathrm{Re}s > c_0$ 上, $|-tf(t)e^{-st}| \leqslant Mte^{-(\beta-c_0)t} \leqslant Mte^{-\varepsilon t}$. 所以

$$\int_0^{+\infty} \left|\frac{\mathrm{d}}{\mathrm{d}s}[f(t)e^{-st}]\right|\mathrm{d}t \leqslant \int_0^{+\infty} Mte^{-\varepsilon t}\mathrm{d}t = \frac{M}{\varepsilon^2}$$

由此又可推出式 (7.1.1) 定义的 $F(s)$ 存在导数, 并且求导号和积分号可以交换顺序, 即

$$F'(s) = \int_0^{+\infty} \frac{\mathrm{d}}{\mathrm{d}s}[f(t)e^{-st}]\mathrm{d}t = -\int_0^{+\infty} tf(t)e^{-st}\mathrm{d}t \tag{7.1.3}$$

这就表明, $F(s)$ 在 $\mathrm{Re}s > c_0$ 上是解析的. 定理得证.

从定理 7.1.1 可以看出, 物理学和工程技术中常见的函数大都能满足这两个条件. 函数的增长受控于某指数函数的和函数要绝对可积, 这两个条件相比, 前者的条件要弱得多. 如 $u(t), t^m, \sin kt$ 等函数都不满足傅氏积分中绝对可积的条件, 但它们都能满足拉氏变换存在定理中的条件式 (7.1.2).

$$|u(t)| \leqslant e^{0t}, \quad 此处\ M=1, c_0=0$$
$$|t^m| \leqslant 1 \cdot e^t, \quad 此处\ M=1, c_0=1$$
$$|\sin kt| \leqslant 1 \cdot e^{0t}, \quad 此处\ M=1, c_0=0$$

由此可见, 拉氏变换的应用就更广泛.

另外, 存在定理的条件是充分的, 不是必要的. 可以推证 $\mathcal{L}\left[t^{-\frac{1}{2}}\right]$ 是存在的, 但 $f(t)=t^{-\frac{1}{2}}$ 在 $t=0$ 点不是第一类间断点, 因而在 $t \geqslant 0$ 上不是逐段连续的.

下面我们不加证明地引入如下定理, 这个定理类似于幂级数中的阿贝尔定理.

定理 7.1.2 (1) 如果 $\displaystyle\int_0^{+\infty} f(t)e^{-st}\mathrm{d}t$ 在 $s_1 = \beta_1 + \mathrm{i}\omega_1$ 处收敛, 则这个积分在半平面 $\mathrm{Re}s > \beta_1$ 内处处收敛, 且由这个积分确定的函数 $F(s)$ 在 $\mathrm{Re}s > \beta_1$ 内解析.

(2) 如果 $\displaystyle\int_0^{+\infty} f(t)e^{-st}\mathrm{d}t$ 在 $s_2 = \beta_2 + \mathrm{i}\omega_2$ 处发散, 则这个积分在半平面 $\mathrm{Re}s < \beta_2$ 内处处发散.

根据定理 7.1.2, 必存在实数 σ(或是 $\pm\infty$), 使得在 $\mathrm{Re}s > \sigma$ 上积分 $\displaystyle\int_0^{+\infty} f(t)e^{-st}\mathrm{d}t$ 收敛, 而在 $\mathrm{Re}s < \sigma$ 上积分 $\displaystyle\int_0^{+\infty} f(t)e^{-st}\mathrm{d}t$ 处处发散. 在收敛区域上 $F(s) = \mathcal{L}[f(t)]$ 是 s 的解析函数. 这里的 σ 叫做拉氏变换 $\mathcal{L}[f(t)]$ 的 **收敛坐标**, 见图 7.1.1.

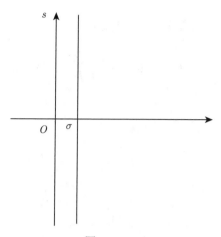

图 7.1.1

下面再求一些常用函数的拉氏变换.

例 7.1.3   求 $f(t) = \sin \omega t (\omega$ 为实数$)$ 的拉氏变换.

解   当 $\text{Re} s > 0$ 时, 有

$$\mathcal{L}[\sin \omega t] = \int_0^{+\infty} e^{-st} \sin \omega t dt$$
$$= \frac{e^{-st}}{s^2 + \omega^2}[-s \sin \omega t - \omega \cos \omega t]\Big|_0^{+\infty} = \frac{\omega}{s^2 + \omega^2}$$

例 7.1.4   求 $f(t) = \cos \omega t\ (\omega$ 为实数$)$ 的拉氏变换.

解   当 $\text{Re} s > 0$ 时, 有

$$\int_0^{+\infty} e^{-st} \cos \omega t dt = \frac{1}{2}\int_0^{+\infty} e^{-st}[e^{i\omega t} + e^{-i\omega t}]dt$$
$$= -\frac{1}{2}\left[\frac{e^{-(s-i\omega)t}}{s - i\omega}\Big|_0^{+\infty} + \frac{e^{-(s+i\omega)t}}{s + i\omega}\Big|_0^{+\infty}\right]$$
$$= \frac{1}{2}\left[\frac{1}{s - i\omega} + \frac{1}{s + i\omega}\right] = \frac{s}{s^2 + \omega^2}$$

例 7.1.5   求 $f(t) = t^\alpha (\alpha > -1)$ 的拉氏变换.

解   根据式 (7.1.1), 当 $\text{Re} s > 0$ 时, 有

$$\mathcal{L}[t^\alpha] = \int_0^{+\infty} t^\alpha e^{-st} dt$$

为了求此积分, 若令 $pt = z$, 由于 p 为右半平面 $\text{Re} s > 0$ 内任一复数, 设 $p =$

$re^{i\theta}\left(-\dfrac{\pi}{2}<\theta<\dfrac{\pi}{2}\right)$, 故 z 为复变量, 积分变为

$$\int_0^{+\infty}t^\alpha \mathrm{e}^{-pt}\mathrm{d}t=\frac{1}{p^{\alpha+1}}\int_0^{+\infty}z^\alpha \mathrm{e}^{-z}\mathrm{d}z$$

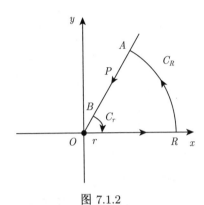

图 7.1.2

上式右边积分的路线为从原点 O 出发沿射线 OP 至无穷远点 (图 7.1.2), 由于 $z^\alpha \mathrm{e}^{-z}$ 除原点外是解析的, 故由柯西积分定理应有

$$\int_B^A z^\alpha \mathrm{e}^{-z}\mathrm{d}z=\left(\int_{C_r}+\int_r^R+\int_{C_R}\right)z^\alpha \mathrm{e}^{-z}\mathrm{d}z \tag{7.1.4}$$

这里

$$\left|\int_{C_R}z^\alpha \mathrm{e}^{-z}\mathrm{d}z\right|\leqslant\int_{C_R}|z^\alpha \mathrm{e}^{-z}|\mathrm{d}s=\int_{C_R}|z|^\alpha|\mathrm{e}^{-(R\cos\theta_1+\mathrm{i}R\sin\theta_1)}|\mathrm{d}s$$
$$=\int_{C_R}R^\alpha \mathrm{e}^{-R\cos\theta}\mathrm{d}s\leqslant R^\alpha\int_{C_R}\mathrm{e}^{-R\cos\theta}\mathrm{d}s$$
$$=R^{\alpha+1}\mathrm{e}^{-R\cos\theta}\cdot\theta\to 0\quad(R\to\infty,0<\theta_1<\theta)$$

同理得

$$\left|\int_{C_R}z^\alpha \mathrm{e}^{-z}\mathrm{d}z\right|\leqslant r^{\alpha+1}\mathrm{e}^{-r\cos\theta}\cdot\theta\quad(0<\theta_2<\theta)$$

由于 $\alpha+1>0$, 当 $r\to 0^+$ 时, 上式趋于 0.

在式 (7.1.4) 两边同时令 $R\to+\infty,r\to 0^+$, 就得出

$$\int_0^{+\infty}z^\alpha \mathrm{e}^{-z}\mathrm{d}z=\int_0^{+\infty}t^\alpha \mathrm{e}^{-t}\mathrm{d}t=\Gamma(\alpha+1)$$

即得

$$\mathcal{L}[t^\alpha]=\frac{\Gamma(\alpha+1)}{p^{\alpha+1}}\quad(\alpha>-1,\operatorname{Re}p>0)\ \text{或}\ \mathcal{L}[t^\alpha]=\frac{\Gamma(\alpha+1)}{s^{\alpha+1}}\quad(\alpha>-1,\operatorname{Re}s>0)$$

当 m 为非负整数时有

$$\mathcal{L}[t^m] = \frac{m!}{s^{m+1}} \quad (\mathrm{Re}s > 0)$$

下面是关于周期函数的拉氏变换. 设 $f(t)$ 是以 T 为周期的函数, 即 $f(t+T) = f(t)(t > 0)$, 且在一个周期内逐段连续, 则

$$\mathcal{L}[f(t)] = \int_0^{+\infty} f(t)\mathrm{e}^{-st}\mathrm{d}t = \sum_{k=0}^{+\infty} \int_{kT}^{(k+1)T} f(t)\mathrm{e}^{-st}\mathrm{d}t$$

令 $t = \tau + kT$, 则

$$\int_{kT}^{(k+1)T} f(t)\mathrm{e}^{-st}\mathrm{d}t = \int_0^T f(\tau + kT)\mathrm{e}^{-s(\tau+kT)}\mathrm{d}\tau = \mathrm{e}^{-kTs}\int_0^T f(t)\mathrm{e}^{-st}\mathrm{d}t$$

又由 $\mathrm{Re}s > 0$ 时, $|\mathrm{e}^{-Ts}| < 1$,

$$\sum_{k=0}^{+\infty} \int_{kT}^{(k+1)T} f(t)\mathrm{e}^{-st}\mathrm{d}t = \sum_{k=0}^{+\infty} \mathrm{e}^{-kTs}\int_0^T f(t)\mathrm{e}^{-st}\mathrm{d}t = \frac{1}{1-\mathrm{e}^{-sT}}\int_0^T f(t)\mathrm{e}^{-st}\mathrm{d}t$$

于是

$$\mathcal{L}[f(t)] = \frac{1}{1-\mathrm{e}^{-sT}}\int_0^T f(t)\mathrm{e}^{-st}\mathrm{d}t \tag{7.1.5}$$

例 7.1.6 求周期性三角波

$$f(t) = \begin{cases} t, & 0 \leqslant t < b, \\ 2b - t, & b \leqslant t < 2b, \end{cases} \quad \text{且} \quad f(t+2b) = f(t)$$

的拉氏变换.

解 $f(t)$ 是周期为 $2b$ 的函数, 由于

$$\int_0^{2b} f(t)\mathrm{e}^{-st}\mathrm{d}t = \int_0^b t\mathrm{e}^{-st}\mathrm{d}t + \int_b^{2b} (2b-t)\mathrm{e}^{-st}\mathrm{d}t$$

$$= \int_0^b t\mathrm{e}^{-st}\mathrm{d}t + \int_0^b (b-t)\mathrm{e}^{-s(t+b)}\mathrm{d}t$$

$$= b\mathrm{e}^{-bs}\int_0^b \mathrm{e}^{-st}\mathrm{d}t + (1-\mathrm{e}^{-bs})\int_0^b t\mathrm{e}^{-st}\mathrm{d}t$$

$$= b\mathrm{e}^{-bs}\int_0^b \mathrm{e}^{-st}\mathrm{d}t + (1-\mathrm{e}^{-bs})\int_0^b t\mathrm{e}^{-st}\mathrm{d}t$$

$$= \frac{b}{s}\mathrm{e}^{-bs}(1-\mathrm{e}^{-bs}) - \frac{bs+1}{s^2}\mathrm{e}^{-bs}(1-\mathrm{e}^{-bs}) + \frac{1}{s^2}(1-\mathrm{e}^{-bs})$$

$$= \frac{1}{s^2}(1-\mathrm{e}^{-bs})^2$$

应用式 (7.1.5) 得 $f(t)$ 的拉氏变换为

$$\mathcal{L}[f(t)] = \frac{1}{1 - \mathrm{e}^{-2bs}} \cdot \frac{1}{s^2}(1 - \mathrm{e}^{-bs})^2$$

$$= \frac{1}{s^2} \cdot \frac{1 - \mathrm{e}^{-bs}}{1 + \mathrm{e}^{-bs}} = \frac{1}{s^2}\mathrm{th}\frac{bs}{2} \quad (\mathrm{Res} > 0)$$

例 7.1.7　求全波整流函数 $f(t) = |\sin t|, t \geqslant 0$ 的拉氏变换.

解　$f(t)$ 是周期 $T = \pi$, 故由公式 (7.1.5)

$$\mathcal{L}[f(t)] = \frac{1}{1 - \mathrm{e}^{-\pi s}} \int_0^\pi \mathrm{e}^{-st} \sin t \mathrm{d}t = \frac{1}{1 - \mathrm{e}^{-\pi s}} \left[\frac{\mathrm{e}^{-st}}{s^2 + 1}(-s\sin t - \cos t) \Big|_0^\pi \right]$$

$$= \frac{1}{1 - \mathrm{e}^{-\pi s}} \cdot \frac{1 + \mathrm{e}^{-\pi s}}{s^2 + 1} = \frac{1}{s^2 + 1}\mathrm{cth}\frac{\pi s}{2}$$

这里还要指出, 满足拉氏变换存在定理条件的函数 $f(t)$ 在 $t = 0$ 处为有界时, 积分

$$\mathcal{L}[f(t)] = \int_0^{+\infty} f(t)\mathrm{e}^{-st}\mathrm{d}t$$

中的下限取 0^+ 或 0^- 不会影响其结果, 但当 $f(t)$ 在 $t = 0$ 处包含了脉冲函数时, 则拉氏变换的积分下限必须明确指出是 0^+ 还是 0^-, 因为

$$\mathcal{L}_+[f(t)] = \int_{0^+}^{+\infty} f(t)\mathrm{e}^{-st}\mathrm{d}t$$

称为 0^+ 系统, 在电路上 0^+ 表示换路后初始时刻

$$\mathcal{L}_-[f(t)] = \int_{0^-}^{+\infty} f(t)\mathrm{e}^{-st}\mathrm{d}t \tag{7.1.6}$$

称为 0^- 系统, 在电路上 0^- 表示换路前终止时刻

$$\mathcal{L}_-[f(t)] = \int_{0^-}^{0^+} f(t)\mathrm{e}^{-st}\mathrm{d}t + \mathcal{L}_+[f(t)]$$

可以发现, 当 $f(t)$ 在 $t = 0$ 附近有界时, 则

$$\int_{0^-}^{0^+} f(t)\mathrm{e}^{-st}\mathrm{d}t = 0$$

即

$$\mathcal{L}_-[f(t)] = \mathcal{L}_+[f(t)] = \mathcal{L}[f(t)]$$

当 $f(t)$ 在 $t = 0$ 处包含一个脉冲函数时, 则

$$\int_{0^-}^{0^+} f(t) \mathrm{e}^{-st} \mathrm{d}t \neq 0$$

即

$$\mathcal{L}_-[f(t)] \neq \mathcal{L}_+[f(t)]$$

为了考察这一情况, 我们需要将进行拉氏变换的函数 $f(t)$, 当 $t \geqslant 0$ 时有定义扩大为当 $t > 0$ 及 $t = 0$ 的任意一个邻域内有定义. 这样, 拉氏变换的定义 $\mathcal{L}[f(t)] = \int_0^{+\infty} f(t) \mathrm{e}^{-st} \mathrm{d}t$ 应为 $\mathcal{L}_-[f(t)] = \int_{0^-}^{\infty} f(t) \mathrm{e}^{-st} \mathrm{d}t$. 为书写简便起见, 仍写为原来的形式.

例 7.1.8 求单位脉冲函数 $\delta(t)$ 的拉氏变换.

解 根据

$$\int_{-\infty}^{+\infty} \delta(t) f(t) \mathrm{d}t = f(0)$$

$$\mathcal{L}[\delta(t)] = \mathcal{L}_-[\delta(t)] = \int_{0^-}^{+\infty} \delta(t) \mathrm{e}^{-st} \mathrm{d}t$$
$$= \int_{-\infty}^{+\infty} \delta(t) \mathrm{e}^{-st} \mathrm{d}t = \mathrm{e}^{-st}||_{t=0} = 1$$

如果脉冲出现在 $t = t_0$ 时刻 $(t_0 > 0)$, 有

$$\mathcal{L}[\delta(t - t_0)] = \int_{0^-}^{+\infty} \delta(t - t_0) \mathrm{e}^{-st} \mathrm{d}t = \mathrm{e}^{-st_0}$$

例 7.1.9 求 $f(t) = \mathrm{e}^{-\beta t} \delta(t) - \beta \mathrm{e}^{-\beta t} u(t) \ (\beta > 0)$ 的拉氏变换.

解

$$\mathcal{L}[f(t)] = \int_{0^-}^{+\infty} [\mathrm{e}^{-\beta t} \delta(t) - \beta \mathrm{e}^{-\beta t} u(t)] \mathrm{e}^{-st} \mathrm{d}t$$
$$= \int_{0^-}^{+\infty} \delta(t) \mathrm{e}^{-(\beta + s)t} \mathrm{d}t - \beta \int_{0^-}^{+\infty} \mathrm{e}^{-(\beta + s)t} \mathrm{d}t$$
$$= \mathrm{e}^{-(\beta + s)t} \Big|_{t=0} + \beta \cdot \frac{\mathrm{e}^{-(\beta + s)t}}{s + \beta} \Big|_0^{+\infty}$$
$$= 1 - \frac{\beta}{s + \beta} = \frac{s}{s + \beta}$$

在实际工作中为了使用方便, 有现成的拉氏变换表可查. 通过查表可以很容易知道由原函数到像函数的变换, 或由像函数到原函数的逆变换. 本书已将工程实际中常遇到一些函数及其拉氏变换列于附录 II 中, 以备读者查用.

下面再举一些通过查表求拉氏变换的例子.

例 7.1.10 求 $\sin 2t \sin 3t$ 的拉氏变换.

根据附录 II 中第 20 式, 在 $a = 2, b = 3$ 时, 可以很方便地得到

$$\mathcal{L}[\sin 2t \sin 3t] = \frac{12s}{(s^2 + 5^2)(s^2 + 1^2)} = \frac{12s}{(s^2 + 25)(s^2 + 1)}$$

读者不妨按定义验算和比较一下.

例 7.1.11 求 $\dfrac{\mathrm{e}^{-bt}}{\sqrt{2}}(\cos bt - \sin bt)$ 的拉氏变换.

这个函数的拉氏变换, 在本书给出的附录 II 中找不到现成的结果, 但是

$$\frac{\mathrm{e}^{-bt}}{\sqrt{2}}(\cos bt - \sin bt) = \frac{\mathrm{e}^{-bt}}{\sqrt{2}}\left[\cos bt - \cos\left(\frac{\pi}{2} - bt\right)\right]$$

$$= \frac{\mathrm{e}^{-bt}}{\sqrt{2}}\left[-2\sin\frac{\pi}{4}\sin\left(bt - \frac{\pi}{4}\right)\right] = \mathrm{e}^{-bt}\sin\left(-bt + \frac{\pi}{4}\right)$$

根据附录 II 中第 18 式, 在 $a = -b, c = \dfrac{\pi}{4}$ 时, 可以得到

$$\mathcal{L}\left[\frac{\mathrm{e}^{-bt}}{\sqrt{2}}(\cos bt - \sin bt)\right] = \mathcal{L}\left[\mathrm{e}^{-bt}\sin\left(-bt + \frac{\pi}{4}\right)\right]$$

$$= \frac{(s + b)\sin\dfrac{\pi}{4} + (-b)\cos\dfrac{\pi}{4}}{(s + b)^2 + (-b)^2} = \frac{\sqrt{2}s}{2(s^2 + 2bs + 2b^2)}$$

总之, 查表求函数的拉氏变换要比按定义去做方便得多, 特别是掌握了拉氏变换的性质, 再使用查表的方法, 就能更快地找到所求函数的拉氏变换.

7.2 拉普拉斯变换的性质

虽然, 由拉氏变换的定义可以求得一些常用函数的拉氏变换, 但是, 在实际应用中常常不去做这一积分运算, 而是利用拉氏变换的一些基本性质得出它们的变换式再应用拉氏变换 (附录 II) 就能更方便地找到所求函数的拉氏变换.

本节介绍拉氏变换的几个基本性质, 为了叙述方便, 总假定所考虑的拉氏变换的像原函数都满足存在定理的条件, 不再重复叙述.

性质 7.2.1 (线性性质) 设 α, β 是常数, $F_1(s) = \mathcal{L}[f_1(t)], F_2(s) = \mathcal{L}[f_2(t)]$, 则

$$\mathcal{L}[\alpha f_1(t) + \beta f_2(t)] = \alpha\mathcal{L}[f_1(t)] + \beta\mathcal{L}[f_2(t)] \tag{7.2.1}$$

$$\mathcal{L}^{-1}[\alpha F_1(s) + \beta F_2(s)] = \alpha\mathcal{L}^{-1}[F_1(s)] + \beta\mathcal{L}^{-1}[F_2(s)] \tag{7.2.2}$$

例 7.2.1 求函数 $f(t) = \cos 3t + 6\mathrm{e}^{-3t}$ 的拉氏变换.

解

$$\mathcal{L}[f(t)] = \mathcal{L}[\cos 3t] + 6\mathcal{L}[e^{-3t}] = \frac{s}{s^2 + 3^2} + \frac{6}{s+3}$$

例 7.2.2 求函数 $F(s) = \dfrac{1}{(s-a)(s-b)}$ $(a > 0, b > 0, a \neq b)$ 的拉氏逆变换.

解 因为

$$F(s) = \frac{1}{(s-a)(s-b)} = \frac{1}{a-b} \cdot \frac{1}{s-a} + \frac{1}{b-a} \cdot \frac{1}{s-b}$$

由式 (7.2.2) 有

$$\mathcal{L}^{-1}[F(s)] = \frac{1}{a-b} \cdot \mathcal{L}^{-1}\left[\frac{1}{s-a}\right] + \frac{1}{b-a} \cdot \mathcal{L}^{-1}\left[\frac{1}{s-b}\right]$$

$$= \frac{1}{a-b}e^{at} + \frac{1}{b-a}e^{bt} = \frac{1}{a-b}(e^{at} - e^{bt})$$

例 7.2.3 求 $f(t) = \sin \omega t$ 的拉氏变换 $F(s)$.

解 已知

$$f(t) = \sin \omega t = \frac{1}{2i}(e^{-\omega t} - e^{-i\omega t})$$

$$\mathcal{L}[e^{i\omega t}] = \frac{1}{s - i\omega}$$

$$\mathcal{L}[e^{-i\omega t}] = \frac{1}{s + i\omega}$$

所以由线性性质可知

$$\mathcal{L}[\sin \omega t] = \frac{1}{2i}\left[\frac{1}{s - i\omega} - \frac{1}{s + i\omega}\right] = \frac{\omega}{s^2 + \omega^2}$$

同样方法可求得

$$\mathcal{L}[\cos \omega t] = \frac{s}{s^2 + \omega^2}$$

性质 7.2.2 (微分性质) 若 $\mathcal{L}[f(t)] = F(s)$, 此处假设 $f^{(n)}(t)$ 存在且连续, 则

$$\mathcal{L}[f'(t)] = sF(s) - f(0) \tag{7.2.3}$$

证 根据拉氏变换的定义和分部积分公式

$$\mathcal{L}[f'(t)] = \int_0^{+\infty} f'(t)e^{-st}dt = f(t)e^{-st}\big|_0^{+\infty} + s\int_0^{+\infty} f(t)e^{-st}dt$$

$$= s\mathcal{L}[f(t)] - f(0) = sF(s) - f(0) \quad (\text{Res} > c_0 > 0)$$

推论 7.2.1 对自然数 n, 有

$$\mathcal{L}[f^{(n)}(t)] = s^n F(s) - s^{n-1}f(0) - \cdots - f^{(n-1)}(0) \tag{7.2.4}$$

特别地, 当 $f(0) = f'(0) = \cdots = f^{(n-1)}(0) = 0$ 时,

$$\mathcal{L}[f^{(n)}(t)] = s^n F(s)$$

例 7.2.4 求 $f(t) = \cos\omega t$ 的拉氏变换.

解 因 $f(0) = 1, f'(0) = 0, f''(t) = -\omega^2\cos\omega t$, 故根据式 7.2.4,

$$\mathcal{L}[-\omega^2\cos\omega t] = \mathcal{L}[(\cos\omega t)''] = s^2\mathcal{L}[\cos\omega t] - sf(0) - f'(0)$$

$$-\omega^2\mathcal{L}[\cos\omega t] = s^2\mathcal{L}[\cos\omega t] - s$$

移项化简得

$$\mathcal{L}[\cos\omega t] = \frac{s}{s^2 + \omega^2} \quad (\mathrm{Re}s > 0)$$

同法可得

$$\mathcal{L}[\sin\omega t] = \frac{\omega}{s^2 + \omega^2}$$

例 7.2.5 求 $f(t) = t^2 + \sin\omega t$ 的拉氏变换.

解

$$\mathcal{L}[t^2 + \sin\omega t] = \mathcal{L}[t^2] + \mathcal{L}[\sin\omega t] = \frac{2!}{s^3} + \frac{\omega}{s^2 + \omega^2}$$

例 7.2.6 利用式 (7.2.4), 求函数 $f(t) = t^m$ 的拉氏变换, 其中 m 是正整数.

解 由于 $f(0) = f'(0) = \cdots = f^{(m-1)}(0) = 0$, 而 $f^{(m)}(t) = m!, \mathcal{L}[1] = \frac{1}{s}$, 故 $m!\mathcal{L}[1] = s^m\mathcal{L}[t^m]$, 于是得 $\mathcal{L}[t^m] = \frac{m!}{s^{m+1}}$.

此外, 由拉氏变换存在定理, 还可以得到像函数的微分性质:

若 $\mathcal{L}[f(t)] = F(s)$, 则

$$F'(s) = \mathcal{L}[-tf(t)] \quad (\mathrm{Re}s > c_0) \tag{7.2.5}$$

一般地, 对自然数 n, 有

$$F^{(n)}(s) = (-1)^n\mathcal{L}[t^n f(t)] \quad (\mathrm{Re}s > c_0) \tag{7.2.6}$$

例 7.2.7 求函数 $f(t) = t^2\cos kt$ 的拉氏变换.

解 已知 $F(s) = \mathcal{L}[\cos kt] = \frac{s}{s^2 + k^2}$, 应用公式 (7.2.6),

$$\mathcal{L}[t^2\cos kt] = F''(s) = \left(\frac{s}{s^2 + k^2}\right)'' = \frac{2s^3 - 6k^2 s}{(s^2 + k^2)^3} \quad (\mathrm{Re}s > 0)$$

例 7.2.8 求函数 $F(s) = \ln\frac{s+1}{s-1}$ 的拉氏逆变换.

解 由于 $F'(s) = \dfrac{s-1}{s+1} \cdot \dfrac{s-1-s-1}{(s-1)^2} = \dfrac{1}{s+1} - \dfrac{1}{s-1}$, 应用微分性质式 (7.2.5)

$$\mathcal{L}^{-1}[F(s)] = -\frac{1}{t}\mathcal{L}^{-1}[F'(s)]$$

$$= -\frac{1}{t}\left(\mathcal{L}^{-1}\left[\frac{1}{s+1}\right] - \mathcal{L}^{-1}\left[\frac{1}{s-1}\right]\right) = \frac{1}{t}(e^t - e^{-t}) = \frac{2}{t}\mathrm{sh}t$$

例 7.2.9 求函数 $F(s) = \ln\dfrac{s^2-1}{s^2}$ 的拉氏逆变换.

解 由于 $F'(s) = \left(\ln\dfrac{s^2-1}{s^2}\right)' = \dfrac{2s}{s^2-1} - \dfrac{2}{s}$, 所以 $\mathcal{L}^{-1}\left[\left(\ln\dfrac{s^2-1}{s^2}\right)'\right] =$

$2\mathrm{ch}t - 2u(t)$, 应用微分性质式 (7.2.5)

$$\mathcal{L}^{-1}[F(s)] = -\frac{1}{t}\mathcal{L}^{-1}[F'(s)]$$

$$= -\frac{1}{t}[2\mathrm{ch}t - 2u(t)]$$

$$= \frac{2}{t}[\mathrm{u}(t) - \mathrm{ch}t]$$

性质 7.2.3 (积分性质)   设 $F(s) = \mathcal{L}[f(t)]$, 则

$$\mathcal{L}\left[\int_0^t f(\tau)\mathrm{d}\tau\right] = \frac{1}{s}F(s) \tag{7.2.7}$$

证 设 $\varphi(t) = \displaystyle\int_0^t f(\tau)\mathrm{d}\tau$, 则 $\varphi'(t) = f(t), \varphi(0) = 0$, 由式 (7.2.3), 得

$$\mathcal{L}[f(t)] = s\mathcal{L}\left[\int_0^t f(\tau)\mathrm{d}\tau\right] - \varphi(0)$$

故得式 (7.2.8).

一般地, 有

$$\mathcal{L}\left[\underbrace{\int_0^t \mathrm{d}\tau \int_0^t \mathrm{d}\tau \cdots \int_0^t}_{n次} f(\tau)\mathrm{d}\tau\right] = \frac{1}{s^n}F(s),\ n = 1, 2, \cdots \tag{7.2.8}$$

此外, 由拉氏变换存在定理, 还可以得到像函数的积分性质.

设 $\displaystyle\lim_{t\to 0^+} \dfrac{f(t)}{t}$ 存在, 且积分 $\displaystyle\int_s^\infty F(u)\mathrm{d}u$ 收敛, 则

$$\int_s^\infty F(u)\mathrm{d}u = \mathcal{L}\left[\frac{f(t)}{t}\right] \tag{7.2.9}$$

一般地, 若 $\lim\limits_{t\to 0^+}\dfrac{f(t)}{t^n}$ 存在, 有

$$\mathcal{L}\left[\frac{f(t)}{t^n}\right]=\underbrace{\int_s^\infty \mathrm{d}u\int_s^\infty \mathrm{d}u\cdots\int_s^\infty F(u)\mathrm{d}u}_{n\text{次}},\quad n=1,2,\cdots$$

证　应用拉氏变换存在定理证明中的讨论,

$$\int_s^\infty F(u)\mathrm{d}u=\int_s^\infty\int_0^{+\infty}f(t)\mathrm{e}^{-ut}\mathrm{d}t\mathrm{d}u=\int_0^{+\infty}f(t)\int_s^\infty \mathrm{e}^{-ut}\mathrm{d}u\mathrm{d}t$$

$$=\int_0^{+\infty}f(t)\left[-\frac{\mathrm{e}^{-ut}}{t}\Big|_{u=s}^\infty\right]\mathrm{d}t=\int_0^{+\infty}\frac{f(t)}{t}\mathrm{e}^{-st}\mathrm{d}t=\mathcal{L}\left[\frac{f(t)}{t}\right]$$

推论 7.2.2　如果积分 $\int_0^{+\infty}\dfrac{f(t)}{t}\mathrm{d}t$ 收敛, 则有

$$\int_0^{+\infty}\frac{f(t)}{t}\mathrm{d}t=\int_0^\infty F(s)\mathrm{d}s \tag{7.2.10}$$

事实上, 由式 (7.2.9) 有

$$\int_s^\infty F(u)\mathrm{d}u=\int_0^{+\infty}\frac{f(t)}{t}\mathrm{e}^{-st}\mathrm{d}t$$

令 $s\to 0$ 即可.

例 7.2.10　求 $f(t)=\dfrac{\sin t}{t}$ 的拉氏变换, 并求积分 $\int_0^{+\infty}\dfrac{\sin t}{t}\mathrm{d}t$.

解　已知 $\mathcal{L}[\sin t]=\dfrac{1}{s^2+1}$, 故由式 (7.2.10),

$$\mathcal{L}\left[\frac{\sin t}{t}\right]=\int_s^\infty\frac{1}{u^2+1}\mathrm{d}u=\frac{\pi}{2}-\arctan s$$

再利用式 (7.2.11) 得

$$\int_0^{+\infty}\frac{\sin t}{t}\mathrm{d}t=\frac{\pi}{2}$$

性质 7.2.4 (位移性质)　若 $\mathcal{L}[f(t)]=F(s)$, 则有

$$\mathcal{L}[\mathrm{e}^{at}f(t)]=F(s-a)\ (\mathrm{Re}(s-a)>c_0) \tag{7.2.11}$$

其中, c_0 是 $f(t)$ 的增长指数.

证　根据定义

$$\mathcal{L}[\mathrm{e}^{at}f(t)]=\int_0^{+\infty}\mathrm{e}^{at}f(t)\mathrm{e}^{-st}\mathrm{d}t$$

$$= \int_0^{+\infty} f(t)\mathrm{e}^{-(s-a)t}\mathrm{d}t = F(s-a)$$

例 7.2.11 求 $\mathcal{L}[\mathrm{e}^{-at}\sin kt]$.

解 已知 $\mathcal{L}[\sin kt] = \dfrac{k}{s^2 + k^2}$，由位移性质可得

$$\mathcal{L}[\mathrm{e}^{-at}\sin kt] = \frac{k}{(s+a)^2 + k^2}$$

例 7.2.12 求 $\mathcal{L}[t\mathrm{e}^{at}\sin at]$ 和 $\mathcal{L}[t\mathrm{e}^{at}\cos at]$.

解 已知

$$\mathcal{L}[\mathrm{e}^{at}\sin at] = \frac{a}{(s-a)^2 + a^2}$$

$$\mathcal{L}[t\mathrm{e}^{at}\sin at] = -\left(\frac{a}{(s-a)^2 + a^2}\right)'$$

$$= \frac{2a(s-a)}{[(s-a)^2 + a^2]^2} = \frac{2a(s-a)}{(s^2 - 2as + 2a^2)^2}$$

同法可得

$$\mathcal{L}[t\mathrm{e}^{at}\cos at] = \frac{(s-a)^2 - a^2}{[(s-a)^2 + a^2]^2} = \frac{s^2 - 2as}{(s^2 - 2as + a^2)^2}$$

例 7.2.13 求 $\mathcal{L}\left[\displaystyle\int_0^t t\mathrm{e}^{at}\sin at\mathrm{d}t\right]$.

解 由上例及积分性质得

$$\mathcal{L}\left[\int_0^t t\mathrm{e}^{at}\sin at\mathrm{d}t\right] = \frac{1}{s}\mathcal{L}[t\mathrm{e}^{at}\sin at] = \frac{2a(s-a)}{s[(s-a)^2 + a^2]^2}$$

同法可得

$$\mathcal{L}\left[\int_0^t t\mathrm{e}^{at}\cos at\mathrm{d}t\right] = \frac{s - 2a}{s[(s-a)^2 + a^2]^2}$$

性质 7.2.5 (延迟性质) 若 $\mathcal{L}[f(t)] = F(s)$，又 $t < 0$ 时 $f(t) = 0$，则对于任一非负实数 τ，有

$$\mathcal{L}[f(t - \tau)] = \mathrm{e}^{-s\tau}F(s) \quad 或 \quad \mathcal{L}^{-1}[\mathrm{e}^{-s\tau}F(s)] = f(t - \tau) \tag{7.2.12}$$

证

$$\mathcal{L}[f(t - \tau)] = \int_0^{+\infty} f(t - \tau)\mathrm{e}^{-st}\mathrm{d}t$$

$$= \int_0^{\tau} f(t - \tau)\mathrm{e}^{-st}\mathrm{d}t + \int_{\tau}^{+\infty} f(t - \tau)\mathrm{e}^{-st}\mathrm{d}t$$

由条件可知, 当 $t < \tau$ 时, $f(t - \tau) = 0$, 所以上式右端第一个积分为零. 对于第二个积分, 令 $t - \tau = u$, 则

$$\mathcal{L}[f(t - \tau)] = \int_0^{+\infty} f(u)\mathrm{e}^{-s(u+\tau)}\mathrm{d}u$$

$$= \mathrm{e}^{-s\tau} \int_0^{+\infty} f(u)\mathrm{e}^{-su}\mathrm{d}u = \mathrm{e}^{-s\tau} F(s) \ (\mathrm{Re}s > s_0)$$

函数 $f(t - \tau)$ 与 $f(t)$ 相比, $f(t)$ 是从 $t = 0$ 开始有非零数值, 而 $f(t - \tau)$ 是从 $t = \tau$ 开始才有非零数值, 即延迟了一个时间 τ. 如图 7.2.1 所示, $f(t - \tau)$ 的图像是由 $f(t)$ 的图像沿 t 轴向右平移距离 τ 而得. 这个性质表示以时间为自变量的函数延迟 τ 的拉普拉斯变换等于像函数乘以 $\mathrm{e}^{-s\tau}$.

利用单位阶跃函数 $u(t)$, 式 (7.2.12) 可写成

$$\mathcal{L}[f(t - \tau)u(t - \tau)] = \mathrm{e}^{-s\tau} F(s)$$

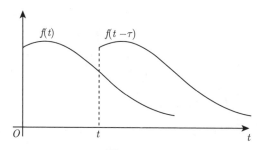

图 7.2.1

例 7.2.14　求函数 $u(t - \tau) = \begin{cases} 0, & t < \tau \\ 1, & t \geqslant \tau \end{cases}$ 的拉氏变换.

解　已知 $\mathcal{L}[u(t)] = \dfrac{1}{s}$, 根据延迟性质, 有

$$\mathcal{L}[u(t - \tau)] = \frac{1}{s}\mathrm{e}^{-s\tau}$$

例 7.2.15　求函数 $\dfrac{\mathrm{e}^{-5s+1}}{s}$ 的拉氏逆变换.

解　已知 $\mathcal{L}[u(t)] = \dfrac{1}{s}$, 根据延迟性质, 有

$$f(t) = \mathcal{L}^{-1}\left[\mathrm{e}^{-5s}\frac{\mathrm{e}}{s}\right] = \mathrm{e}\mathcal{L}^{-1}\left[\frac{1}{s}\right]\Big|_{t=t-5} = \mathrm{e}u(t-5)$$

例 7.2.16　求如图 7.2.2 所示的阶梯函数 $f(t)$ 的拉氏变换.

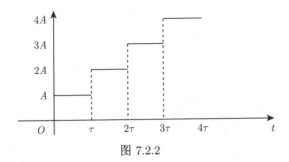

图 7.2.2

解   利用单位阶跃函数, 可将这个阶梯函数 $f(t)$ 表示为

$$f(t) = A[u(t) + u(t - \tau) + u(t - 2\tau) + \cdots] = A \sum_{k=0}^{\infty} u(t - k\tau) \tag{7.2.13}$$

由于

$$|u(t - k\tau)\mathrm{e}^{-st}| = |u(t - k\tau)\mathrm{e}^{-s(t-k\tau)}\mathrm{e}^{-ks\tau}| \leqslant |\mathrm{e}^{-ks\tau}|$$

再注意 $|\mathrm{e}^{-\tau s}| < 1$ (Re$s > 0$), 因此级数 $\sum_{k=0}^{+\infty} u(t - k\tau)\mathrm{e}^{-st}$, 在 $t > 0$ 上一致收敛. 所以可以逐项积分, 亦即式 (7.2.13) 两端可取拉氏变换, 且式 (7.2.14) 右端可逐项取拉氏变换.

又因为 $\mathscr{L}[u(t - k\tau)] = \dfrac{1}{s}\mathrm{e}^{-k\tau s}$, 我们有

$$\mathscr{L}[f(t)] = \frac{A}{s} \sum_{k=0}^{\infty} \mathrm{e}^{-k\tau s} = \frac{A}{s(1 - \mathrm{e}^{-\tau s})} = \frac{A}{s} \cdot \frac{1}{\left(1 - \mathrm{e}^{-\frac{s\tau}{2}}\right)\left(1 + \mathrm{e}^{-\frac{s\tau}{2}}\right)}$$

$$= \frac{A}{2s}\left(1 + \operatorname{cth}\frac{s\tau}{2}\right) \quad (\text{Re}s > 0)$$

一般地, 若 $f(t)$ 满足拉氏变换存在定理条件, 且 $|f(t)| \leqslant M\mathrm{e}^{c_0 t}(M, c_0 > 0)$. 与例 7.2.16 类似的讨论:

当 $\mathscr{L}[f(t)] = F(s)$ 时, 则对任何 $\tau > 0$, 有

$$\mathscr{L}\left[\sum_{k=0}^{\infty} f(t - k\tau)\right] = \sum_{k=0}^{\infty} \mathscr{L}[f(t - k\tau)] = F(s) \cdot \frac{1}{1 - \mathrm{e}^{-s\tau}} \quad (\text{Re}s > c_0)$$

例 7.2.17   求单个半正弦波

$$f(t) = \begin{cases} E \sin \dfrac{2\pi}{T}t, & 0 \leqslant t < \dfrac{T}{2} \\ 0, & t \geqslant \dfrac{T}{2} \end{cases}$$

的拉氏变换.

解　设

$$f_1(t) = E \sin \frac{2\pi}{T} t u(t)$$

$$f_2(t) = E \sin \frac{2\pi}{T} \left(t - \frac{T}{2} \right) u \left(t - \frac{T}{2} \right)$$

容易看出, $f(t) = f_1(t) + f_2(t)$, 参见图 7.2.3, 所以

$$
\begin{aligned}
\mathcal{L}[f(t)] &= \mathcal{L}[f_1(t)] + \mathcal{L}[f_2(t)] \\
&= E\mathcal{L}\left[\sin \frac{2\pi}{T} t \cdot u(t) \right] + E\mathcal{L}\left[\sin \frac{2\pi}{T} \left(t - \frac{T}{2} \right) \cdot u \left(t - \frac{T}{2} \right) \right] \\
&= \frac{E \dfrac{2\pi}{T}}{s^2 + \left(\dfrac{2\pi}{T} \right)^2} \left(1 + \mathrm{e}^{-\frac{T}{2}s} \right)
\end{aligned}
$$

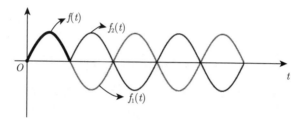

图 7.2.3

性质 7.2.6 (相似性质)　设 $\mathcal{L}[f(t)] = F(s)$, 则对 $a > 0$ 有

$$\mathcal{L}[f(at)] = \frac{1}{a} F\left(\frac{s}{a} \right) \quad (\mathrm{Re}\, s > a c_0) \tag{7.2.14}$$

证　根据定义, 当 $a > 0$ 时, 有

$$
\begin{aligned}
\mathcal{L}[f(at)] &= \int_0^{+\infty} f(at)\mathrm{e}^{-st}\mathrm{d}t \\
&= \frac{1}{a} \int_0^{+\infty} f(u)\mathrm{e}^{-\frac{s}{a}u}\mathrm{d}u = \frac{1}{a} F\left(\frac{s}{a} \right)
\end{aligned}
$$

例 7.2.18　已知 $\mathcal{L}[f(t)] = F(s)$, 求 $\mathcal{L}[f(at - b)u(at - b)]$ $(a > 0, b > 0)$.

解　此问题既要用到相似性质, 也要用到延迟性质.

先由延迟性质求得

$$\mathcal{L}[f(t - b)u(t - b)] = F(s)\mathrm{e}^{-bs}$$

再借助相似性质即可求出所需结果

$$\mathcal{L}[f(at - b)u(at - b)] = \frac{1}{a} F\left(\frac{s}{a} \right) \mathrm{e}^{-s\frac{b}{a}}$$

另一种作法是先利用相似性质, 再借助延迟性质. 这时首先得到

$$\mathcal{L}[f(at)u(at)] = \frac{1}{a}F\left(\frac{s}{a}\right)$$

然后由延迟性质求出

$$\mathcal{L}\left\{f\left[a\left(t - \frac{b}{a}\right)\right]u\left[a\left(t - \frac{b}{a}\right)\right]\right\} = \frac{1}{a}F\left(\frac{s}{a}\right)e^{-s\frac{b}{a}}$$

也即

$$\mathcal{L}\{f(at - b)u(at - b)\} = \frac{1}{a}F\left(\frac{s}{a}\right)e^{-s\frac{b}{a}}$$

两种方法结果一致.

例 7.2.19   求 $\mathcal{L}[u(5t)]$ 和 $\mathcal{L}[u(5t - 2)]$.

解   因 $\mathcal{L}[u(t)] = \frac{1}{s}$, 故 $\mathcal{L}[u(5t)] = \frac{1}{5} \cdot \frac{1}{\frac{s}{5}} = \frac{1}{s}$. 又由 $u(5t - 2) = u\left[5\left(t - \frac{2}{5}\right)\right]$,

故由延迟性和相似性有

$$\mathcal{L}[u(5t - 2)] = e^{-\frac{2}{5}s}\mathcal{L}[u(5t)] = \frac{1}{s}e^{-\frac{2}{5}s}$$

例 7.2.20   求函数 $\delta(5t)$ 和 $\delta(5t - 5)$ 的拉氏变换.

解   已知 $\mathcal{L}[\delta(t)] = 1, \mathcal{L}[\delta(t - 1)] = e^{-s}$, 应用相似性质即得

$$\mathcal{L}[\delta(5t)] = \frac{1}{5}\mathcal{L}[\delta(t)]\Big|_{\frac{s}{5}} = \frac{1}{5}$$

$$\mathcal{L}[\delta(5t - 5)] = \frac{1}{5}\mathcal{L}[\delta(t - 1)] = \frac{1}{5}e^{-s}$$

设函数 $f(t)$ 与 $F(s)$ 是一对拉普拉斯变换对, 事实上它们并不是总能成对出现的. 将 $f(0) = \lim\limits_{t \to 0^+} f(t)$ 为 $f(t)$ 的初值, 称 $f(\infty) = \lim\limits_{t \to +\infty} f(t)$(如果它存在) 为 $f(t)$ 的终值. 下面性质表明, 在一定条件下利用 $F(s)$ 能够确定 $f(0)$ 和 $f(\infty)$.

性质 7.2.7   i) (初值定理) 若 $F(s) = \mathcal{L}[f(t)]$, 且 $\lim\limits_{s \to \infty} SF(s)$ 存在, 则

$$f(0) = \lim_{s \to \infty} SF(s) \tag{7.2.15}$$

ii) (终值定理) 若 $F(s) = \mathcal{L}[f(t)]$, 且 $SF(s)$ 的所有奇点均在半平面: $\text{Re}\,s < 0$, $\lim\limits_{s \to 0} SF(s)$ 存在, 则

$$f(\infty) = \lim_{s \to 0} SF(s) \tag{7.2.16}$$

例 7.2.21   已知 $F(s) = \mathcal{L}[f(t)] = \frac{1}{s + a}(a > 0)$, 试求 $f(0)$ 和 $f(\infty)$.

解　由于 $F(s) = \dfrac{1}{s+a}$ 满足性质 7.2.7 的条件, 故

$$f(0) = \lim_{s \to \infty} sF(s) = \lim_{s \to \infty} \frac{s}{s+a} = 1$$

$$f(\infty) = \lim_{s \to 0} sF(s) = \lim_{s \to 0} \frac{s}{s+a} = 0$$

事实上, 我们知道 $f(t) = \mathcal{L}^{-1}\left[\dfrac{1}{s+a}\right] = \mathrm{e}^{-at}$, $f(0) = \lim\limits_{t \to 0^+} \mathrm{e}^{-at} = 1$, $f(\infty) = \lim\limits_{t \to +\infty} \mathrm{e}^{-at} = 0$. 这与上述结果是一致的.

例 7.2.22　已知 $F(s) = \mathcal{L}[f(t)] = \dfrac{1}{s^2+1}$, 试问能否应用性质 7.2.7 求出 $f(0)$ 和 $f(\infty)$.

解　由于 $\lim\limits_{s \to \infty} SF(s) = \lim\limits_{s \to \infty} \dfrac{s}{s^2+1} = 0$, 由初值定理, 有

$$f(0) = \lim_{s \to \infty} \frac{s}{s^2+1} = 0$$

然而 $SF(s) = \dfrac{s}{s^2+1}$ 的两个奇点 $\pm \mathrm{i}$ 均落在虚轴上, 不满足终值定理条件. 尽管 $\lim\limits_{s \to 0} SF(s) = \lim\limits_{s \to 0} \dfrac{s}{s^2+1} = 0$, 但不能用终值定理求 $f(\infty)$. 事实上 $f(t) = \mathcal{L}^{-1}[F(s)] = \mathcal{L}^{-1}\left[\dfrac{1}{s^2+1}\right] = \sin t$, $\lim\limits_{t \to +\infty} f(t) = \lim\limits_{t \to +\infty} \sin t$ 不存在.

在第 6 章里我们曾定义了两个在 $(-\infty, \infty)$ 上绝对可积函数 $f_1(t)$ 和 $f_2(t)$ 的卷积

$$f_1 * f_2(t) = \int_{-\infty}^{\infty} f_1(\tau) f_2(t-\tau) \, \mathrm{d}\tau.$$

在拉氏变换中常假定当 $t < 0$ 时, $f(t) = 0$, 于是拉氏变换中的函数的卷积可写成

$$\begin{aligned}
f_1 * f_2(t) &= \int_{-\infty}^{\infty} f_1(\tau) f_2(t-\tau) \mathrm{d}\tau \\
&= \int_{-\infty}^{0} f_1(\tau) f_2(t-\tau) \mathrm{d}\tau + \int_{0}^{t} f_1(\tau) f_2(t-\tau) \, \mathrm{d}\tau + \int_{t}^{\infty} f_1(\tau) f_2(t-\tau) \mathrm{d}\tau \\
&= \int_{0}^{t} f_1(\tau) f_2(t-\tau) \, \mathrm{d}\tau
\end{aligned}$$

例 7.2.23　设 $f_1(t) = \begin{cases} 0, & t < 0, \\ t, & t \geqslant 0, \end{cases}$ $f_2(t) = \begin{cases} 0, & t < 0, \\ \sin t, & t \geqslant 0, \end{cases}$ 求 $f_1 * f_2(t)$.

解

$$f_1 * f_2(t) = \int_{0}^{t} f_1(\tau) f_2(t-\tau) \, \mathrm{d}\tau = \int_{0}^{t} \tau \sin(t-\tau) \, \mathrm{d}\tau$$

$$= \tau \cos(t-\tau) \Big|_{0}^{t} - \int_{0}^{t} \cos(t-\tau) \, \mathrm{d}\tau = t - \sin t$$

性质 7.2.8(卷积定理)　设函数 $f_1(t)$ 和 $f_2(t)$ 满足拉氏变换存在定理的条件, 记 $F_k(s) = \mathcal{L}[f_k(t)]$, $k = 1, 2$. 则卷积 $f_1 * f_2(t)$ 的拉氏变换存在, 且

$$\mathcal{L}[f_1 * f_2(t)] = F_1(s) F_2(s)$$

或

$$\mathcal{L}^{-1}[F_1(s) F_2(s)] = f_1 * f_2(t)$$

证　$\mathcal{L}[f_1 * f_2(t)]$

$$= \int_0^\infty \left[\int_0^t f_1(\tau) f_2(t - \tau) \, d\tau \right] e^{-st} dt$$

$$= \iint_D f_1(\tau) f_2(t - \tau) e^{-st} dt \quad \text{(化为区域} D \text{的二重积分)}$$

$$= \int_0^\infty f_1(\tau) \left[\int_\tau^\infty f_2(t - \tau) e^{-st} dt \right] d\tau \quad \text{(化为先对} t \text{再对} \tau \text{的累次积分)}$$

$$= \int_0^\infty f_1(\tau) \left[\int_0^\infty f_2(u) e^{-(u+\tau)s} du \right] d\tau \quad \text{(令} u = t - \tau\text{)}$$

$$= \left(\int_0^\infty f_1(\tau) e^{-s\tau} d\tau \right) \left(\int_0^\infty f_2(u) e^{-su} du \right)$$

$$= F_1(s) F_2(s)$$

例 7.2.24　设 $F(s) = \mathcal{L}[f(t)]$, 证明 $\mathcal{L}\left[\int_0^t f(\tau) \, d\tau \right] = \dfrac{F(s)}{s}$.

证　设 $f_1(t) = f(t)$, $f_2(t) = u(t)$, 则 $\mathcal{L}[f_2(t)] = \mathcal{L}[u(t)] = \dfrac{1}{s}$, 又

$$f_1 * f_2(t) = \int_0^t f_1(\tau) f_2(t - \tau) \, d\tau = \int_0^t f(\tau) \, d\tau, \ \ t > 0$$

于是由卷积定理, 知

$$\mathcal{L}\left[\int_0^t f(\tau) \, d\tau \right] = \mathcal{L}[f_1 * f_2(t)] = \mathcal{L}[f_1(t)] \mathcal{L}[f_2(t)] = \frac{F(s)}{s}$$

例 7.2.25　设 $F(s) = \dfrac{1}{s^2(1 + s^2)}$, 求 $f(t) = \mathcal{L}^{-1}[F(s)]$.

解　已知 $\mathcal{L}^{-1}\left[\dfrac{1}{s^2} \right] = t$, $\mathcal{L}^{-1}\left[\dfrac{1}{1 + s^2} \right] = \sin t$, 由卷积定理, 有

$$f(t) = \mathcal{L}^{-1}\left[\frac{1}{s^2(1 + s^2)} \right] = \left(\mathcal{L}^{-1}\left[\frac{1}{s^2} \right] \right) * \left(\mathcal{L}^{-1}\left[\frac{1}{1 + s^2} \right] \right)$$

$$= t * \sin t = t - \sin t$$

7.3　拉普拉斯逆变换

前面几节主要讨论了已知函数 $f(t)$ 求它的拉氏变换 $F(s)$ 的问题. 但是在实际问题的应用中, 不可避免要遇到其相反的问题, 即已知 $f(t)$ 的拉氏变换 $F(s)$, 求其像原函数 $f(t)$ 的问题. 如果 $F(s)$ 在附录 II 的表中可以直接查到, 求逆变换的问题就比较容易解决. 同时, 通过应用拉氏变换的几个性质, 特别是卷积定理, 确实也能在某些情况下, 对这个问题给出满意的回答. 然而, 在实际问题中经常遇到的 $F(s)$ 并非那样简单. 如果 $F(s)$ 较复杂时, 只用前几节的方法还很不方便, 因此, 必须研究求逆变换的一般方法. 下面我们就来解决这个问题.

由拉氏变换的概念可知, 函数 $f(t)$ 的拉氏变换实际上就是 $f(t)u(t)\mathrm{e}^{-\beta t}(\beta > 0)$ 的傅氏变换. 因此, 当 $f(t)u(t)\mathrm{e}^{-\beta t}$ 满足傅氏积分定理的条件时, 根据傅里叶积分公式, $f(t)$ 在连续点处

$$
\begin{aligned}
f(t)u(t)\mathrm{e}^{-\beta t} &= \frac{1}{2\pi}\int_{-\infty}^{+\infty}\left[\int_{-\infty}^{+\infty}f(\tau)u(\tau)\mathrm{e}^{-\beta\tau}\mathrm{e}^{-\mathrm{i}\omega\tau}\mathrm{d}\tau\right]\mathrm{e}^{\mathrm{i}\omega t}\mathrm{d}\omega \\
&= \frac{1}{2\pi}\int_{-\infty}^{+\infty}\mathrm{e}^{\mathrm{i}\omega t}\int_{-\infty}^{+\infty}f(\tau)\mathrm{e}^{-(\beta+\mathrm{i}\omega)\tau}\mathrm{d}\tau\mathrm{d}\omega \\
&= \frac{1}{2\pi}\int_{-\infty}^{+\infty}F(\beta+\mathrm{i}\omega)\mathrm{e}^{\mathrm{i}\omega t}\mathrm{d}\omega \quad (t>0)
\end{aligned}
$$

等式两端同乘 $\mathrm{e}^{\beta t}$, 且注意这个因子与积分变换 ω 无关, 故当 $t > 0$ 时, 有

$$
f(t) = \frac{1}{2\pi}\int_{-\infty}^{+\infty}F(\beta+\mathrm{i}\omega)\mathrm{e}^{(\beta+\mathrm{i}\omega)t}\mathrm{d}\omega
$$

令 $\beta + \mathrm{i}\omega = s$, 则

$$
f(t) = \frac{1}{2\pi\mathrm{i}}\int_{\beta-\mathrm{i}\infty}^{\beta+\mathrm{i}\infty}F(s)\mathrm{e}^{st}\mathrm{d}s \quad (t>0) \tag{7.3.1}
$$

其中 $\beta > c_0, c_0$ 是 $f(t)$ 的增长指数. 积分路径是在右半平面 $\mathrm{Re}s > c_0$ 上任意一条直线 $\mathrm{Re}s = \beta$ 上.

公式 (7.3.1) 就是从像函数 $F(s)$ 求它的像原函数 $f(t)$ 的一般公式. 右端的积分称为**拉氏反演积分**. 它和公式 $F(s) = \int_0^{+\infty}f(t)\mathrm{e}^{-st}\mathrm{d}t$ 成为一对互逆的积分变换公式, 我们也称 $f(t)$ 和 $F(s)$ 构成了一个拉氏变换对. 由于式 (7.3.1) 是一个复变函数的积分, 计算复变函数的积分通常比较困难, 但当 $F(s)$ 满足一定条件时, 可以用留数方法来计算这个反演积分. 下面的定理将提供计算这个反演积分的方法.

定理 7.3.1　若函数 $F(s)$ 在 z-平面上除有限个孤立奇点 $s_1, s_2, \cdots, s_n$ 外处处解析. 适当选取 β, 使这些奇点全在 $\mathrm{Re}s < \beta$ 的范围内, 且当 $s \to \infty$ 时, $F(s) \to 0$,

则有

$$\frac{1}{2\pi i} \int_{\beta-i\infty}^{\beta+i\infty} F(s)e^{st}ds = \sum_{k=1}^{n} \text{Res}[F(s)e^{st}, s_k] \tag{7.3.2}$$

于是在 $f(t)$ 的连续点处成立

$$f(t) = \sum_{k=1}^{n} \text{Res}[F(s)e^{st}, s_k] \quad (t > 0)$$

在 $f(t)$ 的间断点 $t_0 > 0$ 处, 左方应代之为 $\frac{1}{2}[f(t_0^+) + f(t_0^-)]$.

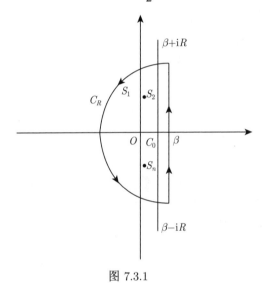

图 7.3.1

证 取 $R > 0$ 充分大时, $s_1, s_2, \cdots, s_n$ 都在圆弧 C_R 和直线 $\text{Re}s = \beta$ 所围成的区域内 (图 7.3.1). 因为 e^{st} 是全平面上的解析函数, 因此 $s_1, s_2, \cdots, s_n$ 是 $F(s)e^{st}$ 的孤立奇点, 除这些奇点之外, $F(s)e^{st}$ 处处解析, 于是根据留数基本定理

$$\frac{1}{2\pi i}\left[\int_{\beta-iR}^{\beta+iR} F(s)e^{st}ds + \int_{C_R} F(s)e^{st}ds\right]$$
$$= \sum_{k=1}^{n} \text{Res}[F(s)e^{st}, s_k]$$

下面证明当 $\lim_{s\to\infty} F(s) = 0$ 时, 有

$$\lim_{R\to+\infty} \int_{C_R} F(s)e^{st}ds = 0 \tag{7.3.3}$$

令 $z = s - \beta$,

$$\int_{C_R} F(s)\mathrm{e}^{st}\mathrm{d}s = \int_{\Gamma_R} F(z+\beta)\mathrm{e}^{(z+\beta)t}\mathrm{d}z$$

其中 Γ_R 是曲线 $z = R\mathrm{e}^{\mathrm{i}\varphi}\left(\dfrac{\pi}{2} \leqslant \varphi \leqslant \dfrac{3\pi}{2}\right)$.

于是

$$\int_{C_R} F(s)\mathrm{e}^{st}\mathrm{d}s = \mathrm{e}^{\beta t}\int_{\frac{\pi}{2}}^{\frac{3\pi}{2}} F(R\mathrm{e}^{\mathrm{i}\varphi}+\beta)\mathrm{e}^{Rt(\cos\varphi+\mathrm{i}\sin\varphi)}\mathrm{i}R\mathrm{e}^{\mathrm{i}\varphi}\mathrm{d}\varphi$$

若设 $M(R)$ 是 $|F(z+\beta)|$ 在 Γ_R 上的最大值, 则

$$\left|\int_{C_R} F(s)\mathrm{e}^{st}\mathrm{d}s\right| \leqslant RM(R)\mathrm{e}^{\beta t}\int_{\frac{\pi}{2}}^{\frac{3\pi}{2}} \mathrm{e}^{Rt\cos\varphi}\mathrm{d}\varphi = RM(R)\mathrm{e}^{\beta t}\int_0^{\pi} \mathrm{e}^{-Rt\sin\varphi}\mathrm{d}\varphi$$

$$= 2RM(R)\mathrm{e}^{\beta t}\int_0^{\frac{\pi}{2}} \mathrm{e}^{-Rt\sin\varphi}\mathrm{d}\varphi \quad (t>0) \tag{7.3.4}$$

因为当 $0 < \varphi \leqslant \dfrac{\pi}{2}$ 时, $\dfrac{2}{\pi} \leqslant \dfrac{\sin\varphi}{\varphi} \leqslant 1$, 所以

$$\int_0^{\frac{\pi}{2}} \mathrm{e}^{-Rt\sin\varphi}\mathrm{d}\varphi \leqslant \int_0^{\frac{\pi}{2}} \mathrm{e}^{-\frac{2Rt}{\pi}\varphi}\mathrm{d}\varphi < \int_0^{+\infty} \mathrm{e}^{-\frac{2Rt}{\pi}\varphi}\mathrm{d}\varphi = \frac{\pi}{2Rt} \quad (t>0) \tag{7.3.5}$$

已知 $\lim\limits_{s\to\infty} F(s) = 0$, 故当 $R \to +\infty$ 时有 $M(R) \to 0$, 将式 (7.3.5) 代入式 (7.3.4) 即得式 (7.3.3). 因此式 (7.3.2) 立即得出, 于是定理证毕.

当 $F(s)$ 为有理函数时, 定理 7.3.1 变得更为简单.

定理 7.3.2 若函数 $F(s)$ 是有理函数: $F(s) = \dfrac{A(s)}{B(s)}$, 其中 $A(s), B(s)$ 是互质多项式, $A(s)$ 的次数为 $n, B(s)$ 的次数为 m, 并且 $n < m$. 又假定 $B(s)$ 的零点为 $s_1, s_2, \cdots, s_k$, 其阶数分别为 $p_1, p_2, \cdots, p_k\left(\sum\limits_{j=1}^{k} p_j = m\right)$, 那么在 $f(t)$ 的连续点处成立

$$f(t) = \sum_{j=1}^{k} \frac{1}{(p_j-1)!} \lim_{s\to s_j} \frac{\mathrm{d}^{(p_j-1)}}{\mathrm{d}s^{p_j-1}}\left[(s-s_j)^{p_j}\frac{A(s)}{B(s)}\mathrm{e}^{st}\right] \quad (t>0) \tag{7.3.6}$$

特别地, 如果 $B(s)$ 有 m 个单零点 $s_1, s_2, \cdots, s_m$, 那么在 $f(t)$ 的连续点处成立

$$f(t) = \sum_{j=1}^{m} \frac{A(s_j)}{B'(s_j)}\mathrm{e}^{s_j t} \quad (t>0) \tag{7.3.7}$$

在 $f(t)$ 的间断点 $t_0 > 0$ 处, 式 (7.32) 和式 (7.33) 左端应代之以 $\dfrac{1}{2}[f(t_0^+) + f(t_0^-)]$.

证 由定理 7.3.1 及留数的计算方法很容易得到证明, 不再详述.

例 7.3.1 求 $F(s) = \dfrac{s}{s^2+1}$ 的逆变换.

解 这里 $B(s) = s^2 + 1, s = \pm i$ 是它的两个一阶零点, 故由式 (7.3.7) 得

$$f(t) = \mathcal{L}^{-1}\left[\frac{s}{s^2+1}\right] = \frac{s}{2s}e^{st}\bigg|_{s=i} + \frac{s}{2s}e^{st}\bigg|_{s=-i}$$

$$= \frac{1}{2}(e^{it} + e^{-it}) = \cos t \quad (t > 0)$$

这和熟知的结果 $L[\cos kt] = \dfrac{s}{s^2+k^2}$ 一致.

例 7.3.2 求 $F(s) = \dfrac{1}{s(s-1)^2}$ 的拉氏逆变换.

解 $B(s) = s(s-1)^2, s = 0$ 为一阶零点, $s = 1$ 为二阶零点, 由式 (7.3.6) 可得

$$f(t) = \mathcal{L}^{-1}[F(s)] = \lim_{s \to 0}\frac{se^{st}}{s(s-1)^2} + \lim_{s \to 1}\frac{d}{ds}\left[(s-1)^2\frac{1}{s(s-1)^2}e^{st}\right]$$

$$= 1 + \lim_{s \to 1}\frac{d}{ds}\left[\frac{1}{s}e^{st}\right] = 1 + \lim_{s \to 1}\left[\frac{t}{s}e^{st} - \frac{1}{s^2}e^{st}\right]$$

$$= 1 + (te^t - e^t) = 1 + e^t(t-1) \quad (t > 0)$$

例 7.3.3 求 $F(s) = \dfrac{s}{(s+1)^3(s-1)^2}$ 的拉氏逆变换.

解 $s_1 = -1$ 和 $s_2 = 1$ 分别是 $\dfrac{se^{st}}{(s+1)^3(s-1)^2}$ 的三阶和二阶极点, 故由计算留数法则得

$$\text{Res}\left[\frac{se^{st}}{(s+1)^3(s-1)^2}, -1\right] = \frac{1}{2!}\lim_{s \to -1}\frac{d^2}{ds^2}\left[\frac{se^{st}}{(s-1)^2}\right] = \frac{e^{-t}}{16}(1-2t^2)$$

$$\text{Res}\left[\frac{se^{st}}{(s+1)^3(s-1)^2}, 1\right] = \lim_{s \to 1}\frac{d}{ds}\left[\frac{se^{st}}{(s+1)^3}\right] = \frac{e^t}{16}(2t-1)$$

于是

$$f(t) = \mathcal{L}[F(s)] = \frac{1}{16}[e^{-t}(1-2t^2) + e^t(2t-1)] \quad (t > 0)$$

当 $F(s)$ 是有理函数时, 还可以采用部分分式分解的方法把 $F(s)$ 分解为若干个附录表 II 中的简单函数之和, 逐个求得逆变换.

例 7.3.4 求 $F(s) = \dfrac{10(s+2)(s+5)}{s(s+1)(s+3)}$ 的逆变换 $f(t)$.

解 将 $F(s)$ 写成部分分式展开形式

$$F(s) = \frac{A}{s} + \frac{B}{s+1} + \frac{C}{s+3}$$

分别求 A, B, C.

$$A = sF(s)|_{s=0} = \frac{10 \times 2 \times 5}{1 \times 3} = \frac{100}{3}$$

$$B = (s+1)F(s)|_{s=-1} = \frac{10(-1+2)(-1+5)}{(-1)(-1+3)} = -20$$

$$C = (s+3)F(s)|_{s=-3} = \frac{10(-3+2)(-3+5)}{(-3)(-3+1)} = -\frac{10}{3}$$

$$F(s) = \frac{100}{3s} - \frac{20}{s+1} - \frac{10}{3(s+3)}$$

$$f(t) = \mathcal{L}^{-1}[F(s)] = \frac{100}{3} - 20\mathrm{e}^{-t} - \frac{10}{3}\mathrm{e}^{-3t} \quad (t \geqslant 0)$$

例 7.3.5 求 $F(s) = \dfrac{s^2 + 2s + 3}{(s^2 + 2s + 2)(s^2 + 2s + 5)}$ 逆变换 $f(t)$.

解法 1

$$\frac{s^2 + 2s + 3}{(s^2 + 2s + 2)(s^2 + 2s + 5)} = \frac{As + B}{s^2 + 2s + 2} + \frac{Cs + D}{s^2 + 2s + 5} \tag{7.3.8}$$

令 $s = 0$ 代入式 (7.3.8) 得 $\dfrac{3}{10} = \dfrac{B}{2} + \dfrac{D}{5}$. 将式 (7.3.8) 乘上 s, 并令 $s \to \infty$ 得 $0 = A + C$.

令 $s = 1$ 得 $\dfrac{3}{20} = \dfrac{A+B}{5} + \dfrac{C+D}{8}$;

令 $s = -1$ 得 $\dfrac{1}{2} = -A + B + \dfrac{D-C}{4}$.

解得

$$A = 0, B = 1/3, C = 0, D = 2/3$$

故

$$F(s) = \frac{1/3}{s^2 + 2s + 2} + \frac{2/3}{s^2 + 2s + 5}$$

$$= \frac{1}{3} \cdot \frac{1}{(s+1)^2 + 1} + \frac{2}{3} \cdot \frac{1}{(s+1)^2 + 4}$$

$$f(t) = \mathcal{L}^{-1}[F(s)] = \frac{1}{3}\mathrm{e}^{-t}\sin t + \frac{2}{3} \cdot \frac{1}{2}\mathrm{e}^{-t}\sin 2t = \frac{1}{3}\mathrm{e}^{-t}(\sin t + \sin 2t)$$

解法 2

$$F(s) = \frac{A}{s + 1 - \mathrm{i}} + \frac{B}{s + 1 + \mathrm{i}} + \frac{C}{s + 1 - 2\mathrm{i}} + \frac{D}{s + 1 + 2\mathrm{i}}$$

解之, 得

$$A = C = \frac{1}{6\mathrm{i}}, B = D = -\frac{1}{6\mathrm{i}}$$

故

$$f(t) = \mathcal{L}^{-1}[F(s)] = \frac{1}{6\mathrm{i}}[\mathrm{e}^{-(1-\mathrm{i})t} - \mathrm{e}^{-(1+\mathrm{i})t} + \mathrm{e}^{-(1-2\mathrm{i})t} - \mathrm{e}^{-(1+2\mathrm{i})t}]$$

$$= \frac{1}{3}\mathrm{e}^{-t}\left(\frac{\mathrm{e}^{\mathrm{i}t} - \mathrm{e}^{-\mathrm{i}t}}{2\mathrm{i}} + \frac{\mathrm{e}^{2\mathrm{i}t} - \mathrm{e}^{-2\mathrm{i}t}}{2\mathrm{i}}\right) = \frac{1}{3}\mathrm{e}^{-t}(\sin t + \sin 2t)$$

在以上讨论中, 假定 $F(s) = \dfrac{A(s)}{B(s)}$ 表示式中 $A(s)$ 的次数 n 低于 $B(s)$ 的次数 m. 对 $n \geqslant m$ 的情况, 可用长除法将函数分解成多项式与有理真分式之和, 其中有理真分式部分可按以上方法分析, 下面给出实例.

例 7.3.6 已知 $F(s) = \dfrac{s^3 + 5s^2 + 9s + 7}{(s+1)(s+2)}$, 求其逆变换.

解 用分子除以分母 (长除法) 得到

$$F(s) = s + 2 + \frac{s+3}{(s+1)(s+2)}$$

现在式中最后一项满足 $m < n$ 的要求, 可按前述部分分式展开方法分解得到

$$F(s) = s + 2 + \frac{2}{s+1} - \frac{1}{s+2}$$

$$f(t) = \mathcal{L}^{-1}[F(s)] = \delta'(t) + 2\delta(t) + 2\mathrm{e}^{-t} - \mathrm{e}^{-2t} \quad (t \geqslant 0)$$

到目前为止, 已介绍了多种求拉氏变换的方法, 例如, 利用拉普拉斯变换性质. 反演积分与留数理论等. 这些方法各有优缺点, 使用时应扬长避短. 以上方法中除留数理论的情况之外, 都需要知道一些最基本的拉氏变换的像函数和像原函数. 此外, 还可以用查表的方法.

7.4 拉普拉斯变换在解方程中的应用

在讨论常系数线性常微分方程的初值问题的解法时, 拉氏变换是一个有力的工具. 其基本思路就是, 对所给方程的两端进行拉氏变换, 然后根据拉氏变换的性质, 如微分性质等, 得到有关像函数的代数方程, 从而求出未知函数的像函数. 最后通过求其逆变换的方法得出所给方程的解 (图 7.4.1). 由于在取拉氏变换时, 方程和初始条件同时用到, 故用拉氏变换解微分方程的初值问题特别方便. 实际做法看下面的例子.

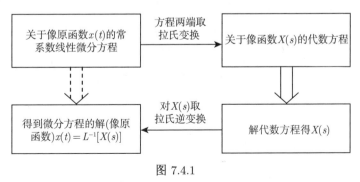

图 7.4.1

例 7.4.1　求方程 $y'' + y = t$ 满足初始条件 $y(0) = 1, y'(0) = -2$ 的解.

解　设 $\mathcal{L}[y(t)] = Y(s)$, 对方程的两边取拉氏变换, 并考虑到初始条件, 则得

$$\mathcal{L}[y''] + \mathcal{L}[y] = \mathcal{L}[t]$$

$$s^2 Y(s) - sy(0) - y'(0) + Y(s) = \frac{1}{s^2}$$

$$s^2 Y(s) - s + 2 + Y(s) = \frac{1}{s^2}$$

这是含未知量 $Y(s)$ 的代数方程, 整理后解出 $Y(s)$, 得

$$
\begin{aligned}
Y(s) &= \frac{1}{s^2(s^2+1)} + \frac{s-2}{s^2+1} \\
&= \frac{1}{s^2} - \frac{1}{s^2+1} + \frac{s}{s^2+1} - \frac{2}{s^2+1} = \frac{1}{s^2} + \frac{s}{s^2+1} - \frac{3}{s^2+1}
\end{aligned}
$$

这便是所求函数的拉氏变换, 取它的逆变换便可以得出所求函数 $y(t)$, 故

$$y(t) = \mathcal{L}^{-1}\left[\frac{1}{s^2} + \frac{s}{s^2+1} - \frac{3}{s^2+1}\right] = t + \cos t - 3\sin t, \quad t \geqslant 0$$

例 7.4.2　求常系数线性微分方程的初值问题

$$
\begin{cases}
x''(t) - 2x'(t) + 2x(t) = 2e^t \cos t \\
x(0) = x'(0) = 0
\end{cases}
$$

的解.

解　设 $\mathcal{L}[x(t)] = X(s)$, 方程的两边进行拉氏变换, 则根据微分性质和初始条件

$$s^2 X(s) - 2sX(s) + 2X(s) = \mathcal{L}[2e^t \cos t]$$

利用

$$\mathcal{L}[\cos t] = \frac{s}{s^2+1}$$

及位移性质

$$\mathcal{L}[2e^t \cos t] = \frac{2(s-1)}{(s-1)^2+1}$$

得

$$X(s) = \frac{2(s-1)}{[(s-1)^2+1]^2} = -\left[\frac{1}{(s-1)^2+1}\right]'$$

因

$$\mathcal{L}[\sin t] = \frac{1}{s^2+1}$$

故

$$\mathcal{L}[e^t \sin t] = \frac{1}{(s-1)^2 + 1}$$

由像函数的微分性质

$$\mathcal{L}[te^t \sin t] = -\left[\frac{1}{(s-1)^2 + 1}\right]'$$

得

$$x(t) = \mathcal{L}^{-1}\left\{\frac{2(s-1)}{[(s-1)^2 + 1]^2}\right\} = \mathcal{L}^{-1}\left[\left(-\frac{1}{(s-1)^2 + 1}\right)'\right] = te^t \sin t, \quad t \geqslant 0$$

例 7.4.3 求微分方程初值问题

$$\begin{cases} x^{(4)}(t) + x^{(3)}(t) = \cos t \\ x(0) = x'(0) = x^{(3)}(0) = 0, \quad x''(0) = k \end{cases}$$

的解, 其中 k 为常数.

解 令 $X(s) = \mathcal{L}[x(t)]$, 方程两端取拉氏变换, 并应用初始条件得

$$s^4 X(s) - ks + s^3 X(s) - k = \frac{s}{s^2 + 1}$$

故

$$\begin{aligned} X(s) &= \frac{k(s+1)}{s^4 + s^3} + \frac{1}{s^2(s+1)(s^2+1)} \\ &= \frac{k}{s^3} + \frac{1}{s^2} - \frac{1}{s} + \frac{1}{2(s+1)} + \frac{s}{2(s^2+1)} - \frac{1}{2(s^2+1)} \end{aligned}$$

求拉氏逆变换, 得原问题的解为

$$x(t) = \mathcal{L}^{-1}[X(s)] = \frac{1}{2}kt^2 + t - 1 + \frac{1}{2}e^{-t} + \frac{1}{2}(\cos t - \sin t), t > 0$$

应用拉氏变换也可以求解微分方程组.

例 7.4.4 求方程组

$$\begin{cases} y'' - x'' + x' - y = e^t - 2 \\ 2y'' - x'' - 2y' + x = -t \end{cases}$$

满足初始条件

$$\begin{cases} y(0) = y'(0) = 0 \\ x(0) = x'(0) = 0 \end{cases}$$

的解.

解　对方程组两个方程两边取拉氏变换, 设 $\mathcal{L}[y(t)] = Y(s), \mathcal{L}[s(t)] = X(s)$, 并考虑到初始条件, 则得

$$\begin{cases} s^2 Y(s) - s^2 X(s) + sX(s) - Y(s) = \dfrac{1}{s-1} - \dfrac{2}{s} \\ 2s^2 Y(s) - s^2 X(s) - 2sY(s) + X(s) = -\dfrac{1}{s^2} \end{cases}$$

整理化简为

$$\begin{cases} (s+1)Y(s) - sX(s) = \dfrac{-s+2}{s(s-1)^2} \\ 2sY(s) - (s+1)X(s) = -\dfrac{1}{s^2(s-1)} \end{cases}$$

解这个代数方程组, 即得

$$\begin{cases} Y(s) = \dfrac{1}{s(s-1)^2} \\ X(s) = \dfrac{2s-1}{s^2(s-1)^2} \end{cases}$$

现求它们的逆变换, 对于 $Y(s) = \dfrac{1}{s(s-1)^2}$, 根据例 7.3.2 可得

$$y(t) = 1 + te^t - e^t$$

$X(s) = \dfrac{2s-1}{s^2(s-1)^2}$ 具有两个二阶极点 $s = 0, s = 1$. 所以

$$\begin{aligned} x(t) &= \lim_{s\to 0} \frac{\mathrm{d}}{\mathrm{d}s}\left[\frac{2s-1}{(s-1)^2}e^{st}\right] + \lim_{s\to 1}\frac{\mathrm{d}}{\mathrm{d}s}\left[\frac{2s-1}{s^2}e^{st}\right] \\ &= \lim_{s\to 0}\left[te^{st}\frac{2s-1}{(s-1)^2} - \frac{2s}{(s-1)^3}e^{st}\right] + \lim_{s\to 1}\left[te^{st}\frac{2s-1}{s^2} + e^{st}\frac{2(1-s)}{s^3}\right] \\ &= -t + te^t \end{aligned}$$

故

$$\begin{cases} x(t) = -t + te^t, \\ y(t) = 1 - e^t + te^t, \end{cases} \quad t \geqslant 0$$

是所求方程组的解.

　　例 7.4.5　求方程组

$$\begin{cases} x'' + y' + 3x = 15e^{-t} \\ y'' - 4x' + 3y = 15\sin 2t \end{cases}$$

满足初始条件 $x(0) = 35, x'(0) = -48, y(0) = 27, y'(0) = -55$ 的解.

解 对方程组两边取拉氏变换, 设 $\mathcal{L}[x(t)] = X(s), \mathcal{L}[y(t)] = Y(s)$, 有

$$\begin{cases} s^2 X(s) - 35s + 48 + sY(s) - 27 + 3X(s) = \dfrac{15}{s+1} \\ s^2 Y(s) - 27s + 55 - 4(sX(s) - 35) + 3Y(s) = \dfrac{30}{s^2+4} \end{cases}$$

即

$$\begin{cases} (s^2 + 3)X(s) + sY(s) = 35s - 21 + \dfrac{15}{s+1} \\ -4sX(s) + (s^2 + 3)Y(s) = 27s - 195 + \dfrac{30}{s^2+4} \end{cases}$$

解代数方程得

$$X(s) = \frac{\begin{vmatrix} 35s - 21 + \dfrac{15}{s+1} & s \\ 27s - 195 + \dfrac{30}{s^2+4} & s^2 + 3 \end{vmatrix}}{\begin{vmatrix} s^2 + 3 & s \\ -4s & s^2 + 3 \end{vmatrix}}$$

$$= \frac{35s^3 - 48s^2 + 300s - 63}{(s^2+1)(s^2+9)} + \frac{15(s^2+3)}{(s+1)(s^2+1)(s^2+9)} - \frac{30s}{(s^2+1)(s^2+4)(s^2+9)}$$

$$= \frac{30s}{s^2+1} - \frac{45}{s^2+9} + \frac{3}{s+1} + \frac{2s}{s^2+4}$$

$$Y(s) = \frac{\begin{vmatrix} s^2 + 3 & 35s - 21 + \dfrac{15}{s+1} \\ -4s & 27s - 195 + \dfrac{30}{s^2+4} \end{vmatrix}}{\begin{vmatrix} s^2 + 3 & s \\ -4s & s^2 + 3 \end{vmatrix}}$$

$$= \frac{27s^3 - 55s^2 - 3s - 585}{(s^2+1)(s^2+9)} + \frac{60s}{(s+1)(s^2+1)(s^2+9)} + \frac{30(s^2+3)}{(s^2+1)(s^2+4)(s^2+9)}$$

$$= \frac{30s}{s^2+9} - \frac{60}{s^2+1} - \frac{3}{s+1} + \frac{2}{s^2+4}$$

故

$$\begin{cases} x(t) = \mathcal{L}^{-1}[X(s)] = 30\cos t - 15\sin 3t + 3\mathrm{e}^{-t} + 3\cos 2t, \\ y(t) = \mathcal{L}^{-1}[Y(s)] = 30\cos 3t - 60\sin t - 3\mathrm{e}^{-t} + \sin 2t, \end{cases} \quad t \geqslant 0$$

从以上例子可以看出, 利用拉氏变换求解常系数微分方程和方程组时, 初始条件也同时用上去. 所得的解就是满足初始条件的特解. 避免了先求通解, 再求特解的过程. 这个方法对高阶方程组也有效, 对有些变系方程组也能利用拉氏变换求解.

例 7.4.6 求微分方程 $ty'' + y' + 4ty = 0$ 满足 $y(0) = 3, y'(0) = 0$ 的解.

解 设 $\mathcal{L}[y(t)] = Y(s)$, 对方程两边进行拉氏变换, 并注意

$$\mathcal{L}[ty''] = -\frac{\mathrm{d}}{\mathrm{d}s}\mathcal{L}[y'']$$

$$\mathcal{L}[ty] = -\frac{\mathrm{d}}{\mathrm{d}s}\mathcal{L}[y] = \frac{-\mathrm{d}Y}{\mathrm{d}s}$$

得

$$-\frac{\mathrm{d}}{\mathrm{d}s}[s^2 Y(s) - sy(0) - y'(0)] + sY(s) - y(0) - 4\frac{\mathrm{d}}{\mathrm{d}s}Y(s) = 0$$

把 $y(0) = 3$ 与 $y'(0) = 0$ 代入上式, 整理得

$$(s^2 + 4)\frac{\mathrm{d}Y}{\mathrm{d}s} + sY = 0$$

这是关于 Y 的齐次线性方程 (也是变量可分离的方程), 于是其通解为

$$Y(s) = C\mathrm{e}^{-\int \frac{s}{s^2+4}\mathrm{d}s} = \frac{C}{\sqrt{s^2 + 4}}$$

查附录 II 的第 60 式得

$$y(t) = C\mathrm{J}_0(2t)$$

其中 $\mathrm{J}_0(t)$ 是零阶第一类贝塞尔 (Bessel) 函数, 且 $\mathrm{J}_0(0) = 1$. 于是, 由初值条件 $y(0) = 1$ 得 $C = 3$, 即

$$y(t) = 3\mathrm{J}_0(2t)$$

习 题 7

1. 用定义求下列函数的拉氏变换, 并用查表的方法来验证结果.

(1) $f(t) = \sin \dfrac{t}{3}$;

(2) $f(t) = \mathrm{e}^{-2t}$;

(3) $f(t) = t^2$;

(4) $f(t) = \sin t \cos t$;

(5) $f(t) = \mathrm{sh}kt$;

(6) $f(t) = \cos^2 t$.

2. 求下列函数的拉氏变换.

(1) $f(t) = \begin{cases} 3, & 0 \leqslant t < 2, \\ -1, & 2 \leqslant t < 4, \\ 0, & t \geqslant 4; \end{cases}$

(2) $f(t) = \begin{cases} t+1, & 0 < t < 3, \\ 0, & t \geqslant 3; \end{cases}$

(3) $f(t) = \begin{cases} 3, & t < \dfrac{\pi}{2}, \\ \cos t, & t > \dfrac{\pi}{2}; \end{cases}$

(4) $f(t) = \mathrm{e}^{2t} + 5\delta(t);$

(5) $f(t) = \delta(t)\cos t - u(t)\sin t.$

3. 设 $f(t)$ 是以 2π 为周期的函数, 且在一个周期内的表达式为

$$f(t) = \begin{cases} \sin t, & 0 < t \leqslant \pi \\ 0, & \pi < t \leqslant 2\pi \end{cases}$$

求 $\mathcal{L}[f(t)].$

4. 求下列函数的拉氏变换.

(1) $f(t) = 3t^4 - 2t^{3/2} + 6;$

(2) $f(t) = 1 - t\mathrm{e}^t;$

(3) $f(t) = 3\sqrt[3]{t} + 4\mathrm{e}^{2t};$

(4) $f(t) = \dfrac{t}{2a}\sin at;$

(5) $f(t) = \dfrac{\sin at}{t};$

(6) $f(t) = 5\sin 2t - 3\cos 2t;$

(7) $f(t) = \mathrm{e}^{-3t}\cos 4t;$

(8) $f(t) = \mathrm{e}^{-2t}\sin 6t;$

(9) $f(t) = t^n\mathrm{e}^{at}(n \text{ 为整数});$

(10) $f(t) = u(3t - 5);$

(11) $f(t) = \dfrac{\mathrm{e}^{3t}}{\sqrt{t}};$

(12) $f(t) = u(1 - \mathrm{e}^{-t}).$

5. 利用像函数的导数公式计算下列各式.

(1) $f(t) = t\mathrm{e}^{-3t}\sin 2t$, 求 $F(s) = \mathcal{L}[f(t)];$

(2) $f(t) = t\displaystyle\int_0^t \mathrm{e}^{-3\tau}\sin 2\tau\mathrm{d}\tau$, 求 $F(s) = \mathcal{L}[f(t)];$

(3) $f(t) = \displaystyle\int_0^t \tau\mathrm{e}^{-3\tau}\sin 2\tau\mathrm{d}\tau$, 求 $F(s) = \mathcal{L}[f(t)].$

6. 利用像函数的积分公式计算下列各式.

(1) $\dfrac{1 - \mathrm{e}^{-t}}{t}$, 求 $F(s);$

(2) $\dfrac{\mathrm{e}^{-3t}\sin 2t}{t}$, 求 $F(s);$

(3) $\displaystyle\int_0^t \dfrac{\mathrm{e}^{-3\tau}\sin 2\tau}{\tau}\mathrm{d}\tau$, 求 $F(s);$

(4) $\dfrac{s}{(s^2 - 1)^2}$, 求 $f(t).$

7. 利用拉氏变换的性质求下列函数的拉氏变换.

(1) $f(t) = \dfrac{\mathrm{e}^{bt} - \mathrm{e}^{at}}{t};$

(2) $f(t) = t^2\sin 2t;$

(3) $f(t) = \sin\omega t - \omega t\cos\omega t;$

(4) $f(t) = t\,\mathrm{sh}\omega t.$

8. 求下列函数的拉氏逆变换.

(1) $F(s) = \dfrac{1}{s^2 + 4}$;

(2) $F(s) = \dfrac{1}{s^4}$;

(3) $F(s) = \dfrac{1}{(s+1)^4}$;

(4) $F(s) = \dfrac{1}{s+3}$;

(5) $F(s) = \dfrac{2s+3}{s^2+9}$;

(6) $F(s) = \dfrac{s+3}{(s+1)(s-3)}$;

(7) $F(s) = \dfrac{s+1}{s^2+s-6}$;

(8) $F(s) = \dfrac{2s+5}{s^2+4s+13}$.

9. 设 $f_1(t), f_2(t)$ 均满足拉氏变换存在定理的条件 (若它们的增长指数均为 c_0), 且 $\mathcal{L}[f_1(t)] = F_1(s), \mathcal{L}[f_2(t)] = F_2(s)$, 则乘积 $f_1(t)f_2(t)$ 的拉氏变换一定存在, 且

$$\mathcal{L}[f_1(t)f_2(t)] = \frac{1}{2\pi i} \int_{\beta - i\infty}^{\beta + i\infty} F_1(q) F_2(s-q) \mathrm{d}q$$

其中 $\beta > 0, \mathrm{Re}s > \beta + c_0$.

10. 求下列函数的拉普拉斯逆变换 (像原函数), 并用另一种方法加以验证.

(1) $F(s) = \dfrac{1}{s^2 + a^2}$;

(2) $F(s) = \dfrac{s}{(s-a)(s-b)}$;

(3) $F(s) = \dfrac{s+c}{(s+a)(s+b)^2}$;

(4) $F(s) = \dfrac{s^2 + 3a^2}{(s^2 + a^2)^2}$;

(5) $F(s) = \dfrac{1}{(s^2 + a^2)s^3}$;

(6) $F(s) = \dfrac{1}{s(s+a)(s+b)}$;

(7) $F(s) = \dfrac{1}{s^4 - a^4}$;

(8) $F(s) = \dfrac{s^2 + 2s - 1}{s(s-1)^2}$;

(9) $F(s) = \dfrac{1}{s^2(s^2 - 1)}$;

(10) $F(s) = \dfrac{s}{(s^2 + 1)(s^2 + 4)}$.

11. 求下列函数的拉普拉斯逆变换.

(1) $F(s) = \dfrac{1}{(s^2 + 4)^2}$;

(2) $F(s) = \dfrac{s}{s+2}$;

(3) $F(s) = \dfrac{2s+1}{s(s+1)(s+2)}$;

(4) $F(s) = \dfrac{1}{s^4 + 5s^2 + 4}$;

(5) $F(s) = \dfrac{s+1}{9s^2 + 6s + 5}$;

(6) $F(s) = \ln \dfrac{s^2 - 1}{s^2}$;

(7) $F(s) = \dfrac{s+2}{(s^2 + 4s + 5)^2}$;

(8) $F(s) = \dfrac{1}{(s^2 + 2s + 2)^2}$;

(9) $F(s) = \dfrac{s^2 + 4s + 4}{(s^2 + 4s + 13)^2}$;

(10) $F(s) = \dfrac{2s^2 + s + 5}{s^3 + 6s^2 + 11s + 6}$;

(11) $F(s) = \dfrac{s+3}{s^3 + 3s^2 + 6s + 4}$;

(12) $F(s) = \dfrac{2s^2 + 3s + 3}{(s+1)(s+3)^3}$;

(13) $F(s) = \dfrac{1 + \mathrm{e}^{-2s}}{s^2}$;　　　　　　(14) $F(s) = \dfrac{2s^3 + 10s^2 + 8s + 40}{s^2(s^2 + 9)}$;

(15) $F(s) = \dfrac{s^2 - 3}{(s+2)(s-3)(s^2 + 2s + 5)}$;　(16) $F(s) = \dfrac{2s^3 - s^2 - 1}{(s+1)^2(s^2 + 1)^2}$.

12. 试求下列微分方程或微分方程组初值问题的解.

(1) $x'' + k^2 x = 0, x(0) = A, x'(0) = B, k \neq 0$;

(2) $x''' + x' = \mathrm{e}^{2t}, \ x(0) = x'(0) = x''(0) = 0$;

(3) $x'' + k^2 x = a[u(t) - u(t - b)], x(0) = x'(0) = 0, k \neq 0, b > 0$;

(4) $x'' - x = 4\sin t + 5\cos 2t, x(0) = -1, x'(0) = -2$;

(5) $x^{(4)} + 2x''' - 2x' - x = \delta(t), x(0) = x'(0) = x''(0) = x'''(0) = 0$;

(6) $x'' + 4x' + 5x = f(t), x(0) = c_1, x'(0) = c_2$;

(7) $x''' + x' = \mathrm{e}^{2t} + \delta(t) + \delta(t - 1), x(0) = x'(0) = x''(0) = 0$;

(8) $x'' + 4x' + 5x = \delta(t) + \delta'(t), x(0) = 0, x'(0) = 2$;

(9) $\begin{cases} x' + y' = 1 + \delta(t), \\ x' - y' = t + \delta(t - 1), \end{cases} \quad x(0) = a, y(0) = b$;

(10) $\begin{cases} x' + x - y = \mathrm{e}^t, \\ 3x + y' - 2y = 2\mathrm{e}^t, \end{cases} \quad x(0) = y(0) = 1$;

(11) $\begin{cases} y' - 2z' = f(t), \\ y'' - z'' + z = 0, \end{cases} \quad y(0) = y'(0) = z(0) = z'(0) = 0$;

(12) $\begin{cases} x'' - x + y + z = 0, \\ x + y'' - y + z = 0, \\ x + y + z'' - z = 0, \end{cases} \quad x(0) = 1, y(0) = z(0) = x'(0) = y'(0) = z'(0) = 0.$

部分习题答案

习 题 1

1. (1) $\mathrm{Re}z = \dfrac{1}{5}, \mathrm{Im}z = -\dfrac{1}{10}, \bar{z} = \dfrac{1}{5} + \dfrac{1}{10}\mathrm{i}, |z| = \dfrac{\sqrt{5}}{10}, \mathrm{Arg}z = -\arctan\dfrac{1}{2} + 2k\pi, k \in \mathbb{Z}$;

(2) $\mathrm{Re}z = -\dfrac{1}{4}, \mathrm{Im}z = -\dfrac{1}{4}, \bar{z} = -\dfrac{1}{4} + \dfrac{1}{4}\mathrm{i}, |z| = \dfrac{\sqrt{2}}{4}, \mathrm{Arg}z = -\dfrac{3}{4}\pi + 2k\pi, k \in \mathbb{Z}$;

(3) $\mathrm{Re}z = -3, \mathrm{Im}z = -4, \bar{z} = -3 + 4\mathrm{i}, |z| = 5, \mathrm{Arg}z = \arctan\dfrac{4}{3} - \pi + 2k\pi, k \in \mathbb{Z}$.

(4) $\mathrm{Re}z = -\dfrac{3}{10}, \mathrm{Im}z = \dfrac{1}{10}, \bar{z} = -\dfrac{3}{10} - \dfrac{1}{10}\mathrm{i}, |z| = \dfrac{\sqrt{10}}{10}, \mathrm{Arg}z = -\arctan\dfrac{1}{3} + \pi + 2k\pi, k \in \mathbb{Z}$.

2. $x = 1, y = 11$.

3. $\mathrm{Re}w = \dfrac{1 - |z|^2}{|1 - z|^2}, \mathrm{Im}w = \dfrac{2\mathrm{Im}z}{|1 - z|^2}, |w| = \dfrac{\sqrt{1 + |z|^2 + 2\mathrm{Re}z}}{|1 - z|}$.

5. (1) $\mathrm{i} = \cos\dfrac{\pi}{2} + \mathrm{i}\sin\dfrac{\pi}{2} = \mathrm{e}^{\frac{\pi}{2}\mathrm{i}}$;

(2) $-1 = \cos\pi + \mathrm{i}\sin\pi = \mathrm{e}^{\pi\mathrm{i}}$;

(3) $1 + \mathrm{i}\sqrt{3} = 2\left(\cos\dfrac{\pi}{3} + \mathrm{i}\sin\dfrac{\pi}{3}\right) = 2\mathrm{e}^{\frac{\pi}{3}\mathrm{i}}$;

(4) $1 - \cos\varphi + \mathrm{i}\sin\varphi = 2\sin\dfrac{\varphi}{2}\left[\cos\left(\dfrac{\pi}{2} - \dfrac{\varphi}{2}\right) + \mathrm{i}\sin\left(\dfrac{\pi}{2} - \dfrac{\varphi}{2}\right)\right] = 2\sin\dfrac{\varphi}{2}\mathrm{e}^{\mathrm{i}\left(\frac{\pi}{2} - \frac{\varphi}{2}\right)}$;

(5) $\dfrac{2\mathrm{i}}{-1 + \mathrm{i}} = 1 - \mathrm{i} = \sqrt{2}\left(\cos\dfrac{\pi}{4} - \mathrm{i}\sin\dfrac{\pi}{4}\right) = \sqrt{2}\mathrm{e}^{-\frac{\pi}{4}\mathrm{i}}$;

(6) $\dfrac{(\cos 5\varphi + \mathrm{i}\sin 5\varphi)^2}{(\cos 3\varphi - \mathrm{i}\sin 3\varphi)^3} = \cos 19\varphi + \mathrm{i}\sin 19\varphi = \mathrm{e}^{19\varphi\mathrm{i}}$.

6. $1 + |a|$.

7. 模不变, 辐角减小 $\dfrac{\pi}{2}$.

9. (1) 位于 z_1 与 z_2 连线的中点;

(2) 位于经过 z_1, z_2 两点的直线上, 其中 $\lambda = \dfrac{z - z_2}{z_1 - z_2}$;

(3) 位于三角形 $z_1 z_2 z_3$ 的重心.

14. (1) $-16(\sqrt{3} + \mathrm{i})$; (2) $-8\mathrm{i}$; (3) $\mathrm{e}^{(\frac{\pi}{6} + \frac{k\pi}{3})\mathrm{i}}, k = 0, 1, 2, \cdots, 5$; (4) $2^{\frac{1}{6}}\mathrm{e}^{(-\frac{\pi}{12} + \frac{2k\pi}{3})\mathrm{i}}, k = 0, 1, 2$.

15. (1) 以 1 为心, 半径为 4 的圆周的外部;

(2) 以 $-2\mathrm{i}$ 为心, 半径为 1 的圆周;

(3) 以双曲线 $x^2 - y^2 = 1$ 为边界且包含原点的区域及其边界;

(4) 以原点为心, 内圆周半径为 2, 外圆周半径为 3 的圆环区域及其边界;

(5) 以 $-\mathrm{i}$ 为心, 半径为 5 的圆周;

(6) 以双曲线 $4x^2 - \dfrac{4}{15}y^2 = 1$ 的左支为边界且包含点 $z = -2$ 的区域;

(7) 以原点为心, 半径为 $\dfrac{1}{3}$ 的圆周的外部;

(8) 直线 $x = \dfrac{5}{2}$ 及其左半平面;

(9) 两条以原点为端点, $\arg z = \pm \pi/3$ 的射线为边界所夹区域, 不含边界;

(10) 以 i 为起点的射线 $y = x + 1$ $(x > 0)$.

16. (1) 以直线 $y = 2$ 为边界的下半平面及其边界; 无界; 闭; 单连通区域.

(2) 以 5 为心, 半径为 6 的圆周的内部; 有界; 开; 单连通区域.

(3) 以直线 $x = -3$ 为边界的左半平面及其边界; 无界; 闭; 单连通区域.

(4) 以 $3\mathrm{i}$ 为心, 内圆周半径为 1, 外圆周半径为 2 的圆环区域; 有界; 开; 多连通区域.

(5) 以直线 $x = -1$ 为边界的右半平面; 无界; 开; 单连通区域.

(6) 以直线 $y = 0$ 为边界的上半平面; 无界; 开; 单连通区域.

(7) 以 $z = -\dfrac{17}{15}$ 为心, $\dfrac{8}{15}$ 为半径的圆周外部; 无界; 开; 多连通区域.

(8) 以 $z = \dfrac{1}{2}$ 为心, 内圆周半径为 $\dfrac{1}{2}$, 外圆周半径为 $\dfrac{3}{2}$ 的圆环区域及边界; 有界; 闭; 多连通区域.

(9) 以抛物线 $y^2 = 1 - 2x$ 为边界且包含原点的区域; 无界; 开; 单连通区域.

(10) 以 $z = -6 + \mathrm{i}$ 为心, 6 为半径的圆周及其内部; 有界; 闭; 单连通区域.

习　题　2

1. (1) 直线 $y = x$; (2) 椭圆 $\left(\dfrac{x}{a}\right)^2 + \left(\dfrac{y}{b}\right)^2 = 1$;

(3) 双曲线 $xy = 1$; (4) 双曲线 $xy = 1$ 在第一象限的那一分支.

2. (1) 像点 $\omega_1 = -\mathrm{i}$; $\omega_2 = -2 + 2\mathrm{i}$; $\omega_3 = 8\mathrm{i}$;

(2) 像区域 $0 < \arg \omega < \pi$.

3. (1) $\displaystyle\lim_{z \to 1+\mathrm{i}} \dfrac{\bar{z}}{z} = -\mathrm{i}$;　　　(2) $\displaystyle\lim_{z \to 1-\mathrm{i}} \dfrac{z \cdot \bar{z} - z + \bar{z} - 1}{\bar{z} - 1} = 2 - \mathrm{i}$.

6. $f(z)$ 在 $z = 0$ 处不连续, 在 $\mathbb{C} \setminus \{0\}$ 上处处连续.

11. (1) 仅在直线 $y = x$ 上可导, 在 z 平面上处处不解析;

(2) 仅在直线 $3y = \pm\sqrt{6}x$ 上可导, 在 z 平面上处处不解析;

(3) 仅在直线 $y = \dfrac{1}{2}$ 上可导, 在 z 平面上处处不解析;

(4) 在 z 平面上处处不可导, 在 z 平面上处处不解析.

12. (1) z 平面, $f'(z) = 2(z - 1)(2z^2 - z - 2)$;

(2) z 平面, $f'(z) = 5(z - 1)^4$;

(3) 除去奇点 $z = \pm 2$ 外在 z 平面上处处解析, 且 $f'(z) = -\dfrac{2z}{(z^2 - 4)^2}$;

(4) 当 $c \neq 0$ 时, $f(z) = \dfrac{az+b}{cz+d}$ 除去奇点 $z = -\dfrac{d}{c}$ 外在 z 平面上处处解析, 且 $f'(z) = \dfrac{ad - bc}{(cz + d)^2}$. 当 $c = 0$ 时, $f(z) = \dfrac{a}{d}z + \dfrac{b}{d}$ 在 z 平面上处处解析, 且 $f'(z) = \dfrac{a}{d}$.

15. (1) 错误, $f(z) = \mathrm{Re}z$ 在 $\mathbb{C}$ 上连续, 在 $\mathbb{C}$ 上不可导.

(2) 错误, $f(z) = \begin{cases} z^2, & \mathrm{Im}z \geqslant 0, \\ 0, & \mathrm{Im}z < 0, \end{cases}$ 可以证明, $f(z)$ 在 $\mathbb{R}\backslash\{0\}$ 上处处不连续, $z_0 = 0$ 为其奇点, 但 $f(z)$ 在 $z_0 = 0$ 处可导.

(3) 错误, 若 $f(z) = -g(z)$, 则 $f(z) + g(z)$ 恒为 0, 在 $\mathbb{C}$ 上解析.

20. (1) $u = \dfrac{1}{2}\ln(x^2 + y^2) + C$, $f(z) = \ln z + C$;

(2) $v = \mathrm{e}^x(y\sin y - x\cos y) - x + y + 1$, $f(z) = -\mathrm{i}z\mathrm{e}^z + (1 - \mathrm{i})z + \mathrm{i}$;

(3) $v = -(x^3 - 3x^2y - 3xy^2 + y^3) + C$, $f(z) = (1 - \mathrm{i})z^3 + \mathrm{i}C$;

(4) $f(z) = -\dfrac{1}{z} + \dfrac{1}{2}$, $u = -\dfrac{x}{x^2 + y^2} + \dfrac{1}{2}$.

21. $f(z) = \dfrac{\partial u}{\partial x} - \mathrm{i}\dfrac{\partial u}{\partial y}$ 在 D 内解析, 利用解析的充要条件直接验证.

22. 不是, $\dfrac{\partial u}{\partial y} = 1$, $\dfrac{\partial v}{\partial x} = 1$, $\dfrac{\partial u}{\partial y} \neq -\dfrac{\partial v}{\partial x}$.

24. (1) $\mathrm{e}^z\mathrm{e}^{\mathrm{e}^z}$, 全平面;

(2) $(\cos \mathrm{e}^z)\mathrm{e}^z$, 全平面;

(3) $\dfrac{\mathrm{e}^z(z^2 - 2z + 3)}{(z^2 + 3)^2}$, $z \neq \pm\sqrt{3}\mathrm{i}$;

(4) $\dfrac{1}{2}\dfrac{\mathrm{e}^z}{\sqrt{\mathrm{e}^z + 1}}$, $\mathbb{C}\backslash\{x + \mathrm{i}y | x \geqslant 0, y = \pi(2n + 1)\}$;

(5) 处处不解析;

(6) $\dfrac{-\mathrm{e}^z}{(\mathrm{e}^z - 1)^2}$, $\mathbb{C}\backslash\{z = 2k\pi\mathrm{i}, k \in \mathbb{Z}\}$.

31. (1) e^{-2x}; (2) $\mathrm{e}^{x^2 - y^2}$; (3) $\mathrm{e}^{x/(x^2 + y^2)}\cos\dfrac{y}{x^2 + y^2}$.

33. (1) $-\mathrm{sh}1$ 或 $\dfrac{\mathrm{e}^{-1} - \mathrm{e}^1}{2}$; (2) $\dfrac{\sqrt{2}}{2}$; (3) $\dfrac{13}{5}$.

34. $|f'(1 - \mathrm{i})| = \dfrac{4}{17}\sqrt{34}$, $\arg f'(1 - \mathrm{i}) = \arctan\dfrac{3}{5}$.

35. $\ln(-\mathrm{i}) = \left(2k - \dfrac{1}{2}\right)\pi\mathrm{i}$, 主值为 $-\dfrac{\pi}{2}\mathrm{i}$;

$\ln(-3 + 4\mathrm{i}) = \ln 5 - \mathrm{i}\arctan\dfrac{4}{3} + (2k + 1)\pi\mathrm{i}$, 主值为 $\ln 5 + \left(\pi - \arctan\dfrac{4}{3}\right)\mathrm{i}$.

36. $-\mathrm{i}\mathrm{e}$, $\dfrac{\sqrt{2}}{2}\sqrt[4]{\mathrm{e}}(1 + \mathrm{i})$, $\mathrm{e}^{-2k\pi}(\cos\ln 3 + \mathrm{i}\sin\ln 3)$, $\mathrm{e}^{-(2k + \frac{1}{4})\pi}\left(\cos\dfrac{\ln 2}{2} + \mathrm{i}\sin\dfrac{\ln 2}{2}\right)$.

37. $\mathrm{e}^2\dfrac{\sqrt{3} - \mathrm{i}}{2}$.

习　题　3

1. (1) $6 + \dfrac{26}{3}i$;　(2) $6 + \dfrac{26}{3}i$;　(3) $6 + \dfrac{26}{3}i$.

2. $-\dfrac{1}{6} + \dfrac{5}{6}i$, $-\dfrac{1}{6} + \dfrac{5}{6}i$.

3. πi.

4. 不一定成立. 例如, $f(z) = z$, $C: |z| = 1$ 时, $\oint_C \mathrm{Re}f(z)\mathrm{d}z = \pi i$ 和 $\oint_C \mathrm{Im}f(z)\mathrm{d}z = -\pi$ 均不为零.

5. 不一定. 例如, $\oint_C \dfrac{1}{z^2}\mathrm{d}z = 0$.

8. (1) $4\pi i$; (2) $8\pi i$.

9. (1) 0; (2) 0; (3) 0; (4) 0.

10. (1) $2\pi e^2 i$; (2) $-\dfrac{\pi^5 i}{12}$; (3) 0; (4) 0; (5) $\dfrac{\pi i}{a}$; (6) 0; (7) $2\pi i$; (8) $(-1+i)\pi$.

11. 0(a 与 $-a$ 都不在 C 内), πi(a 与 $-a$ 仅有一个在 C 内), $2\pi i$(a 与 $-a$ 都在 C 内).

习　题　4

1. (1) $R = 1$; (2) $R = 1$; (3) $R = \infty$.

3. (1) 错误, 例如 $\sum\limits_{n=1}^{+\infty} z^n$; (2) 错误, 例如 $\sum\limits_{n=1}^{+\infty} (n!)z^n$; (3) 错误, 例如 $f(z) = \bar{z}$.

9. $\oint_C \dfrac{f(z)}{z^{n+1}}\mathrm{d}z = \begin{cases} 0, & n = 0, \\ (-1)^{n-1} \cdot \dfrac{2\pi i}{a^{n-1}}, & n = 1, 2, \cdots \end{cases}$

10. (1) $\dfrac{1}{1+z^3} = \sum\limits_{n=0}^{\infty} (-1)^n z^{3n}$, $|z| < 1$;

(2) $\dfrac{1}{(1-z)^2} = \sum\limits_{n=0}^{\infty} (n+1)z^n$, $|z| < 1$;

(3) $\mathrm{sh}z = \sum\limits_{n=0}^{\infty} \dfrac{1}{(2k+1)!}z^{2k+1}$, $|z| < +\infty$;

(4) $\dfrac{1}{az+b} = \sum\limits_{n=0}^{\infty} (-1)^n \dfrac{a^n}{b^{n+1}}z^n$, $|z| < \left|\dfrac{b}{a}\right|$.

11. (1) $\dfrac{z-1}{2} - \dfrac{(z-1)^2}{2^2} + \dfrac{(z-1)^3}{2^3} - \dfrac{(z-1)^4}{2^4} + \cdots = \sum\limits_{n=1}^{\infty} \dfrac{(-1)^{n-1}}{2^n}(z-1)^n$, $|z-1| < 2$;

(2) $\dfrac{1}{6} - \dfrac{1}{72}(z-2) - \dfrac{5}{864}(z-2)^2 + \dfrac{47}{10368}(z-2)^3 + \cdots = \sum\limits_{n=0}^{\infty} \left\{ \left(-\dfrac{1}{3}\right)^{n+1} - 2 \cdot \left(-\dfrac{1}{4}\right)^{n+1} \right\}(z-2)^n$, $|z-2| < 3$;

(3) $1 + 2(z+1) + 3(z+1)^2 + 4(z+1)^3 + \cdots = \sum_{n=0}^{\infty}(n+1)(z+1)^n, \ |z+1| < 1;$

(4) $1 + 2\left(z - \dfrac{\pi}{4}\right) + 2\left(z - \dfrac{\pi}{4}\right)^2 + \dfrac{8}{3}\left(z - \dfrac{\pi}{4}\right)^3 + \cdots, \ \left|z - \dfrac{\pi}{4}\right| < \dfrac{\pi}{4};$

(5) $\displaystyle\sum_{n=0}^{\infty} \dfrac{z^{2n+1}}{n!(2n+1)!}, \ |z| < \infty;$

(6) $\sin 1 \cdot \displaystyle\sum_{n=0}^{\infty}(-1)^n \dfrac{(z-1)^{4n}}{(2n)!} - \cos 1 \cdot \sum_{n=0}^{\infty}(-1)^n \dfrac{(z-1)^{2(2n+1)}}{(2n+1)!}, \ |z-1| < +\infty;$

(7) $\ln \mathrm{i} + \displaystyle\sum_{n=1}^{\infty}(-1)^{n-1} \cdot \dfrac{1}{n} \cdot \dfrac{1}{\mathrm{i}^n}(z-\mathrm{i})^n, \ |z-\mathrm{i}| < 1;$

(8) $\mathrm{e}\left(1 + z + \dfrac{3}{2}z^2 + \dfrac{13}{6}z^3 + \dfrac{73}{24}z^4 + \cdots\right), \ |z| < 1.$

12. (1) $-\dfrac{1}{5}\displaystyle\sum_{n=0}^{\infty}\dfrac{(-1)^n}{z^{2n+1}} - \dfrac{2}{5}\sum_{n=0}^{\infty}\dfrac{(-1)^n}{z^{2n+2}} - \dfrac{1}{10}\sum_{n=0}^{\infty}\left(\dfrac{z}{2}\right)^n = \cdots + \dfrac{2}{5}\cdot\dfrac{1}{z^4} + \dfrac{1}{5}\cdot\dfrac{1}{z^3} - \dfrac{2}{5}\cdot\dfrac{1}{z^2} -$
$\dfrac{1}{5}\cdot\dfrac{1}{z} - \dfrac{1}{10} - \dfrac{z}{20} - \dfrac{z^2}{40} - \dfrac{z^3}{80} - \cdots, \ 1 < |z| < 2;$

(2) $\dfrac{1}{(z-1)^3} - \dfrac{2}{(z-1)^4} + \dfrac{3}{(z-1)^5} - \dfrac{4}{(z-1)^6} + \dfrac{5}{(z-1)^7} - \cdots = \displaystyle\sum_{n=3}^{+\infty}(-1)^{n-1}\cdot(n-2)\cdot$
$\dfrac{1}{(z-1)^n}, \ 1 < |z-1| < \infty;$

(3) $-\displaystyle\sum_{n=-1}^{\infty}(z-1)^n, 0 < |z-1| < 1; \ \sum_{n=2}^{\infty}(-1)^n\dfrac{1}{(z-2)^n}, \ 1 < |z-2| < \infty;$

(4) $-\displaystyle\sum_{n=0}^{\infty}\dfrac{(-1)^n}{(2n+1)!}\dfrac{1}{(z-1)^{2n+1}}, \ 0 < |z-1| < \infty.$

习 题 5

1. (1) $z = 0$ 为一阶极点, $z = \pm\mathrm{i}$ 为二阶极点;

(2) $z_k = 2k\pi - \dfrac{\pi}{2}(k \in \mathbb{Z})$ 为二阶极点;

(3) $z = 0$ 为二阶极点;

(4) $z = 0$ 为可去奇点;

(5) $z = -1$ 为一阶极点, $z = 1$ 为二阶极点;

(6) $z = 0$ 为可去奇点.

2. (1) $z = \infty$ 为可去奇点;   (2) $z = \infty$ 为可去奇点;

(3) $z = \infty$ 为一阶极点 $z_k = 2k\pi\mathrm{i}$ 的极限点;   (4) $z = \infty$ 为二阶极点.

3. (1) $z = -1$ 为本性奇点, $z = \infty$ 为可去奇点;

(2) $z = 0, \infty$ 为本性奇点;

(3) $z = 0, \infty$ 为本性奇点;

(4) $z = \left(k + \dfrac{1}{2}\right)\pi\mathrm{i}(k \in \mathbb{Z})$ 为一阶极点, $z = \infty$ 为一阶极点 $z = \left(k + \dfrac{1}{2}\right)\pi\mathrm{i}$ 的极限点;

(5) $z = \dfrac{1}{k\pi}(k = \pm 1, \pm 2, \cdots)$ 为本性奇点, $z = 0$ 为本性奇点的极限点, $z = \infty$ 为本性奇点;

(6) $z = (2k+1)\pi/2(k \in \mathbb{Z})$ 为二阶极点, $z = \infty$ 为极点的极限点.

4. (1) $m \neq n$ 时, z_0 为 $f(z)+g(z)$ 的 $\max\{m, n\}$ 阶极点; $m = n$ 时, z_0 可能为 $f(z)+g(z)$ 的可去奇点, 也可能为 $f(z)+g(z)$ 的阶数不高于 m 的极点.

(2) z_0 为 $f(z) \cdot g(z)$ 的 $(m+n)$ 阶极点.

(3) 当 $m \leqslant n$ 时, z_0 为 $f(z)/g(z)$ 的可去奇点 ($m < n$ 时, 为 $(n-m)$ 阶零点) $m > n$ 时, z_0 为 $f(z)/g(z)$ 的 $(m-n)$ 阶极点.

5. (1) z_0 为 $f(z)+g(z)$ 的本性奇点;

(2) z_0 为 $f(z) \cdot g(z)$ 的本性奇点.

8. (1) $\mathrm{Res}[f(z), \pm 1] = -\dfrac{1}{2}$, $\mathrm{Res}[f(z), 0] = 1$;

(2) $\mathrm{Res}[f(z), 1+2\mathrm{i}] = \dfrac{1}{4\mathrm{i}}$, $\mathrm{Res}[f(z), 1-2\mathrm{i}] = -\dfrac{1}{4\mathrm{i}}$;

(3) $\mathrm{Res}[f(z), 2] = 5$;

(4) $\mathrm{Res}[f(z), 0] = \dfrac{1}{\pi^4}$, $\mathrm{Res}[f(z), \pi\mathrm{i}] = \dfrac{3(2-\pi^2) + \mathrm{i}(\pi^3 - 6\pi)}{6\pi^4}$.

9. (1) $-2\pi\mathrm{i}$; (2) $-\pi\mathrm{i}/\sqrt{2}$; (3) 0; (4) $6\pi\mathrm{i}$.

10. (1) 可去奇点, $\mathrm{Res}\left[\mathrm{e}^{\frac{1}{z^2}}, \infty\right] = 0$; (2) 本性奇点, $\mathrm{Res}[\cos z - \sin z, \infty] = 0$;

(3) 可去奇点, $\mathrm{Res}\left[\dfrac{2z}{3+z^2}, \infty\right] = -2$.

11. 设 $f(z) = \cdots + \dfrac{a_{-n}}{z^n} + \cdots + \dfrac{a_{-1}}{z} + a_0$, $R < |z| < \infty$, 故 $\mathrm{Res}[f(z), \infty] = -2a_{-1}a_0$.

12. (1) 0; (2) $-2\pi\mathrm{i}/3$;

13. (1) $\dfrac{\pi}{2}$; (2) $\pi\mathrm{e}^{-1}\cos 2$; (3) $\dfrac{\pi}{2}$; (4) $-\dfrac{\pi}{5}$.

14. $F(z)$ 在 z_0 点有 $(m+1)$ 阶零点.

15. a_{k-1}.

习 题 6

1. (1) $f(t) = \dfrac{4}{\pi} \displaystyle\int_0^\infty \dfrac{\sin\omega - \omega\cos\omega}{\omega^3} \cos\omega t \mathrm{d}\omega$;

(2) $f(t) = \dfrac{2}{\pi} \displaystyle\int_0^\infty \dfrac{(5-\omega^2)\cos\omega t + 2\omega\sin\omega t}{25 - 6\omega^2 + \omega^4} \mathrm{d}\omega$;

(3) $f(t) = \dfrac{2}{\pi} \displaystyle\int_0^\infty \dfrac{1-\cos\omega}{\omega} \sin\omega t \mathrm{d}\omega$.

4. (1) $F(\omega) = \dfrac{4}{\omega^2}\left(\sin\dfrac{\omega}{2}\right)^2$;

(2) $F(\omega) = E(1 - \mathrm{e}^{-\mathrm{i}\omega\tau})/(\mathrm{i}\omega)$;

(3) $F(\omega) = \dfrac{2}{1 + \omega^2}\left[1 - \mathrm{e}^{-1/2}\left(\cos\dfrac{\omega}{2} - \omega\sin\dfrac{\omega}{2}\right)\right]$;

(4) $F(\omega) = \sigma\mathrm{e}^{-\sigma^2\omega^2/2}$;

(5) $F(\omega) = \dfrac{2 - \omega^2 - 2\mathrm{i}\omega}{4 + \omega^2}$;

(6) $F(\omega) = \dfrac{2}{\mathrm{i}\omega}(1 - \cos\omega)$;

(7) $F(\omega) = \dfrac{2}{\mathrm{i}\omega}$;

(8) $F(\omega) = \dfrac{2\sin\omega}{\omega} + \dfrac{2\cos\omega - 2}{\omega^2}$.

9. (1) 0; (2) $f(0)$; (3) 10; (4) $-\dfrac{1}{\sqrt{2}}$.

10. (1) $F(\omega) = \omega_0/(\omega_0^2 - \omega^2) + \dfrac{\pi}{2}\mathrm{i}[\delta(\omega + \omega_0) - \delta(\omega - \omega_0)]$;

(2) $F(\omega) = \dfrac{\mathrm{i}\omega}{\omega_0^2 - \omega^2} + \dfrac{\pi}{2}[\delta(\omega + \omega_0) + \delta(\omega - \omega_0)]$;

(3) $F(\omega) = \dfrac{\mathrm{e}^{-\mathrm{i}\tau\omega}}{\mathrm{i}\omega} + \pi\delta(\omega)$;

(4) $F(\omega) = \cos(t_0\omega) + \cos\left(\dfrac{1}{2}t_0\omega\right)$;

(5) $F(\omega) = \dfrac{\pi}{2}\mathrm{i}[\delta(\omega + 2) - \delta(\omega - 2)]$;

(6) $F(\omega) = \dfrac{2\alpha}{\alpha^2 + \omega^2}$.

11. (1) $F(\omega) = \dfrac{2E}{\omega}(3\sin 2\omega - 4\sin\omega)$; $\qquad$ (2) $F(\omega) = \dfrac{1}{2}|\alpha|\mathrm{e}^{-\frac{|\alpha\omega|}{2\pi}}$ $(\alpha > 0)$;

(3) $F(\omega) = \left(\dfrac{a}{\pi}\right)^{1/2}\mathrm{e}^{-\frac{\alpha}{4\pi^2}\omega^2}$ $(\alpha > 0)$; $\qquad$ (4) $F(\omega) = E\mathrm{e}^{-\mathrm{i}\omega t_0}$;

(5) 设 $F(\omega) = \mathcal{F}[f(t)]$, 则 $\mathcal{F}[(t-2)f(-2t)] = -\dfrac{\mathrm{i}}{2}F'\left(-\dfrac{\omega}{2}\right) - F\left(-\dfrac{1}{2}\omega\right)$;

(6) 设 $F(\omega) = \mathcal{F}[f(t)]$, 则 $\mathcal{F}[f(2t-5)] = \dfrac{1}{2}F\left(\dfrac{\omega}{2}\right)\mathrm{e}^{-\mathrm{i}\frac{5}{2}\omega}$;

(7) 设 $F(\omega) = \mathcal{F}[f(t)]$, 则 $\mathcal{F}[f(2t)] = \dfrac{1}{2}F\left(\dfrac{1}{2}\omega\right)$;

(8) 设 $F(\omega) = \mathcal{F}[f(t)]$, 则 $\mathcal{F}[(t-2)f(t)] = \mathrm{i}F'(\omega) - 2F(\omega)$;

(9) 设 $F(\omega) = \mathcal{F}[f(t)]$, 则 $\mathcal{F}[f(1-t)] = \mathrm{e}^{-\mathrm{i}\omega}F(-\omega)$.

12. (1) π; (2) π; (3) $\dfrac{\pi}{2}$; (4) $\dfrac{\pi}{2}$.

13. (1) $\dfrac{\omega_0}{(\alpha + \mathrm{i}\omega)^2 + \omega_0^2}$; $\qquad$ (2) $\dfrac{\alpha + \mathrm{i}\omega}{(\alpha + \mathrm{i}\omega)^2 + \omega_0^2}$;

(3) $\dfrac{1}{\mathrm{i}(\omega - \omega_0)}\mathrm{e}^{-\mathrm{i}(\omega - \omega_0)t_0} + \pi\delta(\omega - \omega_0)$; (4) $\dfrac{1}{\mathrm{i}(\omega - \omega_0)} + \pi\delta(\omega - \omega_0)$;

(5) $-\dfrac{1}{(\omega-\omega_0)^2}+\pi\mathrm{i}\delta'(\omega-\omega_0)$.

14. (1) $\begin{cases} \dfrac{1}{\alpha}(1-\mathrm{e}^{-\alpha t}), & t>0, \\ 0, & t\leqslant 0; \end{cases}$　(2) $\begin{cases} \dfrac{\alpha\sin t-\cos t+\mathrm{e}^{-\alpha t}}{\alpha^2+1}, & t>0, \\ 0, & t\leqslant 0; \end{cases}$

(3) $f_1(t)*f_2(t)=\begin{cases} 0, & t\leqslant 0, \\ \dfrac{1}{2}(\sin t-\cos t+\mathrm{e}^{-t}), & 0<t\leqslant\dfrac{\pi}{2}, \\ \dfrac{1}{2}\mathrm{e}^{-t}(1+\mathrm{e}^{\pi/2}), & t>\dfrac{\pi}{2}. \end{cases}$

习　题　7

1. (1) $F(s)=\dfrac{3}{9s^2+1}$ (Res > 0);　　　　(2) $F(s)=\dfrac{1}{s+2}$ (Res > −2);

(3) $F(s)=\dfrac{2}{s^3}$ (Res > 0);　　　　(4) $F(s)=\dfrac{1}{s^2+4}$ (Res > 0);

(5) $F(s)=\dfrac{k}{s^2-k^2}$ (Res > max$\{k,-k\}$);

(6) $F(s)=\dfrac{s^2+2}{s(s^2+4)}$ (Res > 0).

2. (1) $F(s)=\dfrac{1}{s}(3-4\mathrm{e}^{-2s}+\mathrm{e}^{-4s})$;　　　(2) $F(s)=\dfrac{1}{s}+\dfrac{1}{s^2}-\dfrac{4}{s}\mathrm{e}^{-3s}-\dfrac{1}{s^2}\mathrm{e}^{-3s}$;

(3) $F(s)=\dfrac{3}{s}(1-\mathrm{e}^{-\frac{\pi s}{2}})-\dfrac{1}{s^2+1}\mathrm{e}^{-\frac{\pi s}{2}}$ (Res > 0);　(4) $F(s)=\dfrac{5s-9}{s-2}$ (Res > 2);

(5) $F(s)=\dfrac{s^2}{s^2+1}$ (Res > 0).

3. $\mathcal{L}[f(t)]=\dfrac{1}{(s^2+1)(1-\mathrm{e}^{-s\pi})}$ (Res > 0).

4. (1) $F(s)=\dfrac{72}{s^5}-\dfrac{3\sqrt{\pi}}{2s^{5/2}}+\dfrac{6}{s}$ (Res > 0);　　　(2) $F(s)=\dfrac{1}{s}-\dfrac{1}{(s-1)^2}$ (Res > 1);

(3) $F(s)=\dfrac{\Gamma\left(\dfrac{1}{3}\right)}{s^{4/3}}+\dfrac{4}{s-2}$ (Res > 2);　　　(4) $F(s)=\dfrac{s}{(s^2+a^2)^2}$ (Res > 0);

(5) $F(s)=\arctan\dfrac{a}{s}=\dfrac{2}{\pi}-\arctan\dfrac{s}{a}$ (Res > 0);　(6) $F(s)=\dfrac{10-3s}{s^2+4}$ (Res > 0);

(7) $F(s)=\dfrac{s+3}{(s+3)^2+16}$ (Res > −3);　　　(8) $F(s)=\dfrac{6}{(s+2)^2+36}$ (Res > −2);

(9) $F(s)=\dfrac{n!}{(s-a)^{n+1}}$ (Re$(s-a)>0$);　　　(10) $F(s)=\dfrac{1}{s}\mathrm{e}^{-\frac{5}{3}s}$ (Res > 0);

(11) $F(s)=\sqrt{\dfrac{\pi}{s-3}}$ (Res > 3);　　　(12) $F(s)=\dfrac{1}{s}$ (Res > 0).

5.(1) $F(s)=\dfrac{4(s+3)}{[(s+3)^2+4]^2}$ (Res > −3);　　　(2) $F(s)=\dfrac{2(3s^2+12s+13)}{s^2[(s+3)^2+4]^2}$ (Res > −3);

(3) $F(s) = \dfrac{4(s+3)}{s[(s+3)^2+4]^2}$ (Re$s > -3$).

6. (1) $F(s) = \ln\dfrac{s+1}{s}$;

(2) $F(s) = \dfrac{\pi}{2} - \arctan\dfrac{s+3}{2}$;

(3) $F(s) = \dfrac{1}{s}\operatorname{arccot}\dfrac{s+3}{2}$;

(4) $f(t) = \dfrac{t}{2}\mathrm{sh}t$.

7. (1) $F(s) = \ln\left(\dfrac{s-a}{s-b}\right)$;

(2) $F(s) = \dfrac{12s^2-16}{(s^2+4)^3}$;

(3) $F(s) = \dfrac{2\omega^3}{(s^2+\omega^2)^2}$;

(4) $F(s) = \dfrac{2\omega s}{(s^2-\omega^2)^2}$.

8. (1) $f(t) = \dfrac{1}{2}\sin 2t$;

(2) $f(t) = \dfrac{1}{6}t^3$;

(3) $f(t) = \dfrac{1}{6}t^3\mathrm{e}^{-t}$;

(4) $f(t) = \mathrm{e}^{-3t}$;

(5) $f(t) = 2\cos 3t + \sin 3t$;

(6) $f(t) = \dfrac{3}{2}\mathrm{e}^{3t} - \dfrac{1}{2}\mathrm{e}^{-t}$;

(7) $f(t) = \dfrac{1}{5}(3\mathrm{e}^{2t} + 2\mathrm{e}^{-3t})$;

(8) $f(t) = 2\mathrm{e}^{-2t}\cos 3t + \dfrac{1}{3}\mathrm{e}^{-2t}\sin 3t$.

10. (1) $f(t) = \dfrac{1}{a}\sin at$;

(2) $f(t) = \dfrac{a\mathrm{e}^{at} - b\mathrm{e}^{bt}}{a-b}$;

(3) $f(t) = \dfrac{c-a}{(b-a)^2}\mathrm{e}^{-at} + \left[\dfrac{c-b}{a-b}t + \dfrac{a-c}{(a-b)^2}\right]\mathrm{e}^{-bt}$;

(4) $f(t) = \dfrac{2}{a}\sin at - t\cos at$;

(5) $f(t) = \dfrac{1}{a^4}(\cos at - 1) + \dfrac{1}{2a^2}t^2$;

(6) $f(t) = \dfrac{1}{ab} + \dfrac{1}{a-b}\left[\dfrac{\mathrm{e}^{-at}}{a} - \dfrac{\mathrm{e}^{-bt}}{b}\right]$;

(7) $f(t) = \dfrac{1}{2a^3}(\mathrm{sh}\,at - \sin at)$;

(8) $f(t) = 2t\mathrm{e}^t + 2\mathrm{e}^t - 1$;

(9) $f(t) = \mathrm{sh}\,t - t$;

(10) $f(t) = \dfrac{1}{3}\cos t - \dfrac{1}{3}\cos 2t$.

11. (1) $f(t) = \dfrac{\sin 2t}{16} - \dfrac{t\cos 2t}{8}$;

(2) $f(t) = \delta(t) - 2\mathrm{e}^{-2t}$;

(3) $f(t) = \dfrac{1}{2}(1 + 2\mathrm{e}^{-t} - 3\mathrm{e}^{-2t})$;

(4) $f(t) = \dfrac{1}{3}\sin t - \dfrac{1}{6}\sin 2t$;

(5) $f(t) = \dfrac{1}{9}\left(\sin\dfrac{2}{3}t + \cos\dfrac{2}{3}t\right)\mathrm{e}^{-\frac{1}{3}t}$;

(6) $f(t) = \dfrac{2(1 - \mathrm{ch}t)}{t}$;

(7) $f(t) = \dfrac{1}{2}t\mathrm{e}^{-2t}\sin t$;

(8) $f(t) = \dfrac{1}{2}\mathrm{e}^{-t}(\sin t - t\cos t)$;

(9) $f(t) = \left(\dfrac{1}{2}t\cos 3t + \dfrac{1}{6}\sin 3t\right)\mathrm{e}^{-2t}$;

(10) $f(t) = 3\mathrm{e}^{-t} - 11\mathrm{e}^{-2t} + 10\mathrm{e}^{-3t}$;

(11) $f(t) = \dfrac{1}{3}e^{-t}(2 - 2\cos\sqrt{3}t + \sqrt{3}\sin\sqrt{3}t)$;

(12) $f(t) = \dfrac{1}{4}e^{-t} - \dfrac{1}{4}e^{-3t} + \dfrac{3}{2}te^{-3t} - 3t^2e^{-3t}$;

(13) $f(t) = \begin{cases} t, & 0 \leqslant t < 2, \\ 2(t-1), & t \geqslant 2; \end{cases} = t + (t-2)u(t-2), t \geqslant 0$

(14) $f(t) = \dfrac{1}{27}(24 + 120t + 30\cos 3t + 50\sin 3t)$;

(15) $f(t) = \dfrac{3}{50}e^{3t} - \dfrac{1}{25}e^{-2t} - \dfrac{1}{50}e^{-t}\cos 2t + \dfrac{9}{25}e^{-t}\sin 2t$;

(16) $\dfrac{1}{2}\sin t + \dfrac{1}{2}t\cos t - te^{-t}$.

12. (1) $A\cos kt + \dfrac{B}{k}\sin kt$;

(2) $x(t) = -\dfrac{1}{2} + \dfrac{1}{10}e^{2t} + \dfrac{2}{5}\cos t - \dfrac{1}{5}\sin t$;

(3) $\dfrac{2a}{k^2}\sin^2\dfrac{kt}{2} - \dfrac{a}{k^2}[1 - \cos k(t-b)]u(t-b)$;

(4) $-2\sin t - \cos 2t$;

(5) $\dfrac{1}{8}e^t - \dfrac{1}{8}(2t^2 + 2t + 1)e^{-t}$;

(6) $f(t) * [e^{-2t}\sin t] + e^{-2t}[c_1\cos t + (2c_1 + c_2)\sin t]$;

(7) $\dfrac{1}{2} + \dfrac{1}{10}e^{2t} - \dfrac{3}{5}\cos t - \dfrac{1}{5}\sin t + u(t-1)(1 - \cos(t-1))$;

(8) $e^{-2t}(\sin t + \cos t)$;

(9) $\begin{cases} x(t) = \dfrac{1}{4}t^2 + \dfrac{1}{2}t + a + \dfrac{1}{2} + \dfrac{1}{2}u(t-1), \\ y(t) = -\dfrac{1}{4}t^2 + \dfrac{1}{2}t + b + \dfrac{1}{2} - \dfrac{1}{2}u(t-1); \end{cases}$

(10) $\begin{cases} x(t) = e^t, \\ y(t) = e^t; \end{cases}$

(11) $\begin{cases} y(t) = 1 * f(t) - 2\cos t * f(t), \\ x(t) = -\cos t * f(t); \end{cases}$

(12) $\begin{cases} x(t) = \dfrac{2}{3}\mathrm{ch}(\sqrt{2}t) + \dfrac{1}{3}\cos t = \dfrac{1}{3}\cos t + \dfrac{1}{3}e^{-\sqrt{2}t} + \dfrac{1}{3}e^{\sqrt{2}t}, \\ y(t) = -\dfrac{1}{3}\mathrm{ch}(\sqrt{2}t) + \dfrac{1}{3}\cos t = \dfrac{1}{3}\cos t - \dfrac{1}{6}e^{-\sqrt{2}t} - \dfrac{1}{6}e^{\sqrt{2}t}, \\ z(t) = y(t). \end{cases}$

参 考 文 献

包革军, 盖云英, 冉启文. 1998. 积分变换. 哈尔滨: 哈尔滨工业大学出版社.

包革军, 邢宇明, 盖云英. 2013. 复变函数与积分变换. 3 版. 北京: 科学出版社.

崔贵珍, 程涛. 2014. 复分析. 北京: 科学出版社.

盖云英, 包革军. 1996. 复变函数. 哈尔滨: 哈尔滨工业大学出版社.

戈鲁辛 Г M. 1956. 复变函数的几何理论. 陈建功译. 北京: 科学出版社.

谷超豪. 1992. 数学辞典. 上海: 上海辞书出版社.

黄先春. 1985. 保形映照手册. 武汉: 华中工学院出版社.

陆庆乐. 2004. 复变函数. 北京: 高等教育出版社.

伦兹 G L, 艾尔斯哥尔兹 L A. 1960. 复变函数与运算微积分初步. 熊振翔等译. 北京: 人民
    教育出版社.

马库雪维奇 A H. 1957. 解析函数论. 黄正中等译. 北京: 高等教育出版社.

莫叶. 1990. 复变函数论 (第一册). 济南: 山东科学技术出版社.

普里瓦洛夫 H H. 1956. 复变函数引论. 闵嗣鹤等译. 北京: 人民教育出版社.

沃尔科维斯基 L. 1981. 复变函数论习题集. 宋国栋等译. 上海: 上海科学技术出版社.

余家荣. 2007. 复变函数. 4 版. 北京: 高等教育出版社.

詹姆斯 W B J. 2015. 复变函数及其应用. 张继龙等译. 北京: 机械工业出版社.

张宗达. 2008. 工科数学分析. 3 版. 北京: 高等教育出版社.

郑君里, 杨为理, 应永珩. 1982. 信号与系统. 北京: 人民教育出版社.

钟玉泉. 2004. 复变函数论. 3 版. 北京: 高等教育出版社.

Marsden J E. 1973. Basic Complex Analysis. San Francisco: W H Freeman and Comapany.

附 录

附录 I 傅里叶变换简表

	函数 $f(t)$	图像	频谱	$F(\omega)$ 图像
1	矩形单脉冲 $f(t) = \begin{cases} E, & \lvert t \rvert \leqslant \dfrac{\tau}{2} \\ 0, & 其他 \end{cases}$		$2E\,\dfrac{\sin\dfrac{\omega\tau}{2}}{\omega}$	
2	指数衰减函数 $f(t) = \begin{cases} 0, & t < 0 \\ \mathrm{e}^{-\alpha t}, & t \geqslant 0 \end{cases}$ $(\alpha > 0)$		$\dfrac{1}{\alpha + \mathrm{i}\omega}$	
3	三角形脉冲 $f(t) = \begin{cases} \dfrac{2A}{\tau}\left(\dfrac{\tau}{2} + t\right), & -\dfrac{\tau}{2} \leqslant t < 0 \\ \dfrac{2A}{\tau}\left(\dfrac{\tau}{2} - t\right), & 0 \leqslant t < \dfrac{\tau}{2} \end{cases}$		$\dfrac{4A}{\tau\omega^2}\left(1 - \cos\dfrac{\omega\tau}{2}\right)$	

续表

函数 $f(t)$	图像 $f(t)$	频谱	图像 $F(\omega)$
4　钟形脉冲 $f(t) = Ae^{-\alpha t^2}\ (\alpha > 0)$		$\sqrt{\dfrac{\pi}{\alpha}}Ae^{-\frac{\omega^2}{4\alpha}}$	
5　傅里叶核 $f(t) = \dfrac{\sin\omega_0 t}{\pi t}$		$F(\omega) = \begin{cases} 1, & |\omega| \leq \omega_0 \\ 0, & 其他 \end{cases}$	
6　高斯分布函数 $f(t) = \dfrac{1}{\sqrt{2\pi}\sigma}e^{-\frac{t^2}{2\sigma^2}}$		$e^{-\frac{\sigma^2\omega^2}{2}}$	
7　矩形射频脉冲 $f(t) = \begin{cases} E\cos\omega_0, & |t| \leq \dfrac{\tau}{2} \\ 0, & 其他 \end{cases}$		$\dfrac{E\tau}{2}\left[\dfrac{\sin(\omega-\omega_0)\frac{\tau}{2}}{(\omega-\omega_0)\frac{\tau}{2}} + \dfrac{\sin(\omega+\omega_0)\frac{\tau}{2}}{(\omega+\omega_0)\frac{\tau}{2}}\right]$	

续表

	函数	$f(t)$ 图像	频谱 $F(\omega)$	图像
8	单位脉冲函数 $f(t)=\delta(t)$	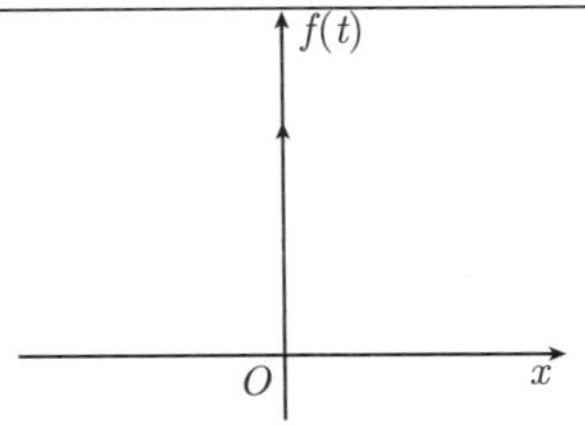	1	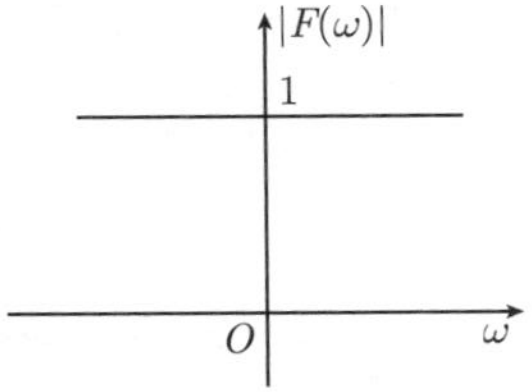
9	周期性脉冲函数 $f(t)=\int_{n=-\infty}^{+\infty}\delta(t-Tx)$ （T为脉冲函数的周期）	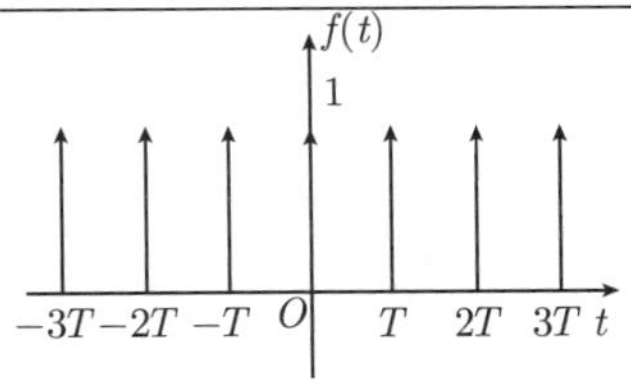	$\dfrac{2\pi}{T}\sum_{n=-\infty}^{+\infty}\delta\left(\omega-\dfrac{2n\pi}{T}\right)$	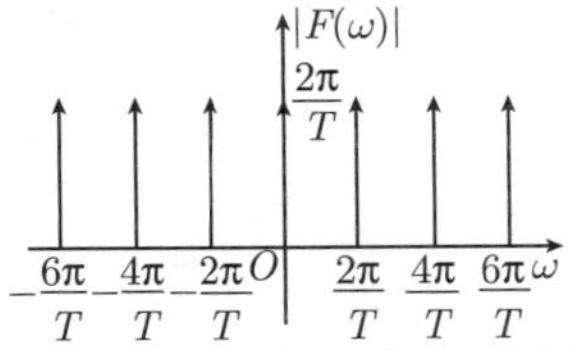
10	$f(t)=\cos\omega_0 t$	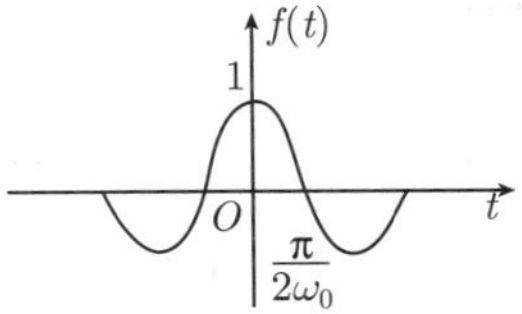	$\pi[\delta(\omega+\omega_0)+\delta(\omega-\omega_0)]$	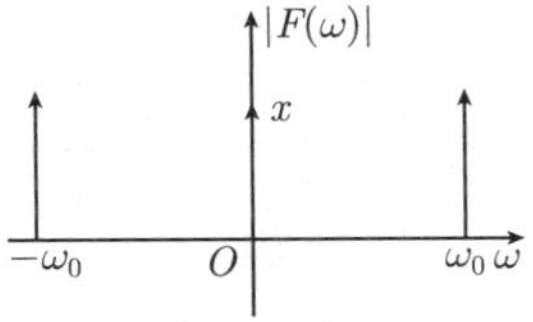
11	$f(t)=\sin\omega_0 t$	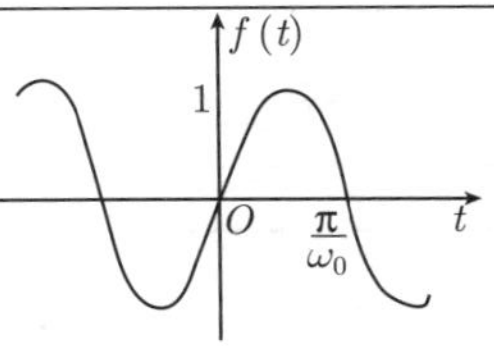	$\mathrm{i}\pi[\delta(\omega+\omega_0)-\delta(\omega-\omega_0)]$	同上图

续表

函数	$f(t)$ 图像	频谱 $F(\omega)$	图像 $F(\omega)$
12 单位阶跃函数 $f(t)=u(t)$		$\dfrac{1}{\mathrm{i}\omega}+\pi\delta(\omega)$	

	$f(t)$	$F(\omega)$
13	$u(t-c)$	$\dfrac{1}{\mathrm{i}\omega}\mathrm{e}^{-\mathrm{i}\omega c}+\pi\delta(\omega)$
14	$u(t)\cdot t$	$-\dfrac{1}{\omega^2}+\pi\mathrm{i}\delta'(\omega)$
15	$u(t)\cdot t^n$	$\dfrac{n!}{(\mathrm{i}\omega)^{n+1}}+\pi\mathrm{i}^n\delta^{(n)}(\omega)$
16	$u(t)\sin\alpha t$	$\dfrac{\alpha}{\alpha^2-\omega^2}+\dfrac{\pi}{2\mathrm{i}}[\delta(\omega-\alpha)-\delta(\omega+\alpha)]$
17	$u(t)\cos\alpha t$	$\dfrac{\mathrm{i}\omega}{\alpha^2-\omega^2}+\dfrac{\pi}{2}[\delta(\omega-\alpha)+\delta(\omega+\alpha)]$
18	$u(t)\mathrm{e}^{\mathrm{i}\alpha t}$	$\dfrac{1}{\mathrm{i}(\omega-\alpha)}+\pi\delta(\omega-\alpha)$
19	$u(t-c)\mathrm{e}^{\mathrm{i}\alpha t}$	$\dfrac{1}{\mathrm{i}(\omega-\alpha)}\mathrm{e}^{-\mathrm{i}(\omega-\alpha)c}+\pi\delta(\omega-\alpha)$
20	$u(t)\mathrm{e}^{\mathrm{i}\alpha t}\cdot t^n$	$\dfrac{n!}{[\mathrm{i}(\omega-\alpha)]^{n+1}}+\pi\mathrm{i}^n\delta^{(n)}(\omega-\alpha)$
21	$\mathrm{e}^{a|t|}\ (\mathrm{Re}\,a<0)$	$\dfrac{-2a}{\omega^2+a^2}$
22	$\delta(t-c)$	$\mathrm{e}^{-\mathrm{i}\omega c}$
23	$\delta'(t)$	$\mathrm{i}\omega$

续表

序号	$f(t)$	$F(\omega)$
24	$\delta^{(n)}(t)$	$(i\omega)^n$
25	$\delta^{(n)}(t-c)$	$(i\omega)^n e^{-i\omega c}$
26	1	$2\pi\delta(\omega)$
27	t	$2\pi i\delta'(\omega)$
28	t^n	$2\pi i^n\delta^{(n)}(\omega)$
29	$e^{i\alpha t}$	$2\pi\delta(\omega-\alpha)$
30	$t^n e^{i\alpha t}$	$2\pi i^n\delta^{(n)}(\omega-\alpha)$
31	$\dfrac{1}{a^2+t^2}\ (\mathrm{Re}a<0)$	$-\dfrac{\pi}{a}e^{a|\omega|}$
32	$\dfrac{x}{(a^2+t^2)^2}\ (\mathrm{Re}a<0)$	$\dfrac{i\omega\pi}{2a}e^{a|\omega|}$
33	$\dfrac{e^{ibt}}{a^2+t^2}\ (\mathrm{Re}a<0)\ b\ 为实数$	$-\dfrac{\pi}{a}e^{a|\omega-b|}$
34	$\dfrac{\cos bt}{a^2+t^2}\ (\mathrm{Re}a<0)\ b\ 为实数$	$-\dfrac{\pi}{2a}\left[e^{a|\omega-b|}+e^{a|\omega+b|}\right]$
35	$\dfrac{\sin bt}{a^2+t^2}\ (\mathrm{Re}a<0)\ b\ 为实数$	$-\dfrac{\pi}{2ai}\left[e^{a|\omega-b|}+e^{a|\omega+b|}\right]$
36	$\sin at^2$	$\sqrt{\dfrac{\pi}{a}}\cos\left(\dfrac{\omega^2}{4a}+\dfrac{\pi}{4}\right)$
37	$\cos at^2$	$\sqrt{\dfrac{\pi}{a}}\cos\left(\dfrac{\omega^2}{4a}-\dfrac{\pi}{4}\right)$
38	$\dfrac{1}{t}\sin at$	$\begin{cases}\pi & (|\omega|\le a)\\ 0 & (|\omega|>a)\end{cases}$

续表

	$f(t)$	$F(\omega)$
39	$\dfrac{1}{t^2}\sin^2 at$	$\begin{cases}\pi\left(a-\dfrac{|\omega|}{2}\right) & (|\omega|\le 2a)\\[2mm] 0 & (|\omega|>2a)\end{cases}$
40	$\dfrac{\sin at}{\sqrt{|t|}}$	$\mathrm{i}\sqrt{\dfrac{\pi}{2}}\left(\dfrac{1}{\sqrt{|\omega+a|}}-\dfrac{1}{\sqrt{|\omega-a|}}\right)$
41	$\dfrac{\cos at}{\sqrt{|t|}}$	$\sqrt{\dfrac{\pi}{2}}\left(\dfrac{1}{\sqrt{|\omega+a|}}+\dfrac{1}{\sqrt{|\omega-a|}}\right)$
42	$\dfrac{1}{\sqrt{|t|}}$	$\sqrt{\dfrac{2\pi}{|\omega|}}$
43	$\operatorname{sgn}t$	$\dfrac{2}{\mathrm{i}\omega}$
44	$\mathrm{e}^{-at^2}\ (\mathrm{Re}\,a>0)$	$\sqrt{\dfrac{\pi}{a}}\,\mathrm{e}^{-\frac{\omega t}{a}}$
45	$|t|$	$-\dfrac{2}{\omega^2}$
46	$\dfrac{1}{|t|}$	$\dfrac{\sqrt{2\pi}}{|\omega|}$

附录Ⅱ 拉普拉斯变换简表

	$f(t)$	$F(s)$
1	1	$\dfrac{1}{s}$
2	e^{at}	$\dfrac{1}{s-a}$
3	$t^m \ (m > -1)$	$\dfrac{\Gamma(m+1)}{s^{m+1}}$
4	$t^m \mathrm{e}^{at} \ (m > -1)$	$\dfrac{\Gamma(m+1)}{(s-a)^{m+1}}$
5	$\sin at$	$\dfrac{a}{s^2+a^2}$
6	$\cos at$	$\dfrac{s}{s^2+a^2}$
7	$\mathrm{sh}\, at$	$\dfrac{a}{s^2-a^2}$
8	$\mathrm{ch}\, at$	$\dfrac{s}{s^2-a^2}$
9	$t \sin at$	$\dfrac{2as}{(s^2+a^2)^2}$
10	$t \cos at$	$\dfrac{s^2-a^2}{(s^2+a^2)^2}$
11	$t\,\mathrm{sh}\, at$	$\dfrac{2as}{(s^2-a^2)^2}$
12	$t\,\mathrm{ch}\, at$	$\dfrac{s^2+a^2}{(s^2-a^2)^2}$
13	$t^m \sin at \ (m > -1)$	$\dfrac{\Gamma(m+1)}{2\mathrm{i}(s^2+a^2)^{m+1}} \cdot [(s+\mathrm{i}a)^{m+1} - (s-\mathrm{i}a)^{m+1}]$
14	$t^m \cos at \ (m > -1)$	$\dfrac{\Gamma(m+1)}{2(s^2+a^2)^{m+1}} \cdot [(s+\mathrm{i}a)^{m+1} + (s-\mathrm{i}a)^{m+1}]$

续表

	$f(t)$	$F(s)$
15	$e^{-bt}\sin at$	$\dfrac{a}{(s+b)^2+a^2}$
16	$e^{-bt}\cos at$	$\dfrac{s+b}{(s+b)^2+a^2}$
17	$e^{-bt}\sin(at+c)$	$\dfrac{(s+b)\sin c+a\cos c}{(s+b)^2+a^2}$
18	$\sin^2 t$	$\dfrac{1}{2}\left(\dfrac{1}{s}-\dfrac{s}{s^2+4}\right)$
19	$\cos^2 t$	$\dfrac{1}{2}\left(\dfrac{1}{s}+\dfrac{s}{s^2+4}\right)$
20	$\sin at\sin bt$	$\dfrac{2abs}{[s^2+(a+b)^2][s^2+(a-b)^2]}$
21	$e^{at}-e^{bt}$	$\dfrac{a-b}{(s-a)(s-b)}$
22	$ae^{at}-be^{bt}$	$\dfrac{(a-b)s}{(s-a)(s-b)}$
23	$\dfrac{1}{a}\sin at-\dfrac{1}{b}\sin bt$	$\dfrac{b^2-a^2}{(s^2+a^2)(s^2+b^2)}$
24	$\cos at-\cos bt$	$\dfrac{(b^2-a^2)s}{(s^2+a^2)(s^2+b^2)}$
25	$\dfrac{1}{a^2}(1-\cos at)$	$\dfrac{1}{s(s^2+a^2)}$
26	$\dfrac{1}{a^3}(at-\sin at)$	$\dfrac{1}{s^2(s^2+a^2)}$
27	$\dfrac{1}{a^4}(\cos at-1)+\dfrac{1}{2a^2}t^2$	$\dfrac{1}{s^3(s^2+a^2)}$
28	$\dfrac{1}{a^4}(\operatorname{ch} at-1)-\dfrac{1}{2a^2}t^2$	$\dfrac{1}{s^3(s^2-a^2)}$

续表

	$f(t)$	$F(s)$
29	$\dfrac{1}{2a^3}(\sin at - at\cos at)$	$\dfrac{1}{(s^2+a^2)^2}$
30	$\dfrac{1}{2a}(\sin at + at\cos at)$	$\dfrac{s^2}{(s^2+a^2)^2}$
31	$\dfrac{1}{a^4}(1-\cos at) - \dfrac{1}{2a^3}t\sin at$	$\dfrac{1}{s(s^2+a^2)^2}$
32	$(1-at)\mathrm{e}^{-at}$	$\dfrac{s}{(s+a)^2}$
33	$t\left(1-\dfrac{a}{2}t\right)\mathrm{e}^{-at}$	$\dfrac{s}{(s+a)^3}$
34	$\dfrac{1}{a}(1-\mathrm{e}^{-at})$	$\dfrac{1}{s(s+a)}$
35	$\mathrm{e}^{-at} - \mathrm{e}^{\frac{at}{2}}\left(\cos\dfrac{\sqrt{3}at}{2} - \sqrt{3}\sin\dfrac{\sqrt{3}at}{2}\right)$	$\dfrac{3a^2}{s^3+a^3}$
36	$\sin at\,\mathrm{ch}\,at - \cos at\,\mathrm{sh}\,at$	$\dfrac{4a^3}{s^4+4a^4}$
37	$\dfrac{1}{2a^2}\sin at\,\mathrm{sh}\,at$	$\dfrac{s}{s^4+4a^4}$
38	$\dfrac{1}{2a^3}(\mathrm{sh}\,at - \sin at)$	$\dfrac{1}{s^4-a^4}$
39	$\dfrac{1}{2a^2}(\mathrm{ch}\,at - \cos at)$	$\dfrac{s}{s^4-a^4}$
40	$\dfrac{1}{\sqrt{\pi t}}$	$\dfrac{1}{\sqrt{s}}$
41	$2\sqrt{\dfrac{t}{\pi}}$	$\dfrac{1}{s\sqrt{s}}$

续表

	$f(t)$	$F(s)$
42	$\dfrac{1}{\pi t}e^{at}(1+2at)$	$\dfrac{s}{(s-a)\sqrt{s-a}}$
43	$\dfrac{1}{2\sqrt{\pi t^3}}(e^{bt}-e^{at})$	$\sqrt{s-a}-\sqrt{s-b}$
44	$\dfrac{1}{\sqrt{\pi t}}\cos 2\sqrt{at}$	$\dfrac{1}{\sqrt{s}}e^{-\frac{a}{s}}$
45	$\dfrac{1}{\sqrt{\pi t}}\text{ch}2\sqrt{at}$	$\dfrac{1}{\sqrt{s}}e^{\frac{a}{s}}$
46	$\dfrac{1}{\sqrt{\pi t}}\sin2\sqrt{at}$	$\dfrac{1}{s\sqrt{s}}e^{-\frac{a}{s}}$
47	$\dfrac{1}{\sqrt{\pi t}}\text{sh}2\sqrt{at}$	$\dfrac{1}{s\sqrt{s}}e^{\frac{a}{s}}$
48	$\dfrac{1}{t}(e^{bt}-e^{at})$	$\ln\dfrac{s-a}{s-b}$
49	$\dfrac{2}{t}\text{sh}at$	$\ln\dfrac{s+a}{s-b}=2\text{Arth}\dfrac{a}{s}$
50	$\dfrac{2}{t}(1-\cos at)$	$\ln\dfrac{s^2+a^2}{s^2}$
51	$\dfrac{2}{t}(1-\text{ch}at)$	$\ln\dfrac{s^2-a^2}{s^2}$
52	$\dfrac{1}{t}\sin at$	$\arctan\dfrac{a}{s}$
53	$u(t)$	$\dfrac{1}{s}$
54	$tu(t)$	$\dfrac{1}{s^2}$
55	$t^m u(t)\ (m>-1)$	$\dfrac{1}{s^{m+1}}\Gamma(m+1)$

续表

	$f(t)$	$F(s)$
56	$\delta(t)$	1
57	$\delta^{(n)}(t)$	s^n
58	$\mathrm{sgn} t$	$\dfrac{1}{s}$
59*	$J_0(at)$	$\dfrac{1}{\sqrt{s^2+a^2}}$
60	$I_0(at)$	$\dfrac{1}{\sqrt{s^2-a^2}}$

* J_n 称为第一类 n 阶贝塞尔 (Bessel) 函数, $I_n(t) = \mathrm{i}^{-n} J_n(\mathrm{i}t)$ 称为第一类 n 阶变形贝塞尔函数.